FISCHER LOGO
für den Spielraum im Kopf
Ein Kaleidoskop logischer Unterhaltung,
rätselhafter Spiele
und verständlich verfaßter Wissenschaft

Über dieses Buch ›Der Quantensprung ist keine Hexerei‹ ist eine faszinierende Reise von den Grundbegriffen der Physik bis zu den Grenzen der Naturwissenschaften und des menschlichen Vorstellungsvermögens. Es verfolgt die Geschichte der Physik von den Beobachtungen der alten Griechen über die Entdeckungen Galileis und Newtons bis zu den erstaunlichen Theorien von Denkern wie Planck, Einstein, Bohr und Heisenberg. Unterhaltsam, informativ und geistreich erschließt es dem interessierten Laien einen Zugang zur theoretischen Physik. Der Autor liefert verständliche Erklärungen und zahlreiche Illustrationen, um Begriffe wie Quantenmechanik, Relativität, parallele Universen, Kommunikation mit mehrfacher Lichtgeschwindigkeit und die Verbindungen zwischen Humanpsychologie und moderner Physik zu verdeutlichen. Er bietet eine anspruchsvolle und anregende Darstellung von Naturwissenschaft, die historisch genau, gut erforscht und anregend ist. Liebevoll und witzig bebildert ist dieses Buch wahrhaftig ein Kleinod der Wissenschaftspädagogik.

Über den Autor Fred Alan Wolf, ehemaliger Physikprofessor an der San Diego State University, arbeitet als wissenschaftlicher Berater hochbegabter Schüler an kalifornischen Schulen und ist Mitautor des Bestsellers ›Space-Time and Beyond‹.

Fred Alan Wolf

Der Quantensprung ist keine Hexerei

Die neue Physik für Einsteiger

Aus dem Amerikanischen
von Udo Rennert

Fischer
Taschenbuch
Verlag

Veröffentlicht im Fischer Taschenbuch Verlag GmbH,
Frankfurt am Main, September 1989

Lizenzausgabe mit freundlicher Genehmigung des
Birkhäuser Verlags Basel
Die Originalausgabe ›Taking the Quantum Leap‹ erschien bei
Harper & Row, Publishers Inc., New York
Copyright © 1981 Fred Alan Wolf
Für die deutsche Ausgabe:
© 1986 Birkhäuser Verlag Basel
Zeichnungen: Ed Taber
Umschlaggestaltung: Manfred Walch, Frankfurt am Main,
unter Verwendung einer Illustration aus ›Computer Graphics in Japan‹,
Tokyo 1985
Druck und Bindung: Clausen & Bosse, Leck
Printed in Germany
ISBN 3-596-28715-4

In liebevoller Erinnerung an meinen Vater,
Maurice Wolf,
und meine Mutter, Emma Wolf.
Danke für das Geschenk des Lebens.

Inhaltsverzeichnis

11 Einleitung

I
Welcome to the Machine

21 **1 Der passive Beobachter**

23 Bewußtseinsdämmerung
24 Alles ist eins, alles ist Veränderung
26 Die Idee der Diskontinuität
27 Zeno und bewegte Objekte
29 Das erste Paradoxon des Zeno
30 Das zweite Paradoxon des Zeno
30 Das dritte Paradoxon des Zeno
32 Aristoteles versucht eine Lösung der Paradoxa des Zeno
35 Rückblick: das Ende der Passivität

37 **2 Der aktive Beobachter**

41 Newtons Riesen: das Zeitalter der Vernunft
45 Galilei: der erste aktive Beobachter
49 Die Stetigkeit der Mechanik
50 Ein Gespräch mit Newton
54 Der Alptraum des Determinismus
58 Eine Erklärung des Lichts und der Wärme ...
    mit gewissen Lücken
63 Es ist kein Äther da
65 Die Ultraviolettkatastrophe
68 Das Ende des mechanischen Zeitalters

II
Als das Universum Sprünge machte

73 **3 Der Beobachter als Störer**

73 Die Bewegung widerstrebender Geister
76 Das Abwenden einer Katastrophe mit Energieportionen
78 Steine werden in einen Quantenteich geworfen
80 Die Energie, die ganze Energie oder gar nichts
83 Planck zögert noch
83 Einstein entwirft ein Bild: die Geburt des Photons

89 **4 Quantensprünge**

89 Ein Lord ißt ein Atom aus Rosinenpudding
92 Bohrs Quantenmodell des Atoms

103 **5 Wenn ein Teilchen eine Welle ist**

103 Ein Prinz stellt sich eine Welle vor
108 Erste Anzeichen einer Welle in Amerika
110 Schrödingers unvorstellbare Wellen: das Ende der Bilder

119 **6 Niemand hat den Wind gesehen**

119 Gott als Würfelspieler: die Wahrscheinlichkeitsdeutung
124 Heisenbergs Unschärferelation: das Ende der mechanischen Modelle

137 **7 Widerstand gegen die Unbestimmtheit**

III
Gibt es da draußen ein „Draußen"?

149 **8 Komplemente des kosmischen Hauses**

149 Der Schöpfungsakt: Beobachtung
153 Der paradoxe Würfel
156 Wellen-Teilchen-Dualismus und Komplementaritätsprinzip

165	Die Wahl des Magiers
171	Der verschwindende Beobachter
174	Newcombs Paradoxon
177	Das Komplementaritätsprinzip: eine Zusammenfassung
179	**9 Das fehlende Universum**
179	Der Advocatus Diaboli
180	Das EPR-Paradoxon
193	**10 Schneller als ein beschleunigtes Photon**
193	Dinge, die in der Nacht losgehen
198	Qwiffs, Ströme und Blops
207	**11 Das Aufbrechen des unzerstörten Ganzen**
207	Wenn zwei zu einem werden
212	Ich bin diese ganze Welt
215	Der Aufbau der menschlichen Vorstellung: das Qwiff
218	Alles oder nichts: wie man Qwiffs addiert
220	An zwei Orten gleichzeitig: Qwiffs, die sich verwickeln
221	Schrödingers Katze in einer Kiste
225	**12 Kein Kaninchen im Zylinder**
226	Die Suche nach der unsichtbaren Ordnung
232	Bells Theorem: einzelstehende Häuser mit einem gemeinsamen Keller
240	Wir hat die verborgenen Variablen gefunden: sie ist uns!

IV
Wenn wir das Bewußtsein verlieren

247	**13 Bewußtsein und parallele Universen**
247	Was bin ich für eine Maschine?
248	Der Golem: eine Maschine mit Bewußtsein?
250	Das Bewußtsein von Professor Wigner
252	Das Paradoxon von Wigners Freund
255	Eine unendliche Anzahl paralleler Universen

14 Menschlicher Wille und menschliches Bewußtsein

265 Absonderlicher als wir uns vorstellen können
267 Die Quantenmechanik des menschlichen Bewußtseins
269 Eine quantenmechanische Körper-Geist-Wechselwirkung: das Modell von Bass
273 Der unmögliche Auftrag: die Ausübung des menschlichen Willens
279 Das Atom und „ich": haben Atome ein Bewußtsein?
285 Alle für einen und einer für alle: wo ist mein Bewußtsein?
290 Göttlicher und menschlicher Wille

294 Anmerkungen

300 Bibliographie

303 Sachregister

310 Personenregister

312 Quellennachweis

Einleitung

Der «Quantensprung» im Titel dieses Buches ist sowohl wörtlich als auch im übertragenen Sinn gemeint. Wörtlich genommen ist der Quantensprung der winzig kleine, aber explosive Sprung eines Materieteilchens, das sich von einem Ort zu einem anderen bewegt. Die «neue Physik» – die Quantenmechanik – behauptet, daß alle Teilchen, aus denen sich die physikalische Welt zusammensetzt, sich auf diese Weise bewegen müssen oder aufhören zu existieren. Da wir alle, Sie und ich, aus atomarer und subatomarer Materie bestehen, müssen auch wir den «Quantensprung» tun.

Im übertragenen Sinn bedeutet der Quantensprung die Bereitschaft zu dem Wagnis, sich auf ein unbekanntes Gebiet zu begeben, ohne dabei einen Führer zur Hand zu haben. Ein solches Wagnis ist bestenfalls eine unsichere Angelegenheit. Es bedeutet zugleich, etwas zu riskieren, das kein anderer riskieren würde. Ich habe es riskiert, dieses Buch zu schreiben, und Sie als naturwissenschaftlicher Laie haben es riskiert, sich dieses Buch zur Lektüre vorzunehmen. Meine Kollegen haben mich gewarnt, weil sie dieses Vorhaben für unmöglich hielten. «Kein Mensch kann die Quantenmechanik ohne weitreichende mathematische Kenntnisse verstehen», war ihre Meinung.

Für die Naturwissenschaftler, welche die grundsätzliche Realität der Quantenmechanik erkannten, war der Quantensprung ebenfalls eine unsichere und riskante Sache. Die Unsicherheit war wörtlich zu verstehen. Der Quantensprung eines atomaren Teilchens ist keine vorhersagbare Angelegenheit. Es gibt keine Möglichkeit, die Bewegungen solcher winzigen Materieteilchen absolut sicher zu bestimmen. Das hat faktisch zu einem neuen physikalischen Gesetz geführt, der sogenannten Unbestimmtheits- oder Unschärferelation. Doch solche neuen Gesetze waren riskant – sie bedeuteten eine Gefahr für die geistige Verfassung und die Selbstachtung der Naturwissenschaftler. Die neue Physik enthüllte eine bizarre und magische Unterwelt. Sie zeigte den Physikern eine neue Bedeutung des Wortes *Ordnung*. Diese neue Ordnung, die Grundlage der neuen Physik, findet sich nicht in den Materieteilchen, sondern in den Köpfen der Physiker.

Das bedeutet, daß die Physiker ihre bisherigen Vorstellungen über die physikalische Welt aufgeben mußten. Heute, fast 80 Jahre nach der Entdeckung der Quantenmechanik, sind sie immer noch gezwungen, alles neu zu durchdenken, was sie früher für unantastbar gehalten hatten. Die Welt der Quanten steckt noch immer voller Überraschungen.

Dieses Buch macht den Leser mit der Geschichte und den Begriffen der neuen Physik oder *Quantenmechanik* vertraut. Die besonders abstrakten Begriffe, die am wenigsten in der Alltagserfahrung verankert sind, werden durch Zeichnungen anschaulich gemacht. Auf diese Weise wird das Buchstäbliche im übertragenen Sinn präsentiert. Den roten Faden der Darstellung bilden die Geschichte der Disziplin und ihre veranschaulichten Begriffe. Auf diese Weise hoffe ich, auch den mathematisch unbegabtesten Leser noch anzusprechen.

Ein Beispiel soll diese Absicht verdeutlichen. Quantenphysiker haben entdeckt, daß jeder Akt der Beobachtung eines Atoms durch einen Physiker dieses in seinem Verhalten stört. Wie kommt das?

Nehmen wir an, wir folgten einer Einladung zum Tee. Oh Wunder, wir sind bei winzig kleinen Elfen eingeladen! Wir müssen uns in ihr kleines Zwergenhaus zwängen. Trotzdem, herzlich willkommen und den Kopf einziehen, die Zimmer sind nicht sehr hoch. Geben Sie acht, wohin Sie treten, Elfenmöbel sind äußerst zierliche Gebilde. Vorsicht . . . nein, zu spät. Soeben haben Sie eine kleine Teetasse zu einem Nichts zertreten.

Die Beobachtung der Welt der Atome und der Elementarteilchen läßt sich mit dem Blick in ein solches Elfenhäuschen vergleichen, wobei jedoch noch ein weiterer störender Umstand hinzukommt: vor jedem Blick in das Gebäude müssen wir erst eine Tür oder einen Fensterladen öffnen, und dabei wird das winzige Häuschen so stark erschüttert, daß darin alles durcheinander gerät.

Hinzukommt, daß die Elfen nicht nur winzig klein, sondern auch sehr empfindlich sind. Wer ihr Haus in gereizter oder einfach mieser Stimmung betritt, dem spielen sie ganz übel mit, während Lächeln und gutes Benehmen bei ihnen ein freundliches und wohlwollendes Verhalten auslösen. Auch wenn man sich der eigenen Gefühle dabei gar nicht bewußt ist – sie sind es um so mehr. Wenn Sie also das kleine Häuschen wieder verlassen, so können Sie eine gute oder eine schlechte Zeit verbracht haben, ohne sich darüber klar zu werden, wie weit Sie für Ihr Erleben selbst verantwortlich gewesen sind.

Wenn ich nun noch hinzufüge, daß alles, was Sie beobachten können, das Resultat von solchen Aktionen ist (d. h. dem Öffnen und Schließen der Türen von Elfenhäuschen, dem Erschüttern dieser Häuser, dem Zertreten von Teetassen usw.), dann stellt sich sehr bald die Frage, ob das, was man da vor sich hat, wirklich ein normales Elfenhaus oder nicht etwas völlig anderes ist. Beobachtungen in der Welt der Atome erscheinen in fast derselben Weise verwunderlich. Auch der leiseste Versuch, ein Atom zu beobachten, ist für dieses so zerstörerisch, daß es nicht einmal möglich ist, sich ein Bild davon zu machen, wie ein Atom überhaupt aussieht. Das hat einige Wissenschaftler zu der Frage geführt, was mit einem noch so praktischen Atommodell letztlich gemeint ist. Einige unter ihnen sind der Meinung, daß Atome nur existieren, wenn sie bei der Beobachtung als undeutliche kleine Kugeln erscheinen.

Bei ihren zögernden Versuchen, die Welt solch winzigkleiner Objekte wie Atome und Elektronen zu beschreiben (letztere sind winzige, in einem Atom enthaltene Partikel, die eine elektrische Ladung tragen), erdachten einige Physiker die Quantenmechanik. Die Entdeckung der neuen Physik ist die Geschichte ihres wagemutigen Vordringens in die magische Welt von Materie und Energie. Ihre Versuche erfolgten zögernd, weil jede Entdeckung zu neuen und paradoxen Schlußfolgerungen führte. Drei Paradoxa waren es, die dabei auftraten.

Das erste bestand darin, daß die Objekte sich bewegen, ohne einem mechanischen Bewegungsgesetz zu gehorchen. Die Physiker hatten sich über Jahrhunderte hinweg an bestimmte Grundvorstellungen darüber gewöhnt, wie die Bewegung von Körpern vor sich geht; es gab sozusagen einen althergebrachten «Glauben» an die Newtonsche oder klassische mechanische Vorstellung von bewegter Materie. Nach dieser Anschauung war Bewegung eine kontinuierliche «Mischung» aus sich verändernden Lagen. Der Gegenstand bewegte sich «fließend» von einem Punkt zu einem anderen.

Die Quantenmechanik hat dieses Bild nicht bestätigt. Ja, sie behauptete sogar, Bewegung könne gar nicht in dieser Weise ablaufen. Die Dinge bewegten sich vielmehr in unverbundener oder diskontinuierlicher Weise. Sie «sprangen» von einem Ort zum anderen, anscheinend mühelos und ohne sich damit abzugeben, die dazwischenliegende Strecke zurückzulegen.

Das zweite Paradoxon betraf das Selbstverständnis der Wissenschaft als vernunftgeleitetes, geordnetes Verfahren der Naturbeobachtung und der *objektiven* Beschreibung des Beobachteten. Diese Auffassung gründete sich auf die Überzeugung, daß alles, was man als außerhalb des Beobachters wahrnahm, sich auch tatsächlich «außen» befand. Der Gedanke einer Wissenschaft ohne Objektivität ist jedem vernünftig denkenden Menschen, vor allem einem Physiker, zutiefst zuwider.

Trotzdem behauptete die Quantenmechanik, das Instrument, mit dem man die Natur beobachtet, «erzeuge» oder determiniere auf der Ebene der Atome und Elementarteilchen, was man zu Gesicht bekommt. Es ist, wie wenn man Licht durch verschiedenfarbige Filter hindurch wahrnimmt – die Farbe des Lichts hängt von dem jeweils gewählten Filter ab. Und es gibt keine Möglichkeit, die Filter auszuschalten. Die Physiker wissen nicht, welcher Art die Filter sind. Selbst der fundamentalste Begriff der Materie, das Teilchen, stellt sich als Mißverständnis heraus, wenn man annimmt, daß dieses Eigenschaften aufweist, die vom Beobachter völlig unabhängig sind. Anscheinend hängt das, was man beobachtet, davon ab, was man beobachten möchte.

An sich ist das überhaupt nicht paradox. Doch das Gesamtbild des Beobachteten, das sich aus der Summe der Einzelbeobachtungen ergibt, ist scheinbar sinnlos. Betrachten wir ein weiteres Beispiel.

Bei einem allgemein bekannten Experiment, dem sogenannten *Doppelspaltversuch*, wird ein Teilchenstrom auf einen Bildschirm gerichtet. Ein zweiter Schirm, der mit zwei langen, parallelen Schlitzen versehen ist, wird zwischen die Quelle des Teilchenstroms und den ersten Schirm gebracht. Auf diese Weise muß jedes Teilchen den oberen oder unteren Schlitz des ersten Schirms passieren, bevor es den hinteren Schirm erreicht. Jedes auf diesen Schirm auftreffende Teilchen hinterläßt darauf einen feinen Abdruck oder dunklen Fleck. Das Verblüffende daran ist jedoch die Tatsache, daß bei Schließung eines der beiden Schlitze eine größere Zahl von Teilchen bestimmte Stellen des hinteren Schirmes erreicht als wenn beide Schlitze offen sind.

Dieses Paradoxon läßt sich nicht verstehen, wenn wir uns den Strom nur aus kleinen Teilchen zusammengesetzt denken. Woher soll ein einzelnes Teilchen wissen, ob im vorderen Schirm nur ein Schlitz oder ob alle beide offen sind? Da bei zwei Schlitzen jedes Teilchen die Wahl zwischen zwei Wegen zum hinteren Schirm hat, ist seine Chance doppelt so groß, diesen zu erreichen. Das bedeutet, daß die Partikel bei zwei geöffneten Schlitzen doppelt so häufig auf den hinteren Schirm auftreffen müßten. Dennoch entspricht dies nicht unserer Beobachtung. Wenn beide Schlitze geöffnet sind, bilden die auf dem hinteren Schirm auftreffenden Teilchen ein Streifen-

Welle oder Teilchen?

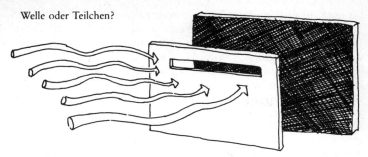

Das auf einem Empfangsschirm sichtbare Muster von «Treffern», das sich ergibt, wenn ein Strom von Materiepartikeln durch einen Spalt geschickt wird.

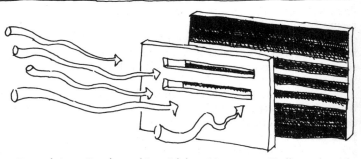

Das auf einem Empfangsschirm sichtbare Muster von «Treffern», das sich ergibt, wenn ein Strom von Materiepartikeln durch einen Doppelspalt geschickt wird.

muster, d. h., daß bestimmte, streifenförmige Regionen auf dem hinteren Schirm überhaupt nicht von ihnen getroffen werden.

Die Schließung eines der beiden Schlitze beraubt die Teilchen ihrer bisherigen Wahlmöglichkeit. Trotzdem füllen sie nunmehr die zuvor von ihnen nicht berührten Streifen aus und treffen gleichmäßig auf dem ganzen Schirm auf.

Warum vermeiden die Teilchen bestimmte Felder auf dem hinteren Schirm, wenn beide Schlitze offen sind? Sind sich die Partikel der beiden Schlitze «bewußt»? Es gibt kein normales Bild eines Teilchens, das dem gesunden Menschenverstand entspräche und das eigenartige Verhalten erklären könnte, das dieses gegenüber den beiden offenen Schlitzen an den Tag legt. Vielleicht überlagern sich die für jedes Teilchen möglichen Wege durch einen der beiden

Schlitze und heben sich gegenseitig auf? Oder vielleicht prallen die Teilchen des Stroms auf dem Weg durch die Schlitze aufeinander?

Nein, so geht's nicht. Die Teilchen lassen sich steuern, so daß zu einem bestimmten Zeitpunkt immer nur ein einziges Partikel die Schlitze passiert. Und trotzdem gelangt kein einziges Teilchen auf die leeren Streifen auf dem Schirm, wenn beide Schlitze geöffnet sind. Vielleicht gibt es eine andere Möglichkeit, den Versuch zu erklären.

Richtig, es gibt eine. Wenn die Teilchen die Schlitze passieren, sind sie keine Teilchen, sondern Wellen. Und Wellen überlagern einander. Wenn man jedem Teilchen eine bestimmte Wellenlänge zuordnet und eine Interferenz (Überlagerung) der Wellen berücksichtigt, dann sind die leeren Streifen auf dem Bildschirm vollständig erklärbar. Das heißt, daß unsere ursprüngliche Vorstellung von einem Teilchenstrom irrig war. Es sind gar keine «Teilchen», es sind Wellen.

Nein, auch das stimmt wieder nicht. Wenn die Wellen auf dem Schirm ankommen, treffen sie nicht gleichzeitig überall auf dem Schirm auf wie eine normale Welle, sondern kommen als eine Aufeinanderfolge punktförmiger Treffer an. Demnach sind die «Wellen» letztlich doch Teilchen.

Teilchen oder Wellen? Welches Bild ist das richtige? Die Antwort hängt davon ab, welcher Teil des Experiments durchgeführt wird. Bei einem geöffneten Schlitz besteht der Strom aus Teilchen, bei zwei geöffneten Schlitzen aus Wellen. Die Natur des physikalischen Stroms aus «Teilchen» hängt davon ab, wie wir den Versuch aufbauen.

Und das führt uns zum dritten Paradoxon, mit dem uns die neue Physik konfrontiert: trotz der in diesem und anderen Experi-

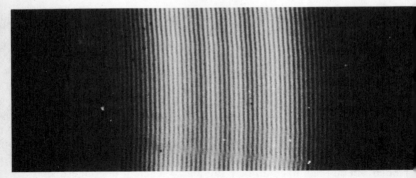

Das von Elektronen erzeugte Interferenzmuster, wenn diese durch einen Doppelspalt geschickt werden.

menten auftretenden natürlichen Unordnung behauptet die Quantenmechanik, daß dem Universum eine Ordnung innewohnt. Es ist eben nur nicht die Ordnung, die wir erwartet haben. Selbst das Beschreiben der eigentlichen Ordnung der Welt ist schwierig, weil dabei mehr im Spiel ist als die physikalische Welt. Wer daran mitbeteiligt ist, das sind wir, unser Geist und unsere Gedanken. Selbst die Frage, wie sich Physik und unser Geist zusammenbringen lassen, ist ein kontroverses Thema. Die allmählich wachsende Erkenntnis, daß das, was wir denken, einen physikalischen Einfluß auf das haben kann, was wir beobachten, hat zu einer Revolution des Denkens, der Philosophie und erst recht der Physik geführt.

Die Quantenmechanik beschreibt offenbar eine universelle Ordnung, die uns in einer ganz besonderen Weise mit einschließt. Tatsächlich kann es sein, daß unser Denken in die Natur in einer Weise eindringt, die wir nicht für möglich gehalten hätten. Der Gedanke, daß Atome möglicherweise ohne Beobachter von Atomen gar nicht existieren würden, hat für mich etwas äußerst Erregendes. Kann diese für Atome geltende Tatsache auch auf andere Wissenschaftsbereiche übertragen werden? Vielleicht ist vieles von dem, was wir für wirklich halten, zum größten Teil durch unser Denken bestimmt. Vielleicht ist die Erscheinung der physikalischen Welt eine magische, da die Methoden der Naturwissenschaft den Beobachter unmöglich in die Beobachtung mit einbeziehen können. Vielleicht ist die Ordnung des Universums nichts anderes als die Ordnung unseres menschlichen Denkens.

I
Welcome to
the Machine

1. Kapitel
Der passive Beobachter

I think.
I think I am.
Therefore, I am,
I think?

The Moody Blues

«Wer hat den Wind gesehen?», fragt die Dichterin Christina Rossetti. «Weder du noch ich», und dennoch sind wir fest davon überzeugt, daß es ihn gibt. Genauso verhält es sich mit Elementarteilchen – niemand hat jemals eines zu Gesicht bekommen, und trotzdem setzen die Physiker sehr viel Vertrauen in ihre Existenz. Um an dieser Überzeugung festzuhalten, mußten sie jedoch zuvor einige liebgewordene Vorstellungen von der physikalischen Welt, der Welt der Materie und der Energie aufgeben. Am Ende ihrer zunächst zögernd begonnenen Reise in diese winzige Welt der Atome, Moleküle und anderer Elementarteilchen stand die Quantenmechanik. Was sie mit deren Hilfe entdeckten, sollte sich als neue Erkenntnis über das Universum erweisen: der Beobachter beeinflußt das von ihm Beobachtete.

Die Wurzeln der Quantenmechanik, der neuen Physik der Bewegung, liegen in dem uralten Boden unseres frühesten Bewußtseins davon vergraben, in welcher Weise die Dinge sich bewegen. Aber sogar noch früher, noch vor jedem Bewußtsein von Bewegung, gab es einen zarten Seitentrieb aus diesen Wurzeln, und das war die Idee des Beobachters. Und zu ihr gehört die Vorstellung vom «passiven» Beobachter, der nicht in das beobachtete Geschehen eingreift. Die Menschen sind Geschöpfe des Auges, sie glauben das, was sie sehen.

Bevor es zu einer wissenschaftlichen Beobachtung kam,

mußte man erst lernen, zu beobachten, die Dinge unterschiedlich zu benennen, und das nahm eine sehr lange Zeitspanne in Anspruch. Die frühesten menschlichen Beobachtungen erfolgten durchaus passiv und ohne Eingreifen. Zunächst begannen wir, unsere eigene, gesonderte Existenz zu beobachten. Nachdem wir aufblickten und Ausschau hielten, begannen wir als nächstes Dinge zu beobachten, die nicht wir selbst waren. Vorsichtig streckten wir die Hände aus, um die Dinge zu berühren – manchmal mit schmerzhaften Folgen. Die Welt «da draußen» war nicht immer freundlich. Wir überwanden unsere Furcht und begannen, die Dinge wieder und immer wieder zu berühren und sie auseinanderzunehmen, vor allem, wenn diese Dinge uns nicht bissen. Das waren aktive oder experimentelle Beobachtungen.

Höchstwahrscheinlich richteten sich unsere ersten Beobachtungen auf bewegte Objekte, z.B. im Wind wogendes Gras oder dahintreibende Wolken. Des Nachts sahen wir die Sterne ... und staunten. Vom Tagesanbruch an beobachteten wir die Sonne auf ihrer Reise am Himmel, wo sie einer Bahn folgte, die ganz dem Weg der Sterne in der Nacht glich. Vielleicht hoben wir einen Stein auf und warfen ihn in die Luft.

Die Bewegung nahm unsere Augen gefangen und sprach die Geheimnisse der natürlichen Ordnung der Dinge aus. Das Feuer kam auf. Materie blieb eng mit der Erde verbunden. Die Luft strömte über dem Wasser, und dieses fiel zur Erde nieder, wo es seinerseits auf der Erdoberfläche dahinfloß.

Wo sich die Dinge nicht an ihrem natürlichen Ort befanden, da bewegten sie sich und suchten die Stelle, von der sie ursprünglich herstammten. So kam z.B. das Feuer von den Sternen. Als die Menschen die Szenerie betraten, störten sie den natürlichen Fluß oder die kontinuierliche Bewegung aller Dinge hin zu ihrem eigentlichen Ort. Indem wir passiv beobachteten, würden wir der Natur ihre Geheimnisse ablauschen. Wenn wir dagegen eingriffen, würden wir zerstören und nichts in Erfahrung bringen.

Aber wir konnten über Bewegung nachdenken. Wir konnten uns eine Vorstellung davon machen, wie sie abläuft. Wir waren sogar fähig, Bewegungsmodelle zu entwickeln, indem wir uns die Bewegung eines fliegenden Pfeils als eine Folge unbewegter Pfeile vorstellten, gleich der Sequenz von unbewegten Einzelbildern eines Filmstreifens.

Diese Gedanken und ersten Beobachtungen waren die Wurzeln der modernen Wissenschaft der Bewegung, der magischen Welt der Quantenmechanik.

Bewußtseinsdämmerung

Es ist nicht schwer, eine Zeitreise zurück zu den frühesten menschlichen Beobachtungsversuchen zu unternehmen. Man braucht nur ein neugeborenes Baby anzusehen. Wer die Versuche eines Säuglings beobachtet, einen Finger zu ergreifen, der vor sein Gesicht gehalten wird – und diesen damit letztlich zu *be*greifen –, der wird zum Gefährten des frühen menschlichen Beobachters. Das Kind wird sich der heiklen Trennung zwischen ihm selbst und der äußeren Welt bewußt.

Im Inneren des Babys geht ein Denkprozeß vor sich. Er verläuft ohne Worte. Einstein hat immer wieder betont, daß er seine besten Einfälle in der Gestalt von Bildern und nicht von Worten oder Sätzen hatte. Einstein hat als Kind überhaupt erst zu sprechen begonnen, als er vier Jahre alt war.

Vielleicht ist es ein Vorgang der Synthese oder der Analyse, der in einem Kleinkind abläuft. Möglicherweise verknüpft es die Geräusche, die seine Mutter macht, mit den Dingen, die es wahrnimmt. Jedenfalls muß es im Denken des Kindes zu einer Unterscheidung kommen. Diese Unterscheidung – die Trennung des «Draußen» vom «Drinnen» – wird als *Trennung zwischen Subjekt und Objekt* bezeichnet.

Als der erste hypothetische Beobachter diese Unterscheidung zum ersten Mal lernte, erlangte er ein Bewußtsein. Bewußtsein ist dasselbe wie Bewußtheit, und diese erste Bewußtheit konnte nichts anderes sein als die Vorstellung des «Ich bin». Indem er dieses «Ich» fühlte, lernte unser erster Beobachter, daß er weder sein Daumen noch sein Fuß war. Die Erfahrung des «Drinnen» war das «Ich», die des «Draußen» das «Es».

Heutzutage treffen wir diese Unterscheidung mühelos. Nehmen wir ein einfaches Beispiel. Jeder kann seine Daumen fühlen oder, noch besser, das Vorhandensein der Daumen spüren. Oder die linke Ferse: man braucht nur einen Augenblick des Nachdenkens, um sich ihrer Existenz sicher zu sein. Tatsächlich kann man auf diese Weise jeden Teil des eigenen Körpers spüren, ohne ihn zuvor mit der Hand berühren zu müssen. Es ist möglich, sich ihrer Existenz allein schon durch bloßes Nachdenken zu vergewissern.

An dieser Stelle wird uns klar, daß wir nicht das Ding sind, das wir fühlen. Wir könnten diese Erfahrung als die Bewegung unseres Bewußtseins von unserem Denken zu unserem körperlichen Teil hin betrachten. Es findet eine gewisse Trennung statt. Eine Unterscheidung trennt unser «Drinnen» von unserem Daumen oder unserer Ferse. Diese Erfahrung des «Drinnen» ist notwendig, bevor eine wirkliche Beobachtung stattfinden kann. Beobachtungen beziehen sich ausschließlich auf die Erfahrung des «Draußen».

Man nimmt an, daß die Menschen vor etwa 3000 Jahren oder noch früher keine deutliche Trennung zwischen «draußen» und der Erfahrung des «Drinnen» oder eines «Ich» vornehmen konnten. Vielleicht besaßen sie eine blasse Ahnung davon, daß sie eine solche Unterscheidung hätten treffen können. Sie hatten kein «Ichbewußtsein». In seinem Buch *The Origin of Consciousness and the Breakdown of the Bicameral Mind* stellt Julian Jaynes Überlegungen darüber an, wie sich die Entwicklung eines menschlichen «Ichbewußtseins» möglicherweise vollzogen hat.[1]

Jaynes nimmt an, daß unsere Vorväter vor etwa 3000 Jahren ihren ersten «Nervenzusammenbruch» erlebt haben. Damals kam ihnen zu Bewußtsein, daß jeder einzelne ein «Ich» war, und damit hörten sie auf, Automaten ohne eigenes Bewußtsein zu sein, die nur den Stimmen von «Göttern» in ihren Köpfen folgten. Nach Jaynes arbeiteten damals die beiden Hirnhälften mehr oder weniger getrennt voneinander. Als es jedoch zum Nervenzusammenbruch kam, gab es keine Stimmen mehr, und die Menschen wurden ihrer als unabhängige Wesen selbst bewußt.

Aus diesem ziemlich unsanften Erwachen lernten die Menschen eine neue Sehweise gegenüber den sie umgebenden Dingen. Die Zeit der frühen Griechen begann schon 500 Jahre nach dem von Jaynes angenommenen «Zusammenbruch». Es sind nicht länger innere «gottähnliche Stimmen», die das menschliche Bewußtsein beherrschen, doch gab es in den griechischen Köpfen vermutlich noch einige Überreste des frühen Rumorens. Die Griechen begannen, alles, was sich ihren Augen zeigte, leidenschaftlich zu beobachten. Da ihnen das «Draußen» jedoch nicht geheuer schien und sie sich ihrer selbst nicht allzu sicher waren, blieben sie passive, aber sehr genaue Beobachter. Und ihre erste Frage lautete: «Ist alles eins, oder ist alles Veränderung?»

Alles ist eins, alles ist Veränderung

Bei den ersten Beobachtungen der frühen Griechen ging es um Gott, Geist und Materie.[2] Sie philosophierten über zwei entgegengesetzte Zugänge zur Erkenntnis der menschlichen Natur: entweder war alles eins, oder alles war Veränderung. Für die Griechen waren dies keine müßigen Hirngespinste, sie beruhten auf Beobachtung. Tatsächlich beruhen sie weitgehend auf Selbstbeobachtung.

Betrachten wir die Hypothese, daß alles eins ist. Wie läßt sich diese Idee heute verstehen? Wir beginnen mit der unstreitigen Erfahrung, die wir alle teilen – die Erfahrung unserer eigenen Existenz, das unmittelbare Wissen, das für jeden von uns das Bewußtsein des eigenen Seins ist. Dies ist die «Ich-Erfahrung», vielleicht die einzige Erfahrung, die jeder von uns für absolut sicher hält. Man braucht nur dieses Buch hier in die Hand zu nehmen und einen Augenblick darüber nachzudenken, daß man es tut. Dieser Augenblick des Nachdenkens ist die Erfahrung des «Alles ist eins», die den Gegenstand des griechischen Denkens bildete. Für die alten Griechen war dies eine letzte und fundamentale Erfahrung.

Aber wie steht es mit allem anderen? Alles andere war eine Illusion, eine Fahrt ins Disneyland oder ein Gang ins Kino. Letzten Endes können wir niemals sicher sein, daß alles und jedes außerhalb von uns wirklich da ist. Diese Dinge und Menschen liegen jenseits unserer unmittelbaren Erfahrung. Dies war die von den Griechen beschriebene Erfahrung des «Allseins» oder des «Einsseins mit Gott». Indem sie diese Erfahrung ständig verfolgten – d. h. sich jeden Augenblick daran erinnerten –, war diese Erfahrung des «Einsseins», des «Ich», auch Gott, und alles übrige war eine Sinnestäuschung.

Es gab einige frühe Griechen, die eine entgegengesetzte Auffassung vertraten. Für sie war alles im Wandel, und es gab keinen Gott, kein allmächtiges, unveränderliches Wesen. Der Augenblick eines «Ich-Bewußtseins» war die eigentliche Illusion. Die einzige Wirklichkeit war eine fortwährende Veränderung oder Bewegung. Das war alles, sonst gab es nichts. An der Illusion eines «Ich» festzuhalten war falsch und unmöglich. Jeder Mensch ändert sich. Ein Augenblick folgt auf den anderen. Die Zeit geht weiter, ob wir wollen oder nicht. Wenn wir noch einmal zu dem Beispiel zurückkehren, daß Sie als Leser sich den Akt Ihrer Lektüre bewußt machen, dann sei daran erinnert, daß selbst dieses Bewußtwerden eine Veränderung bedeutet, daß es unmöglich ist, einen bestimmten Augenblick festzuhalten. Selbst Ihr Bewußtsein davon, daß Sie dies «wissen», geht, während Sie weiterlesen, in die Vergangenheit über. Es gibt kein «Ich». Es gibt auch kein «Sie». Es gibt nur Veränderung und Bewegung.

So entstand der Konflikt zwischen Werden und Sein. Und er führte zu zahlreichen und lebhaften Disputen an den Gestaden des antiken Griechenlands. Die Anfänge der scholastischen Tradition, über solche Fragen nachzudenken und zu schreiben, war der nächste Schritt nach der Dämmerung des Bewußtseins. Dem Geheimnis von Gott, Geist, Materie und Bewegung wurde weiterhin intensiv nachgeforscht. Und aus diesen Diskussionen entstand der eigentliche Geist der Wissenschaft. Die Wurzeln der Quantenmechanik wurden verstärkt. Aber wenn sich die Dinge ändern, wie geht diese Änderung vor sich?

Die Idee der Diskontinuität

Mir haben schon immer die Filme von Charlie Chaplin besonders gut gefallen. Stets gerät der kleine Mann in irgendwelche Schwierigkeiten, weil er seine Nase dort hineinsteckt, wo sie nicht hingehört. Trotzdem gelingt es ihm wunderbarerweise, aus jeder Patsche wieder herauszukommen. Im allgemeinen schafft er das, indem er sich auf eine sehr abgehackte oder unzusammenhängende Weise bewegt. Das bringt mich natürlich zum Lachen, weil ich weiß, daß Bewegungen in Wirklichkeit anders ablaufen als in einem Chaplinfilm, nämlich gleichmäßig und kontinuierlich. Die «Sprünge», die wir im Film sehen, sind künstlich. Sie entstehen, weil die wirkliche Bewegung durch eine bewegte Serie von starren Momentaufnahmen ersetzt wurde.

Nun existiert die Vorstellung von einer kontinuierlichen Bewegung, die sich aus einer Abfolge statischer Augenblicke zusammensetzt, seit langem in der menschlichen Geschichte. Da wir auch die Erfahrung machen, ruhig zu liegen oder beim Photographen stillzusitzen, liegt es nahe, sich zu überlegen, in welcher Weise wir uns von einem Ort zum anderen fortbewegen können.

Zum ersten wissenschaftlichen Nachdenken über die Diskontinuität der Bewegung kam es zweifellos bei den frühen Griechen. Die griechischen Denker Zeno und Aristoteles zeigten die Schwierigkeiten, die sich bei dem Versuch ergaben, die Bewegung eines Objekts als eine Abfolge «unbewegter Einzelbilder» aufzufassen.[3]

Zeno kleidete seine Vorstellung von der Diskontinuität der Bewegung in drei Paradoxa. Er verwies darauf, daß ein Unterschied besteht zwischen dem, was wir unter Bewegung verstehen, wie sie in unserer Vorstellung existiert, und der Bewegung, deren Ablauf wir im wirklichen Leben tatsächlich beobachten. Diesen Unterschied wies er dadurch nach, daß er die Bewegung eines Gegenstandes so untersuchte, als sei sie aus einer Abfolge von bewegungslosen Ruhezuständen zusammengesetzt, genau wie ein moderner Film aus einer Folge von statischen Momentaufnahmen besteht.

Später versuchte Aristoteles die Auffassung zu verteidigen, daß Bewegung unmöglich auf diese Weise ablaufen konnte, sondern sich in Wirklichkeit innerhalb eines kontinuierlichen «Ganzen» vollzog. Er war davon überzeugt, daß Zenos Vorstellung von Bewegung als einem «Film» falsch war. Und er bewies seine Behauptung, indem er zwei verschiedene Möglichkeiten zeigte, wie sich das Zenosche Modell des Bewegungsablaufs deuten ließ. Der Versuch von Aristoteles, Zenos Fehler nachzuweisen, erwies sich als höchst erfolgreich. Er lähmte jedes weitere Nachdenken über einen diskontinuierlichen Verlauf jeder Bewegung und führte zu der Überzeugung, daß sich Bewegung «prinzipiell» als kontinuierlicher Fluß von untrennbaren Ruhemomenten verstehen ließ.

Diese Auffassung von einer Kontinuität der Bewegung erwies sich in der Folgezeit als etwas, das äußerst schwer zu widerlegen war. Sie bildet den Kern der modernen Mathematik, was besonders augenfällig am Begriff der stetigen Funktionen und an der modernen Infinitesimalrechnung zutage tritt. Die Festschreibung der aristotelischen Auffassung von Bewegung in Verbindung mit der Weigerung der Griechen, die Natur zu analysieren, hinderte diese frühen Denker daran, die diskontinuierliche Bewegung von Gegenständen von der Größe eines Atoms zu entdecken. Trotz Zenos Theorie sollte es erst mehr als 2000 Jahre später zu dieser Entdeckung kommen.

Zeno und bewegte Objekte

Zeno lebte in Elea, das sich zu seiner Zeit bereits zu einer Stätte des scholastischen Denkens entwickelt hatte. Und Zeno *war* ein Denker. Obwohl er in Vorlesungen über die Geschichte der Naturwissenschaft häufig übergangen wird, war Zeno doch der Vorläufer des theoretischen Physikers unserer Zeit. Die Arbeit eines theoretischen Physikers besteht darin, Beobachtungen zu erklären. Wenn wir dabei erfolglos sind, müssen wir deutlich machen, daß mit unserer Interpretation dieser Beobachtungen irgendetwas nicht in Ordnung ist. Kurz, wir verdienen unser Geld auf zweierlei Art. Entweder zeigen wir, wie sich eine bislang unerklärte Beobachtung erklären läßt, oder wir weisen taktvoll darauf hin, daß wir uns in unserer Meinung, wir hätten das Beobachtete verstanden, geirrt haben.

Zeno verstand sich besonders gut auf diesen zweiten Part des theoretischen Physikers. Er machte den Scholastikern in seiner Gesellschaft klar, daß sie «Stroh im Kopf» hatten, und benutzte die Logik (ein neuentdecktes Denkwerkzeug nach dem großen «Zusammenbruch»), um zu beweisen, daß Bewegung unmöglich ist.

Nun wußte Zeno selbstverständlich, daß Bewegung keineswegs unmöglich war. Diese Griechen waren schließlich nicht auf den Kopf gefallen. Zeno ging es jedoch um das Verständnis von Bewegung, und er lieferte – über eine Kette von Argumenten – eine Analyse dessen, was Bewegung eigentlich ist. Das konnten seine Mitdenker nur sehr schwer akzeptieren, denn Zeno versuchte nichts weniger als den Nachweis, daß Bewegung in Wirklichkeit anders verlief, als man damals dachte.

Zeno ersann drei Paradoxa, in denen es um den Ablauf von Bewegung ging, um die Art und Weise, wie sich ein Gegenstand durch Zeit und Raum bewegt. Zenos Frage lautete: «Wie können wir Bewegung verstehen, wenn jeder Gegenstand zu einem bestimmten Zeitpunkt einen und nur einen bestimmten Platz einnehmen kann?»

Ein Gegenstand muß tatsächlich zu einer bestimmten Zeit einen bestimmten Platz einnehmen, da er zu keiner Zeit an mehr als einem Ort sein kann – in diesem Fall müßte er sich zu ein und derselben Zeit an zwei oder mehr Orten zugleich befinden. «Demnach müssen wir annehmen», so etwa könnte Zeno es ausgedrückt haben, «daß ein bestimmter Gegenstand zu einem festen Zeitpunkt einen und nur einen bestimmten Platz einnimmt.»

Nun kommen wir zu Zenos zweitem Punkt. Er fährt fort: «Wenn es zutrifft, daß sich der Gegenstand in der von mir behaupteten Weise bewegt, dann muß er seinen zu einem bestimmten Zeitpunkt gegebenen Ort verlassen, um den nächsten Ort zu einem späteren Zeitpunkt zu erreichen. Und genau das ist der Haken an der Sache.» Diesen «Haken» in den drei Paradoxa Zenos wollen wir uns näher ansehen.

Zenos Lauf: der Läufer kommt nie aus den Startlöchern.

Das erste Paradoxon des Zeno

«Es kann keine Bewegung geben», sagt Zeno, «da ein Läufer, der ans Ziel gelangen will, zuvor die Mitte zwischen Start und Ziel erreichen muß.» Dem würden wir sicher zustimmen. Ehe der Läufer die ganze Strecke zurücklegt, muß er erst einmal die Hälfte schaffen. Doch Zeno fährt fort: «Gerade das ist das Paradoxe daran. Bevor er die Hälfte der Strecke erreicht hat, muß er erst ein Viertel davon zurückgelegt haben.» Auch jetzt sehen wir noch kein Problem. «Es gibt aber eines», erwidert Zeno, «weil ich diese Aussage auf jede beliebige Distanz der Strecke anwenden kann. Ehe der Läufer ein Viertel der Bahn gelaufen ist, muß er ein Achtel davon zurücklegen, davon erst ein Sechzehntel und davor...»

Es wird für uns deutlich, daß der Läufer von jeder beliebigen Strecke erst die Hälfte zurücklegen muß, von dieser nochmals die Hälfte usw., und offenbar ist die Zahl dieser Halbierungspunkte auf dem Weg zum Ziel unendlich groß. «Genau», würde Zeno sagen, «es gibt unendlich viele dieser Punkte, und jeder von ihnen bezeichnet eine endliche Strecke, die der Läufer zurücklegen muß, bevor er den nächsten Punkt erreicht. Deshalb gibt es überhaupt keine Entfernung, die er überwinden kann, weil...» Weil er erst deren Hälfte zurücklegen muß usw. – wir haben es schließlich kapiert. Der Läufer bleibt in den Startlöchern stecken, ohne eine Strecke laufen zu können. Aber natürlich tun Läufer nichts anderes als zu laufen, und das wußte auch Zeno. Deshalb blieb immer noch die Frage: «Wie können wir das erklären?» Bevor wir dazu kommen, möchten wir erst Zenos zweites Paradoxon vorstellen.

Das zweite Paradoxon des Zeno

«Achilles, der mit einer Schildkröte um die Wette läuft und ihr einen geringen Vorsprung einräumt, wird diese nie einholen», behauptet Zeno. «Denn dazu muß er erst den Punkt erreichen, an dem die Schildkröte sich beim Start befunden hat. In dieser Zeit hat die Schildkröte jedoch einen neuen Punkt erreicht. Und wie ich in meinem ersten Paradoxon gezeigt habe, gibt es eine unendlich große Zahl solcher Punkte, an die Achilles gelangen muß, bevor er die Schildkröte einholt. Solange die Schildkröte einen noch so geringen Vorsprung vor Achilles hat, muß er diesen erst überwinden, und indessen hat die Schildkröte einen neuen Vorsprung gewonnen.»

Haben Sie gemerkt, daß das zweite Paradoxon Zenos sehr viel Ähnlichkeit mit dem ersten aufweist? Statt eines Läufers, der eine bestimmte Strecke zurücklegen muß, haben wir Achilles, der eine Schildkröte einholen soll, die ihm stets ein Stück voraus ist. Deshalb kann Achilles sein Vorhaben aufgeben, denn wie gering dieser Vorsprung auch sein mag, die Schildkröte kann unendlich oft einen neuen gewinnen.

Zenos drittes Paradoxon ist anders gelagert. Es befaßt sich unmittelbar mit unserer Vorstellung von Bewegung als einer Abfolge unbewegter Zustände. Wir können uns zu diesem Paradoxon die Vorführung eines Kurzfilms vorstellen, der einen Pfeil im Flug zeigt.

Das dritte Paradoxon des Zeno

«Der Pfeil kann nicht fliegen. Er kann nicht fliegen, da ein Gegenstand, der sich gleichförmig verhält, sich entweder in Ruhe oder in

Zenos Pfeil: in Quantensprüngen bewegt sich der Pfeil von Aufnahme zu Aufnahme.

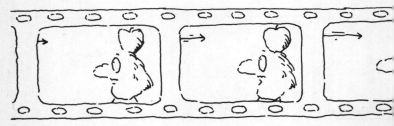

fortwährender Bewegung befindet. Der Pfeil verhält sich zweifellos in dieser einförmigen Weise. Beobachten wir ihn nun auf seinem Weg durch die Luft. Offensichtlich nimmt der Pfeil zu jedem Zeitpunkt einen bestimmten Ort ein. Wenn er jedoch einen bestimmten Ort einnimmt, muß er sich an demselben in Ruhe befinden. Der Pfeil muß sich zu jedem von uns ausgewählten Zeitpunkt in Ruhe befinden und damit auch zu jedem beliebigen Zeitpunkt, so daß er sich überhaupt nicht bewegen kann – er kann nicht fliegen und bleibt stets in Ruhelage.»

Vielleicht sind wir versucht, Zeno darauf hinzuweisen, daß ein Gegenstand, der eine bestimmte Position einnimmt, sich durchaus bewegen kann und sich nicht unbedingt in Ruhelage befinden muß. Wir müssen uns jedoch daran erinnern, daß Zeno auf einem gleichförmigen Verhalten des Objekts besteht, d.h., es muß sich konsistent verhalten. Wenn ein Gegenstand einen Raum einnimmt, so steht er in diesem Raum still. Zeichentrickfilmer machen sich diese Überlegung Zenos zunutze. Jedes von ihnen aufgenommene Einzelbild ist unbewegt. Verwacklungen und Ungleichförmigkeiten werden auf ein Mindestmaß reduziert. Sie jedenfalls würden zustimmen, daß ein Objekt in einer Filmszene sich auf jedem Einzelbild in Ruhe befinden muß.

Somit läuft die Frage Zenos darauf hinaus, wie wir uns von einem einzelnen Filmbild zum nächsten bewegen. Wie ist es möglich, daß ein Pfeil auf verschiedenen Filmbildern in verschiedenen Positionen erscheint? Wir kennen die Antwort ebenso wie die Trickfilmer. Sie verändern die Szenerie im Studio, wo sie unbeobachtet sind, und erzeugen so die magische Illusion einer Bewegung. Zeno fragte sich, auf welche Weise die Natur oder Gott ihre magische Vorstellung bewerkstelligen.

Aristoteles war von der großen Bedeutung der Ideen Zenos überzeugt. Er glaubte außerdem, eine Antwort auf Zenos Paradoxa der Bewegung zu haben. Die Antwort war Stetigkeit, besser gesagt eine ausschließliche Erklärung durch Stetigkeit und eine Absage an jede Zerlegung einer Bewegung in einzelne Schritte.

Aristoteles versucht eine Lösung der Paradoxa des Zeno

Obgleich Aristoteles versuchte, Zenos Argumente zu widerlegen, hielt er sie dennoch für wesentlich. In seiner Schrift *Physik* legte er Zenos Paradoxa und seine eigenen Lösungen dar. Dieses Buch schrieb Aristoteles etwa 100 Jahre nach Zeno. Ich bin sicher, wenn Zeno zu dieser Zeit gelebt hätte, wäre es zwischen den beiden Denkern zu angeregten Debatten gekommen. Tatsächlich erinnert mich ihre Meinungsverschiedenheit an eine spätere Diskussion zwischen Bohr und Einstein. Wir werden in einem späteren Kapitel noch die Möglichkeit haben, diese Diskussion zu «belauschen», die ein ganz ähnliches Problem betraf: ist die Natur stetig?

Aristoteles zeigte, daß Zenos Paradoxa der Bewegung sich lösen ließen, sobald man erkannte, daß es zwei ganz verschiedene Möglichkeiten ihrer Deutung gab. Der Schlüssel war die Idee von der Unendlichkeit von Raum und Zeit, jenes Raumes und jener Zeit, die von einem Gegenstand beansprucht werden, der sich von einem Ort zum anderen bewegt.

«Denn der Begriff einer unendlichen Anzahl hat zwei verschiedene Bedeutungen» erklärte Aristoteles, «je nachdem, ob wir eine Division oder eine Addition vornehmen. Wenn wir auch noch so kleine Bruchteile eines Zeit- oder Raumintervalls aufsummieren, können wir immer nur eine endliche Anzahl von Additionen durchführen, da uns die Bruchteile ausgehen. Haben wir es jedoch mit einem *endlichen* Raum oder Zeitintervall zu tun, dann können wir beides stets aufs Neue aufteilen und jeden Bruchteil so klein machen, wie wir wollen.

Deshalb erreicht ein Läufer mühelos das Ziel seiner Strecke. Diese ist endlich und läßt sich endlos in immer kleinere Abschnitte aufteilen. Dasselbe gilt für die Zeit seines Laufs. Auch die Zeit ist endlich und kann endlos in immer kleinere Intervalle zerlegt werden. Somit gibt es Bewegung, weil der Läufer für das Zurücklegen der Rennstrecke nicht unendlich viel Zeit benötigt. Sowohl die benötigte Zeit als auch die zurückgelegte Strecke sind endlich, auch wenn sie sich in unendlich viele Teilabschnitte aufteilen lassen.

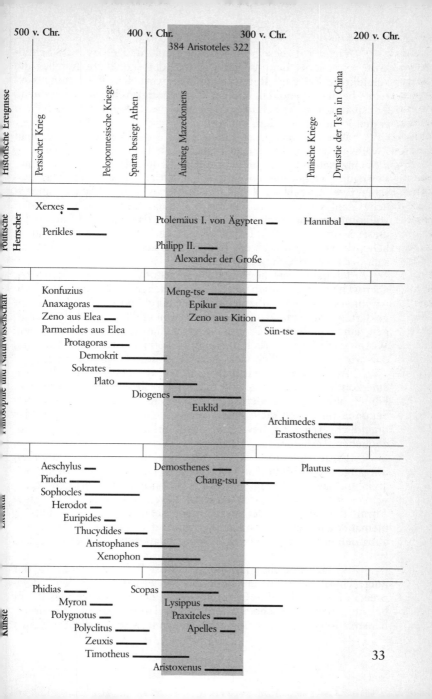

Wenn wir dieselbe Überlegung auf Achilles und die Schildkröte anwenden, dann sehen wir, daß der schnellere Achilles die Schildkröte bei dem Rennen einholen wird. Die Entfernung zwischen beiden ist endlich, und deshalb benötigt Achilles eine endliche Zeitspanne, um die Schildkröte zu erreichen. Damit sind die beiden ersten Paradoxa erledigt.

Was nun das dritte Paradoxon Zenos angeht, so kann kein Zweifel bestehen, daß der Pfeil tatsächlich fliegt. Es ist ganz einfach, dies einzusehen – man braucht nur den Filmapparat, mit dem seine Bewegung aufgenommen wird, schneller laufen zu lassen. Das zwischen zwei Aufnahmen liegende Zeitintervall läßt sich in eine unendliche Zahl so winziger Teilintervalle aufgliedern, daß jedes einen vollkommen bewegungslosen «Zeitpunkt» darstellt. Wird nun jeder dieser Momente im Bild festgehalten, so haben wir einen kontinuierlichen Übergang von einem Bild zum nächsten, der uns zeigt, daß sich der Pfeil stetig bewegt.»

Ich habe zwar die Sprache des Aristoteles etwas modernisiert, aber wenn er heute noch lebte, hätte er sicher nichts dagegen. Seine Argumente sind ganz überzeugend. Sie beruhen freilich auf der nicht geklärten Annahme, daß es möglich ist, unendlich viele Unterteilungen eines endlichen Raums oder Zeitabschnitts vorzunehmen. Worin wir ihm sicherlich zustimmen können ist die Behauptung, daß wir nicht unendlich viele Additionen durchführen können.

Aber vergessen wir nicht, daß wir, um den Flug des Pfeils in eine kontinuierliche Folge von Bildern aufzulösen, nicht mit den bei Filmen üblichen 24 Bildern pro Sekunde auskommen, sondern jede Sekunde unendlich viele Filmbilder betrachten müssen. So ist das unendliche Teilen der Bewegung nicht wirklich verschieden vom unendlichen Addieren.

Diese Unklarheit wurde von Aristoteles und allen anderen umgangen, die ihm in den nächsten 2000 Jahren folgten. Wenn man annahm, daß die Bewegung des Pfeils kontinuierlich erfolgte, dann war es nur natürlich, sich diese Stetigkeit aus einer unendlichen Anzahl unbewegter Bilder «zusammengesetzt» vorzustellen, obgleich niemand den Versuch gemacht hat, einen derartigen Film tatsächlich aufzunehmen. Man unterstellte einfach, daß er «prinzipiell» möglich sei.

1926 wurde diese Hoffnung zerstört. Werner Heisenberg, der junge Physiker, der ihr ein Ende machte, erhielt später den Nobelpreis in Physik für seine Erkenntnis, daß Zeno letzten Endes Recht behalten hatte. Heisenbergs Unschärferelation (oder Unbestimmtheitsrelation, wie sie häufig auch genannt wird) bestätigte Zenos

Einwand, daß ein Gegenstand nicht gleichzeitig einen bestimmten Raum einnehmen und sich bewegen kann. Heisenberg fand heraus, daß die Beobachtung, wie wir sie tatsächlich erleben, uns nicht die Möglichkeit gibt, Bewegungsabläufe in unendlich kleine Schritte aufzuteilen. Früher oder später sehen wir, daß unsere Beobachtungsmethoden in alles, was wir beobachten, Unstetigkeiten einführen, und diese Diskontinuitäten sind für die neue Physik des 20. Jahrhunderts von grundlegender Bedeutung.

In seiner Widerlegung der Beweisführung Zenos bekräftigte Aristoteles erneut den bereits festeingewurzelten Gedanken, daß eine passive Beobachtung «prinzipiell» unabhängig davon sei, wie klein die Bruchteile von Raum und Zeit gewählt werden. So ging die Vorstellung von einer zeitlichen und räumlichen Kontinuität Hand in Hand mit der Idee der passiven Beobachtung. Es hätte keinen Sinn gehabt, nach filmischen Einzelaufnahmen zu suchen, aus denen sich eine unstetige Bewegung ergeben hätte – weil es sie angeblich nicht gab. Bewegung war ein Ganzes. Sie war ein kontinuierlicher Übergang. Sie war etwas Ungeteiltes, Eigenes.

Rückblick: das Ende der Passivität

Nahezu 2000 Jahre lang behielten die Ideen des Aristoteles ihren Einfluß auf das westliche Denken. Obgleich es keine «gute Physik» war, Bewegung so zu analysieren, daß man einen Gegenstand in seinem Flug anhielt und dann annahm, daß Bewegung aus einer Abfolge von «Stillständen» bestand, war es sicherlich berechtigt, als eine Denkübung in dieser Weise zu verfahren. Immer, wenn Menschen irgendwo eingriffen, war es die natürliche Bewegung, die von ihnen gestört wurde. Aber es war nicht nachteilig, sich Bewegung als eine Verknüpfung unbewegter Zustände vorzustellen.

Aristoteles glaubte an eine natürliche Bewegung. Menschliche Eingriffe führten zu ungleichmäßigen oder unnatürlichen Bewegungen. Und für Aristoteles entsprachen diese nicht dem Willen des Schöpfers. Er versuchte beispielsweise, sich eine Vorstellung von «Kraft» zu machen. Die Bewegung eines schweren Karrens, der von einem Pferd über die Straße gezogen wird, ist unnatürlich. Deshalb ist sie für das Pferd so anstrengend. Deshalb erfolgt sie so ruckweise und ungleichmäßig. Das Pferd muß eine «Kraft» ausüben, um das Gefährt in Bewegung zu setzen, und es muß eine «Kraft» ausüben, um den Wagen in Bewegung zu halten. Sobald das Pferd zu ziehen aufhört, übt es auf den Wagen keine «Kraft» mehr aus. Infolgedessen findet der Wagen zu seinem natürlichen Zustand, nämlich dem der Ruhe auf dem Straßenpflaster.

Anscheinend hat sich Aristoteles nicht in den philosophischen Streit um die Frage eingemischt, ob «alles eines» oder «alles im Wandel» ist. Aber er war davon überzeugt, daß Bewußtsein, Geist und Seele wichtiger waren als die physikalische Welt. Es ist möglich, daß das fünfte Element in der aristotelischen Physik, der Äther, dieselbe «physis» gewesen ist, die von seinen Vorvätern in Elea erwähnt wurde. Diese «physis» war das eigentliche Wesen aller Materie. Vielleicht sah Aristoteles den Ursprung der Bewegung in den Schwingungen dieses Wesens, jedenfalls machte er sich Gedanken darüber. «Wie kommt es, daß der Pfeil weiterfliegt», so fragte er sich, «obwohl er mit dem Bogen, dem Verursacher seines Flugs, nicht mehr in Berührung ist?» Auf irgendeine Weise wurde die Vollkommenheit der natürlichen Bewegung durch menschliche Eingriffe nachgeahmt.

In der Welt des Geistes wurden diese Gedanken vor über zwei Jahrtausenden gedacht. Damals waren die Wissenschaftler passiv. Es sollte einige Zeit dauern, bis sie den Versuch unternahmen, ihre Hände auszustrecken und die Dinge sinnlich zu be-greifen, ihre Ideen in der Praxis zu erproben, um festzustellen, ob sie funktionierten. Zu dieser späteren Zeit akzeptierten die Wissenschaftler die Vorstellung von einer natürlichen Bewegung nicht mehr ohne weiteres. Sie mußten die Dinge für sich selbst herausfinden, indem sie Versuche anstellten, mit denen Bewegungsabläufe in ihre Einzelbewegungen zergliedert wurden. Daraus lernten sie einiges. Doch das, was sie schließlich daraus lernten, löste keines der Paradoxa Zenos auf. Es stellte sich heraus, daß beide «Wahrheiten», die des Zeno wie die des Aristoteles, ihre Richtigkeit hatten. Bewegung war stetig und erfolgte ohne Sprünge, sofern sie keiner Beobachtung unterlag. Bewegung war unstetig, sobald man sie beobachtete und scharf genug hinsah, um ihre Sprünge zu entdecken.

Diese Entdeckungen erfolgten erst im 20. Jahrhundert. Bis zu dieser Zeit haben die Physiker versucht, Bewegung unter der Annahme zu analysieren, daß unsere experimentellen Akte «im Prinzip» keinen Eingriff in die Natur bedeuteten. Diese Periode der Wissenschaftsgeschichte läßt sich als das Zeitalter des aktiven Beobachters verstehen. Es brachte eine Reihe bemerkenswerter Erfolge hervor. Zugleich förderte es einige bis heute ungelöste Rätsel der Bewegung zutage.

2. *Kapitel*
Der aktive Beobachter

Welcome, welcome to the machine.
It's all right boy, we know where you've been.

Pink Floyd

Mit dem Aufkommen der aktiven Beobachtung wurde der unsichtbare Wind sichtbar. Er zeigte sich als Hagelschauer von Molekülen, winzig kleinen Teilchen mit einem Durchmesser von nur einem Milliardstel Zentimeter. Es war möglich, Bewegung prinzipiell in der Weise aufzufassen und zu analysieren, daß sie sich aus diesen winzigen «Hagelkörnern» zusammensetzte. Ein neuer Forschungsgeist war entstanden. Er prophezeite die Ankunft des Maschinenzeitalters oder des Zeitalters der Vernunft. Er führte zur Mechanik oder der Wissenschaft von der Bewegung. Die Quantenmechanik entstand aus diesem menschlichen Wunsch, die Dinge mit den Händen zu greifen.

In der zweiten Hälfte des 16. Jahrhunderts, fast 2000 Jahre nach Aristoteles, wurde schließlich die Ängstlichkeit gegenüber einer aktiven Analyse überwunden. Die passive Beobachtung hatte ein Ende. Der aktive Beobachter brannte darauf, die Dinge zu erforschen und auseinanderzunehmen.

Diese Epoche der ungehemmten Forschung sollte 400 Jahre lang anhalten. Sie begann mit einer kleinen Anzahl begeisterter analytischer Naturforscher, die überall in Westeuropa als einzelne Individuen Naturwissenschaft betrieben: Kopernikus, Kepler, Bruno, Galilei und Descartes. Von ihnen hat Newton später gesagt, sie hätten seinem Denken eine feste Grundlage gegeben. Wörtlich heißt es bei ihm: «Wenn ich weiter gesehen habe als andere, so darum, weil ich auf den Schultern von Riesen gestanden habe.»[1] Newton hat weit gesehen. Und nach ihm kam ein «goldenes Zeitalter der Gewißheit».

Ein neuer Glaube an das «mechanische Universum» wurde geboren. Michael Faraday entdeckte, wie sich Elektrizität in Magne-

«Welcome to the machine»

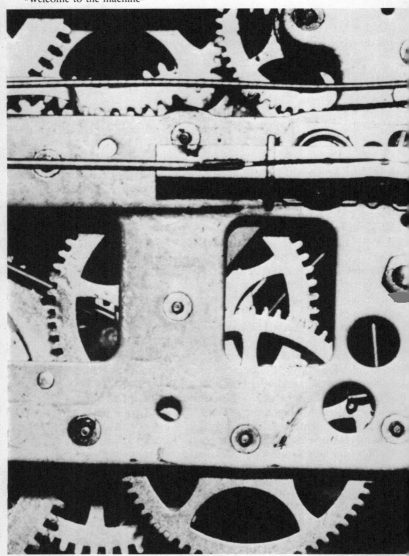

tismus umwandeln ließ. James Clerk Maxwell erfand ein mechanisches Modell des Lichts und zeigte, daß Licht eine Form von Elektrizität und Magnetismus ist.

Diese analytischen Naturforscher waren ein neuer Schlag. Sie hatten sich zum Ziel gesetzt, die Dinge auseinanderzunehmen, alles zu analysieren, kritisch zu sein und sich um jeden Preis der Logik zu bedienen. Das Bild des kalten, zurückgezogenen Naturwissenschaftlers hat hier seinen Ursprung. Leider lebt diese Vorstellung von einem Naturforscher auch heute noch unter uns.

Ein gängiges Klischee in Horrorfilmen ist der wild mit den Augen rollende Naturwissenschaftler mit zerzaustem Haar im weißen Kittel, der im Laboratorium sein neuestes Monster produziert. Er ist ein fiktives Überbleibsel aus dem Zeitalter der Vernunft. Die Wissenschaft baute Maschinen, um andere Maschinen zerlegen zu können. Die von Menschen gemachten Maschinen sollten dazu dienen, in das Innere der von der Natur gemachten Maschinen zu blicken. Die Natur war jetzt kein Gegenstand mehr, über den man zwar nachdachte, von dem man sich ansonsten jedoch fernhielt. Wissenschaft war eine Tätigkeit, die die Fähigkeit zu sorgfältig angelegten Experimenten erforderte. Es gab keine Grenze gegenüber dem, was man erblicken konnte, selbst wenn man die kleinsten Dinge erforschte. Die neuen analytischen Naturwissenschaftler waren fest davon überzeugt, daß die mathematische Analysis das Verhalten eines jeden noch so winzigen Objekts zutreffend beschreiben könnte, das sie entdeckten.

Ein solcher Ansatz wäre den frühen Griechen fast als Ketzerei erschienen. Sie hätten sich weder auf eine mathematische noch auf eine «handfeste» Analyse verlassen. Die Idee, daß Bewegung ein kontinuierlicher Übergang von einem stationären Zustand zum nächsten ist, wurde von diesen späteren Mathematikern akzeptiert. Newton und Leibniz entwickelten sogar eine Mathematik der Kontinuität, die wir heute als «Infinitesimalrechnung» bezeichnen. Diese Mathematik beschrieb Bewegung so, wie sie in den Newtonschen Bewegungsgesetzen beobachtet wurde. Die unzähligen Scharen jener, die als Forscher das Liliput der Physik betraten, hatten keine Schwierigkeiten, jede Strecke in eine endlose Reihe von Punkten aufzuteilen, die nahtlos aneinander grenzten.

Das von den Griechen beobachtete «Ganze» war immer mehr als die Summe seiner Teile. Damit war es nun vorbei. Das «Ganze», wie das Maschinenzeitalter es auffaßte, war exakt gleich der Summe seiner Teile. Nicht mehr und nicht weniger. Das war für das mechanistische Weltbild von wesentlicher Bedeutung. Es gab keine fehlenden Stücke. Alles Meßbare ließ sich auch erklären. Erhaltungsgesetze wurden aufgestellt. Masse oder Materie blieb erhalten. Auch der Gesamtimpuls, das Produkt aus Masse und Geschwindigkeit, blieb erhalten, sofern man nicht nur die Geschwindigkeit der Einzelobjekte maß, sondern auch ihre Bewegungsrichtung berücksichtigte. Energie blieb erhalten. Die Dinge waren das, was sie waren, nicht mehr und nicht weniger.

Mit der sorgfältigen Erforschung ihrer Teile durch die Naturwissenschaft wurde die Welt der Physik einfacher, verständlicher. Indem sie diese Teile zusammenfügten, entdeckten die Wissenschaftler, daß sie jede komplexe Bewegung theoretisch nachvollziehen konnten. Einzig durch eine sorgfältige Erforschung des Baumes war der Wald zu sehen. Eine Eichel war letzten Endes nichts als eine Eichel. Der aus ihr entstehende Eichbaum wuchs entsprechend den Bewegungsgesetzen, selbst wenn man noch nicht wußte, wie man diese Gesetze auf ihn anwenden sollte.

Die Bewegungsgesetze Newtons waren die obersten Gesetze des Universums. Sie enthielten freilich eine gut versteckte Annahme: der Beobachter greift nicht störend ein, er beobachtet das, was da ist. Die physikalische Welt war ein riesiges Uhrwerk. Man konnte es auseinandernehmen und wieder zusammenbauen, und es lief weiter wie bisher. Und die Gesetze Newtons prophezeiten eine eigenartige Symmetrie. Die Uhr funktionierte vorwärts ebensogut wie rückwärts. Von jedem zeitlichen Augenblick aus war die Zukunft vollständig vorherbestimmt – man konnte sie vorhersagen, wenn man der kontinuierlichen mathematischen Beschreibung folgte, wie sie in Newtons Gesetzen enthalten war.

Indem man das «Jetzt» erkannte, konnte man außerdem das Vergangene rekonstruieren. Doch beruhte diese Rekonstruktion nicht auf nachträglicher Einsicht und fehlbarer menschlicher Erinnerung, sondern sie folgte der «Zeitsymmetrie» in den Gleichungen Newtons. Die Vergangenheit war bruchlos mit der Gegenwart verknüpft, genau wie die Zukunft. So war alles determiniert. Mit dem 19. Jahrhundert war das mechanistische Zeitalter der Vernunft zum Zeitalter der Gewißheit geworden.

Und zum Ende des 19. Jahrhunderts kam eine neue und doch wieder alte Sichtweise auf. Sie begann mit zwei unerklärlichen Phänomenen. Das erste war die Entdeckung, daß im mechanischen Bild des Lichts etwas fehlte, daß Lichtwellen sich ohne jedes Medium fortpflanzten. Das zweite war die Erkenntnis, daß die Lichtstrahlen, die von einem heißglühenden Stoff – z.B. dem Glühfaden einer Glühbirne – ausgingen, sich nicht durch die mechanischen Bewegungen oder Schwingungen dieses Stoffs erklären ließen.

Mit dem neuen Geist der mathematischen Analysis und der Entdeckung, daß Licht und Wärme sich auf unerklärliche Weise verhielten, begann die Quantenmechanik, die Fundamente des Zeitalters der Gewißheit zu untergraben. Ohne die Bemühungen all dieser Naturwissenschaftler in der Zeit vor dem Beginn des 20. Jahrhunderts wäre es nicht zur Quantenmechanik gekommen.

Alles fing mit jener kleinen Gruppe von Denkern an, die Newton als «Riesen» bezeichnet hatte.

Newtons Riesen: das Zeitalter der Vernunft

Der erste dieser neuen Männer im Zeitalter der Vernunft war Nikolaus Kopernikus. Im 16. Jahrhundert, als er schrieb, die Erde könne sich unmöglich im Mittelpunkt der Welt befinden, war es schon Ketzerei, derartiges überhaupt zu sagen. Der Hl. Thomas von Aquin hatte im 13. Jahrhundert die christliche Theologie mit der aristotelischen Vorstellung verknüpft, nach der die Erde den Mittelpunkt des Kosmos bildete, um den sich die Sterne auf vollkommenen Kreisbahnen bewegten. Deshalb riskierte jeder, der behauptete, die Erde sei nicht die Mitte der Welt, den Tod durch die Schergen der katholischen Inquisition.

1514 veröffentlichte Kopernikus seine erste Arbeit, eine Monographie, in der er die Behauptung aufstellte, daß die Erde sich nicht in Ruhe befand. Möglicherweise aus Angst, sich allzu deutlich zu äußern, kleidete Kopernikus seine Abhandlung in eine übertrieben philosophische Sprache, so daß sie beinahe unbemerkt blieb.

Unerschrocken sammelte er während der nächsten 20 Jahre alle noch so spärlichen Daten, die seine Theorie stützten. 1543, nur wenige Stunden vor seinem Tod, bekam Kopernikus die erste Veröffentlichung der Ergebnisse seiner zwanzigjährigen Arbeit zu Gesicht. Sein zweites Buch, *De Revolutionibus Orbium Coelestium (Sechs Bücher über die Umläufe der Himmelskörper),*[2] wurde ihm von einem jungen, der lutherischen Lehre anhängenden Professor gezeigt, der – wie wir annehmen können – wohl seine eigenen Gründe hatte, sich von der christlichen Theologie desillusioniert zu sehen. Das Buch des Kopernikus war in Nürnberg gedruckt worden und wurde bald von der katholischen Kirche verboten. Mehr als 300 Jahre lang blieb es von der Bildfläche verschwunden.

Giordano Bruno war der zweite Riese Newtons.[3] 1548 geboren, hatte der Italiener Bruno auf irgendeine Weise von Kopernikus'

Theorie erfahren. Der bloße Gedanke, daß die Sonne im Mittelpunkt der Welt stand und die Erde sich um diese bewegte, mußte auf den jungen Bruno eine magische Anziehung ausgeübt haben. «Wie kann das sein?» so mag sich Bruno gefragt haben. «Wenn ich zum Himmel blicke, dann sehe ich, wie die Sonne aufgeht und in einem Bogen über diese Erde wandert, auf der ich stehe. Mir jetzt vorzustellen, daß es die Erde ist und ich mit ihr, was sich bewegt, stürzt alles um, was ich bislang für wahr gehalten habe.»

Brunos Phantasie schwang sich empor. Er sah eine Vielzahl von Sonnensystemen, Universen mit eigenen Sonnen als Mittelpunkt, verstreut zwischen den Sternen. In jedem Sonnensystem sah er ähnliche Erdplaneten wie den unsrigen. Er malte sich ein Leben auf anderen Planeten aus. Und er berichtete über das, was er im Geist gesehen hatte. 1600 wurde er als Ketzer auf dem Scheiterhaufen verbrannt.

Johannes Kepler, der dritte Riese Newtons, wurde 1571 in Deutschland geboren. Da er eine Vorliebe für Astronomie und Astrologie hatte, arbeitete er als Assistent des Astronomen Tycho Brahe.[4] In seinem Versuch, Kopernikus zu bestätigen, entwickelte er drei Gesetze der Bewegung von Himmelskörpern. Diese Gesetze dienten später als Grundlage der Newtonschen Bewegungsgleichungen und führten zu seiner Entdeckung des Gesetzes von der universell wirkenden Schwerkraft. Darüber hinaus lieferten sie ein neues Bild des Weltalls: ein gigantisches Uhrwerk aus Objekten, deren Bewegungen einer festen Ordnung folgten.

Kepler war der erste, der sich der Mathematik bediente, um seine Beobachtungen in bestimmte Formeln zu kleiden. Dieser Zugang zur Naturbeobachtung war von den Griechen unversucht gelassen worden. Ihm lag die Annahme zugrunde, daß die Mathematik eine Basis für das Verstehen der Beobachtung bieten könne. Aristoteles hätte sich natürlich niemals mit einer rein mathematischen Erklärung zufriedengegeben. So war beispielsweise die Musik mehr als nur mathematische Schwingungen. Und selbst Kepler war überzeugt, daß er noch etwas anderes benötigte, um seine mathematischen Formeln abzustützen.

Der vierte Riese war René Descartes. 1619 hatte er sich in Bayern während eines Schneesturms zwei Wochen lang in einem geheizten Zimmer eingeschlossen. Während dieser Zeit hatte er drei Visionen, die ihn in völligem Zweifel über alles zurückließen, von dem er bislang geglaubt hatte, ein Wissen oder eine Erkenntnis zu besitzen. Er verwarf seitdem jedes religiöse Dogma und alle menschlichen Autoritäten. Es gab nur eines, dessen er sich sicher war, den

	1350	1400	1450	1500	1550	1600
				1473 Kopernikus 1543		
Historische Ereignisse	Pest in Europa · Großes Schisma der römischen Kirche		Rosenkriege	Entdeckung Amerikas · Eroberung Mexikos durch die Spanier · Erste Erdumsegelung · Eroberung Perus durch die Spanier		Untergang der Armada
Politische Herrscher	Richard II	Jeanne d'Arc		Lorenzo de' Medici · Isabella von Kastilien · Ferdinand von Aragonien · Richard III · Heinrich VIII · Montezuma	Elisabeth I. · Iwan der Schreckliche · Henri IV	
Naturwissenschaft		Heinrich der Seefahrer · Gutenberg	Kolumbus	Andreas Vesalius · Ambroise Paré	Tycho Brahe · Giordano Bruno · Galileo · William Gilbert	
Philosophie		Thomas von Kempen · Jan Hus		Martin Luther · Savonarola · Johann Calvin · Erasmus · Machiavelli · Thomas Morus · Hl. Ignatius von Loyola		
Literatur	Petrarca · G. Chaucer · Jean Froissart		François Villon	Rabelais	Shakespeare · Montaigne · Cervantes · Edmund Spenser	
Kunst		Dantello · Meister von Flémalle · Rogier van der Weyden		Sandro Botticelli · Leonardo da Vinci · Michelangelo · Raphael	Tintoretto · Pieter Brueghel · El Greco	

Satz: «Ich denke, also bin ich.»⁵ Er war zur alten Postition der Griechen zurückgekehrt. Es war das alte Argument des Einsseins gegenüber dem fortwährenden Wandel aller Dinge. Allerdings hatte Descartes das Argument noch einen Schritt weiter getrieben.

Aus dem Umstand, daß er denken konnte, zog er den logischen Schluß, daß er existierte. Mit anderen Worten, sein Bewußtsein davon, daß er existierte, war für ihn der einzige Beweis seiner Existenz. Wir können dazu bemerken, daß dieser Beweis schlüssig ist. Es ist ein überaus starkes und einfaches Argument. Natürlich kann ich mir ein Dasein nach meinem Tod oder vor meiner Geburt vorstellen, aber ich kann es nicht beweisen. Somit entdeckte Descartes, daß Sein und Wandel komplementär sind. Weder war alles totales Sein, noch war es totaler Wandel.

«Ich bin» bedeutete Sein. «Ich denke» bedeutete Wandel. Deshalb war Sein der Hintergrund des Wandels. Und Wandel war notwendig für ein Bewußtsein des eigenen Daseins. Descartes bot Newton eine starke Schulter, es war die Begründung des logischen Denkens. Bis heute folgen französische Schulen den cartesischen Methoden der Analyse und des Denkens. Dinge müssen ihre Gründe haben. Wenn die Planeten die Sonne umkreisten, so mußte es dafür eine Ursache geben.

Descartes unternahm einen kühnen Versuch zur Konstruktion einer vollständigen Theorie des Universums unter ausschließlicher Verwendung der Elemente des Seins und des Wandels.⁶ Er nannte sie Materie und Bewegung. Er versuchte sogar, die kopernikanische Sicht der Welt mit der aristotelischen zu erklären. Er sah Bewegung als etwas Relatives und nicht als etwas Absolutes an. Wenn beispielsweise zwei Schiffe auf dem Meer keinen Anker geworfen haben und zusammenstoßen, welches von beiden trägt die Schuld daran? Welches Schiff hat das andere gerammt? Wenngleich sich die beiden Kapitäne gegenseitig die Schuld zuschreiben mochten, so lag das Problem für Descartes doch in der Wahl der Perspektive und der relativen Bewegung jedes der beiden Schiffe zueinander. Auf jedem Schiff hatte die Besatzung denselben Eindruck: das eigene Schiff stand still, während das andere sich näherte. In gleicher Weise konnte die Sonne dem Anschein nach ebensogut um die Erde kreisen wie die Erde um die Sonne.

Aufgrund der Arbeiten dieser vier mathematischen Naturwissenschaftler – Kopernikus, Bruno, Kepler und Descartes – wurde eine neue Ursache der Bewegung angenommen. Die absolute Bewegung aller Dinge zu ihren natürlichen Orten wurde nicht länger als ausreichende Antwort auf die Frage akzeptiert, warum Dinge sich bewegen. Eine mathematische Beschreibung war nicht mehr zu umgehen. Die mathematische Analysis wurde zu einem anerkannten Werkzeug der Naturwissenschaft. Doch erst die Anstrengungen eines fünften Riesen sollten Newton das nötige Rüstzeug verschaffen, mit dem er Sein und Bewegung erklären konnte. Dieser Riese war der erste experimentelle Physiker, der erste, der seine Hände nach dem Universum ausstreckte, um es zu begreifen. Sein Name war Galileo Galilei.

Galilei: der erste aktive Beobachter

Galilei ist das Urbild des modernen Physikers.[7] Er entwickelte Verfahren der Beobachtung, Beschreibung und Analyse, die wir heute als Fundament jeglicher Physik ansehen. Sein wesentlicher Beitrag zur schließlichen Entdeckung der Quantenmechanik war die Ersetzung des passiven durch den aktiven Beobachter.

Passiv war jede Beobachtung, bei der das Beobachtete keinem Einfluß durch den Beobachter unterlag. Eine passive Beobachtung erforderte mit anderen Worten, daß die Gegenwart des Beobachters sich in keiner Weise auf das Ergebnis der Beobachtung auswirkte. So geht beispielsweise die Sonne unabhängig davon auf oder unter, ob wir sie beobachten. Unsere Beobachtungen haben keinen Effekt auf die Bewegung, von der wir heute wissen, daß es die Drehung der Erde um die eigene Achse ist. Wir können so gut wie nichts tun, um die Rotationsbewegung der Erde anzuhalten. Sie ist für uns selbstverständlich.

Bis zur Zeit Galileis war kein ernsthafter Versuch unternommen worden, nach anderen Ursachen der Bewegung als den von Aristoteles angegebenen zu suchen. Ein Experimentieren mit Bewegung oder gar deren Analyse war schwer durchzuführen und wurde nicht einmal versucht. Doch Galilei gehörte der neuen Forschergeneration an. Im Alter von kaum 17 Jahren machte er bereits eine passive Beobachtung an einem von der Decke herabhängenden Kerzenleuchter in einer Kirche Pisas, wo er aufwuchs. Er bemerkte, daß der Leuchter in dem leichten Luftzug, der durch die Kirchentür hereinwehte, wie ein Pendel hin und her schwang. Von der Predigt gelangweilt, hatte er ein genaues Auge auf den Leuchter, legte dann den Finger ans Handgelenk und maß seinen Puls. Dabei machte er eine erstaunliche Entdeckung: der Pendelleuchter zeigte während 60 Pulsschlägen stets dieselbe Anzahl von Schwingungen.

«Wie ist das möglich?», fragte sich Galilei. «Der Wind, der durch die Türe bläst, ändert in zufälliger Weise die Pendelschwingungen, die manchmal sehr stark und dann wieder kaum wahrzunehmen sind. Trotzdem schwingt das Pendel immer mit derselben Frequenz.» Im Verlauf seiner passiven Beobachtung des Kerzenleuchters hatte er das Prinzip der ersten mechanischen Uhr entdeckt. Mit der Bewegung eines Pendels war eine zuverlässige Zeitmessung möglich.

Später sollte er sich wieder an dieses Experiment erinnern. Die Zeit lieferte den nötigen Hintergrund für die Messung jeder Bewegung, nicht nur die Jahre, die man für die Beobachtung der Planetenbewegungen benötigt, sondern auch die Sekunden, nach denen erdnähere Bewegungen gemessen werden müssen. Anders als die vier übrigen Riesen Newtons holte Galilei die Beobachtung auf die Erde herunter. Da ihm die bloße Anschauung nicht genügte, mußte er Instrumente in die Wissenschaft einführen.

Nach einer weitverbreiteten Geschichte steht Galilei vor seinen Inquisitoren und fordert diese auf, durch sein Teleskop zu blicken und die Berge und Krater auf dem Mond zu beobachten. Das wird verweigert. Um ein wahres Bild zu erhalten, kann man sich nicht auf ein Instrument verlassen, und es lohnt die Mühe nicht, hindurchzuschauen. «Was wir zu sehen bekämen, wäre durch das Fernrohr erzeugt und existiert nicht objektiv und unabhängig von diesem», lautet ihre Antwort. Galilei erläutert die Merkmale der Mondoberfläche. Doch selbst als schließlich einer seiner Ankläger tatsächlich durch das Fernrohr blickt, sieht er nichts, was mit der Schilderung Galileis eine Ähnlichkeit aufweisen würde. «Die Krater sind in Eurem Kopf», ruft sein Gegner aus. «Nein», beharrt Galilei, «sie sind wirklich dort. Warum könnt Ihr sie nicht sehen?»

Einer anderen Geschichte zufolge erscheint Galilei vor den Medici, einer reichen Herrscherfamilie im Italien des späten Mittelalters. Er hat eine schiefe Ebene errichtet, ein Brett, dessen eines Ende höher liegt als das andere und auf dessen Oberfläche er der Reihe nach verschiedene Gegenstände herunterrollen lassen will. Er hat sich dieses Experiment ausgedacht, um zu beweisen, daß sich die Gegenstände während ihrer «Talfahrt» beschleunigen und keine konstante Bewegung ausführen, wie Aristoteles behauptet hatte. Was jedoch noch überraschender war, nach Galilei war diese Beschleunigung für alle Gegenstände – unabhängig von ihrem Gewicht – gleich groß, so daß alle zum selben Zeitpunkt am Ende der schiefen Ebene ankommen mußten. Das steht eindeutig im Widerspruch zu Aristoteles, der gesagt hatte, daß schwerere Gegenstände schneller bergab rollen und vor den leichteren Objekten am Fuß der schiefen Ebene ankommen.

	1500				1550			1600			1650		1700
								1564 Galileo 1642					

Historische Ereignisse

- Anfänge der Reformation
- Eroberung Mexikos durch die Spanier
- Erste Erdumsegelung
- Eroberung Perus durch die Spanier
- Französische Religionskriege
- Untergang der Armada
- Eröffnung des Globe Theaters
- Dreissigjähriger Krieg
- Fahrt der „Mayflower"
- Puritanische Revolution
- Spanischer Erbfolgekrieg

Herrscher

- Iwan der Schreckliche
- Cromwell
- Elisabeth I.
- Louis XIV.
- Henry VIII.
- Papst Urban VIII.
- Kardinal Richelieu

Wissenschaft

- Francis Bacon
- Newton
- Kopernikus
- Kepler
- Leibniz
- Jean Fernel
- William Harvey
- Andreas Vesalius
- René Descartes
- Ambroise Paré
- Blaise Pascal
- Tycho Brahe
- Robert Boyle
- Giordano Bruno
- Christian Huygens

Philosophie

- Machiavelli
- Erasmus
- Martin Luther
- Thomas Hobbes
- Hl. Ignatius von Loyola
- Spinoza
- John Calvin
- John Locke

Literatur

- Rabelais
- Ben Jonson
- Montaigne
- John Milton
- Cervantes
- Molière
- Edmund Spenser
- Racine
- William Shakespeare

Kunst

- Michelangelo
- Bernini
- Titian
- Velázquez
- Pieter Brueghel
- Rembrandt
- El Greco
- Rubens

Musik

- Palestrina
- Henry Purcell
- Orlando Lasso
- Giovani Gabrieli
- Monteverdi

Die Medici sind unbeeindruckt. Im Grunde genommen argwöhnen sie, daß Galilei nichts anderes vorgeführt hat als ein paar Zauberkunststücke. «Wie könnten wir Euren Taschenspielereien trauen, Galilei? Ihr müßt uns unstreitig übertölpelt haben. Denn nichts von dem, was Ihr uns gezeigt habt, ergibt nach den Lehren des Thomas von Aquin und des Aristoteles einen Sinn. Haltet uns nicht zum Narren. Auch wir sind gebildete Philosophen und gute Beobachter. Doch wir würden uns niemals erfrechen, die Illusionen so simpler Gaukelspiele für wahre göttliche Bewegungen zu halten. Ein solches Tun auf Seiten eines Beobachters darf nicht geduldet werden. Für diese Beobachtungen seid Ihr selbst verantwortlich, Galilei, und nicht das Naturgesetz.» Ihre Worte klangen Galilei noch lange in den Ohren.

In beiden Geschichten konfrontierte Galilei seine skeptischen Gegener mit einer neuen Form von Wissenschaft. Es war das *Praktizieren* von Wissenschaft, die aktive Teilnahme des Beobachters am Beobachteten. Dennoch können in der ersten Geschichte die Gegner Galileis die Mondkrater nicht erkennen. Sie mißtrauen dem Instrument, und ihre Denkgewohnheiten hindern sie daran, zu akzeptieren, daß die Schöpfung Galileis etwas sichtbar machen kann, das sie mit bloßem Auge nicht zu sehen vermögen. Es überstiege alle «Vernunft», daß dies der Fall sein sollte. In der zweiten Geschichte werden Galileis Versuche einer Demonstrierung des Naturgesetzes verlacht, weil seine Methoden zu grob sind. Seine Zuschauer nehmen Anstoß daran, daß die gleichmäßigen Bewegungen der Natur durch Galileis rohe Eingriffe gestört werden.

Aber Galilei war sich durchaus bewußt, daß derartige Experimente nur grobe Annäherungen an die wahre Natur der Bewegung waren. Nicht triftig war für ihn hingegen der Einwand, er störe den natürlichen Lauf der Dinge. Er versuchte vielmehr, die natürlichen Bewegungsgesetze gerade dadurch zu enthüllen, daß er alle Störungen *ausschaltete*, die uns an der Erkenntnis der Wahrheit hindern. Durch eine sorgfältige Analyse war er imstande, alle unwesentlichen Einflüsse zu durchschauen, die normalerweise unsere Beobachtungen vernebeln. In Galileis Denken bedeutete Analyse die Vereinfachung und Aufdeckung der Gesetze Gottes. Indem er seine Hände ausstreckte, um das Universum zu be-greifen, hatte Galilei den Präzedenzfall der neuzeitlichen Experimentalphysik geschaffen.

Um die moderne Physik komplett zu machen, bedurfte es jetzt nur noch eines Vorläufers der modernen theoretischen Physik. Und das war Sir Isaac Newton.

Die Stetigkeit der Mechanik

Isaac Newton gelang es, die beiden Prinzipien der passiven und der aktiven Beobachtung miteinander zu verbinden. Tatsächlich verschwand mit dem von ihm eingenommenen Standpunkt jede Unterscheidung zwischen den beiden Ansätzen. Aktive Beobachtung war für Newton nicht mehr als eine Erweiterung der passiven Beobachtung. Instrumente taten nichts anderes als zu entdecken; sie änderten die von ihnen erforschte Welt nicht. Solche Überlegungen und eine aktiv betriebene Beobachtung ermöglichten diesem Naturwissenschaftlicher des späten 17. und frühen 18. Jahrhunderts den Ausblick auf das weite Meer der Wahrheit:

> «*Ich weiß nicht, als was ich der Welt erscheinen mag; mich selbst dünkt es jedoch, als sei ich nicht mehr gewesen als ein spielender Knabe am Meeresstrand, der seine Schritte bald hierhin und bald dorthin lenkte und zuweilen einen gerundeteren Kiesel oder eine prächtigere Muschel als gewöhnlich fand, während der tiefe Ozean der Wahrheit völlig unergründet vor mir lag.*»[8]

Ob Newton durch ein Fernrohr blickte oder über die zahlreichen Experimente Galileis nachdachte, machte kaum einen Unterschied. Entscheidend war die Tatsache, daß gute mathematische und experimentelle Werkzeuge den Naturwissenschaftlern dazu verhalfen, das sie umgebende Universum klarer zu sehen und besser zu verstehen.[9] Fernrohr, Mikroskop und Vakuumpumpe eröffneten neue Welten. Analytische Geometrie und Infinitesimalrechnung waren neue mathematische Formen, mit denen man arbeiten konnte. Die Verbindung von Mathematik und experimentellen Verfahren brachte wesentliche Erkenntnisse mit sich. Die Wissenschaftler blickten hinauf in das Universum und hinab zu den winzigsten beobachtbaren Objekten. Sämtliche naturwissenschaftlichen Instrumente waren nichts anderes als Erweiterungen der menschlichen Sinne. In der Tradition des cartesischen philosophischen Denkens waren Geist und Materie voneinander verschieden. Deshalb bestand eine Trennung zwischen Beobachter und Beobachtetem. Alles, was nicht geistig war, galt dem analytischen Denken Newtons als Freiwild.

Auf den Arbeiten seiner Vorgänger aufbauend schrieb Newton seine heute berühmten «Prinzipien» (*Philosophiae naturalis principia mathematica*, London 1687; dt. *Mathematische Grundlagen der Naturwissenschaft*, 1872). In diesem Werk vereinigte er mit präziser Logik Jahrhunderte des Nachdenkens über Bewegung und das Universum. Die Idee der Stetigkeit war für Newton von größter Bedeutung. Von diesem einzigen Konzept ausgehend gelang es ihm, seine drei Bewegungsgesetze zu entwickeln. Tatsächlich wären diese drei «Newtonschen Axiome» ohne das Kontinuitätsprinzip allesamt sinnlos. Selbst der Begriff der Unendlichkeit, mit dessen Hilfe Zeno und Aristoteles die Stetigkeit von Raum und Zeit zu erklären versucht hatten, bedeutete für Newton kein Hindernis. Um uns eine Vorstellung von seinen Ideen zu machen, stellen wir uns Newton im Gespräch mit einem seiner Schüler vor. Es geht um die Frage: «Was ist Zeit, Sir Isaac?»

Ein Gespräch mit Newton

Ich stelle mir Newton vor, der zur Antwort gibt: «Was ist Zeit? Ganz einfach. Sie ist absolut, wahr und mathematisch. Sie verläuft stetig, ohne jeden Bezug zu irgendetwas anderem. Zeitabschnitte, die wir als Zeitspannen bezeichnen, sind relativ, sinnlich wahrnehmbar und meßbar. Wir messen diese Abschnitte durch ihre Bewegung. Wir benennen diese Abschnitte entsprechend der Größe ihrer Bewegung. Ein Jahr ist die Bewegung der Sonne um die Erde, ein Monat ist die Bewegung des Mondes um die Erde usw.»

«Und was ist Raum, Sir Isaac?» fragt ein anderer Schüler. Und Newton gibt zur Antwort: «Der Raum ist unverrückbar und unendlich. Er bleibt immer das, was er ist. Aber mit Länge verhält es sich anders. Sie ist sinnlich wahrnehmbar und relativ. Wir messen sie, indem wir einen Vergleich anstellen. Die Körpergröße des Menschen entspricht der Höhe des Auges beim Elefanten etc.»

«Aber wie kommt es dazu, daß die Dinge sich bewegen?» fragt ein Dritter. Newton antwortet: «Die Dinge bewegen sich, weil sie nichts anderes tun können. Bewegung ist natürlich. Erst wenn eine Bewegung gestört wird, beginnen wir uns zu fragen, was passiert ist. Alle Gegenstände im Universum bewegen sich und haben teil am gewaltigen Fluß der Zeit. Wenn man sämtliche Dinge des Universums sich selbst überließe, so würde sich alles in derselben Weise bewegen wie seit Äonen von Jahren. Welcher Art auch immer diese Bewegung gewesen ist, es wäre heute noch dieselbe. Alles würde stetig verlaufen. Doch die Dinge wirken wechselseitig aufeinander ein. Und jede dieser Wechselwirkungen führt zu einem ‹Knick› oder einer Beschleunigung ihrer Bewegung. Die Bahn des Planeten krümmt sich zu einem Kreis um die Sonne, da diese ihn vermittels einer Kraft anzieht. Ich nenne diese Kraft *Schwerkraft*. Es

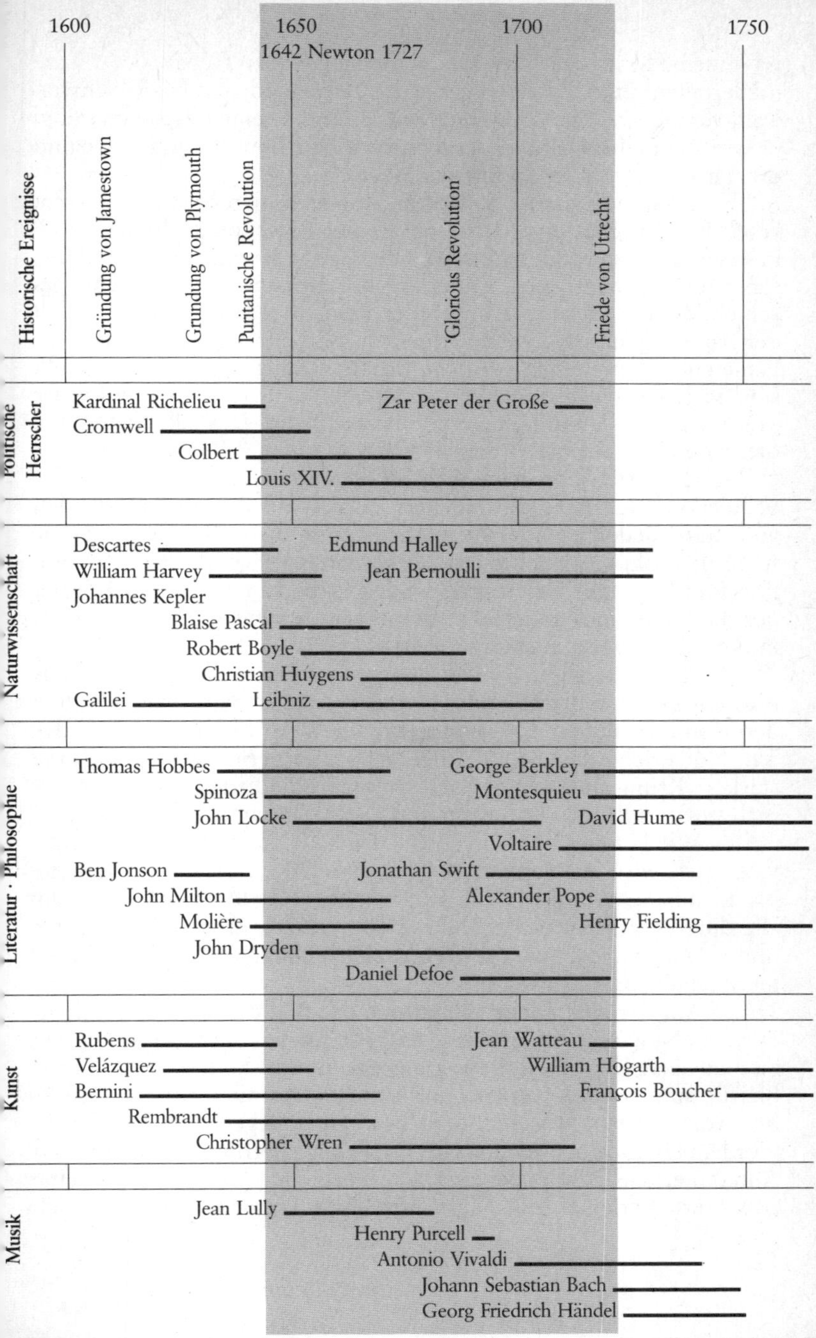

	1600	1650	1700	1750
		1642 Newton 1727		

Historische Ereignisse

- Gründung von Jamestown
- Gründung von Plymouth
- Puritanische Revolution
- 'Glorious Revolution'
- Friede von Utrecht

Politische Herrscher

- Kardinal Richelieu
- Cromwell
- Colbert
- Zar Peter der Große
- Louis XIV.

Naturwissenschaft

- Descartes
- William Harvey
- Johannes Kepler
- Blaise Pascal
- Robert Boyle
- Christian Huygens
- Galilei
- Leibniz
- Edmund Halley
- Jean Bernoulli

Literatur · Philosophie

- Thomas Hobbes
- Spinoza
- John Locke
- Ben Jonson
- John Milton
- Molière
- John Dryden
- Daniel Defoe
- George Berkley
- Montesquieu
- David Hume
- Voltaire
- Jonathan Swift
- Alexander Pope
- Henry Fielding

Kunst

- Rubens
- Velázquez
- Bernini
- Rembrandt
- Christopher Wren
- Jean Watteau
- William Hogarth
- François Boucher

Musik

- Jean Lully
- Henry Purcell
- Antonio Vivaldi
- Johann Sebastian Bach
- Georg Friedrich Händel

ist dieselbe Kraft, die einen Ball von einem hohen Gebäude zur Erde niederfallen läßt. Die Bewegung des Balls wird durch die Schwerkraft verändert. Während seines Falls erfährt er eine Beschleunigung, er wird schneller. Das alles wird durch meine Bewegungsgesetze und die Theorie der Schwerkraft erklärt.»

«Glaubt Ihr denn, Sir Isaac», will ein anderer Schüler wissen, «daß die Kräfte zu einer Unstetigkeit der Bewegung führen?» «Keineswegs», erwidert Newton. «Die Bewegung ist nach wie vor stetig. Obgleich die Kraft eine Änderung der Bewegung verursacht, geschieht diese Änderung doch wieder stetig. In jedem Augenblick fällt der Ball ein ganz klein wenig schneller. In jedem Augenblick wird die Planetenbahn um einen geringen Bruchteil stärker gekrümmt. Nach sehr vielen solcher Augenblicke befindet sich der Planet auf einer kreisförmigen statt auf einer geradlinigen Bahn. Deshalb wissen wir, daß eine Kraft auf ihn eingewirkt haben muß.»

«Läßt sich jede Bewegung auf diese Weise erklären?» fragt der Schüler. «In der Tat», gibt Newton zur Antwort. «Das geht aus den von mir niedergeschriebenen mathematischen Gesetzen hervor. Aber sie enthüllen noch mehr. Mein drittes Axiom besagt, daß Aktion und Reaktion gleich groß sind. Das bedeutet, daß ein Körper, der die Bahn eines anderen krümmt oder beschleunigt, von diesem in derselben Weise beeinflußt wird.»

«Das verstehe ich nicht ganz», sagt der Schüler. «Zweifellos krümmt die Erde die Bahn des Mondes. Aber krümmt deshalb auch der Mond die Erdbahn?» Newton erwidert, «so verhält es sich in der Tat. Nur erfährt der Mond aufgrund seiner geringeren Masse eine stärkere Krümmung seiner Bahn, während die Erde mit ihrer sechsmal größeren Masse um einen geringeren Betrag abgelenkt wird.»

Wir können uns vorstellen, daß sich dieses Frage- und Antwortspiel zwischen Newton und seinen Schülern noch bis spät in die Nacht hinzog. Auf sämtliche Fragen hatte Newton Antworten, die alle durch mathematische Analysis abgestützt waren. Seine Gesetze und Erkenntnisse ließen die Welt zugleich einfacher und komplizierter erscheinen.

Auf der einen Seite schien sich das Bild der Welt zu vereinfachen, da Newton die Grundlage dafür schuf, jede Art von Bewegung zu analysieren. War die Bewegung gekrümmt, konnte die Ursache hierfür aufgefunden werden, und es ließ sich mit absoluter Gewißheit voraussagen, was mit dem bewegten Gegenstand geschehen würde. Newtons mathematische Werkzeuge beruhten auf der festen Annahme, daß jede Bewegung stetig erfolgte und sich in einzelne Abschnitte zerlegen ließ. Diese Abschnitte konnten jeweils für sich untersucht werden. Und jeder Abschnitt unterlag einem festen Gesetz.

Andererseits erschien die Welt jetzt komplizierter, weil sie aus so vielen Teilen bestand. Diese Teile machten die Gesamtheit des Universums aus. Nichts brauchte jemals übergangen zu werden. Jede Beobachtung, nach der eine Bewegung nicht mit den Newtonschen Axiomen in Einklang stand, bedeutete, daß es irgendeinen Körper gab, der die Objekte in seiner Umgebung beeinflußte. Das Ganze war die Summe seiner Teile und konnte gar nichts anderes sein. Das Weltall war eine Maschine.

Alles, was auf etwas anderes einen Einfluß ausübte, war Bestandteil dieser riesigen Maschine. Und alle während dieser Zeit gebauten Maschinen funktionierten in Übereinstimmung mit dem neuen Weltverständnis auf der Grundlage der Newtonschen Analyse. Eine mechanistische Philosophie entstand. Es wurde Mode, sowohl die physikalische als auch die nicht physikalische Welt als etwas Mechanisches zu betrachten. Jede Wirkung mußte eine bekannte Ursache haben. Und jede Ursache mußte zu erklärbaren Wirkungen führen. Damit wurde Zukunft eine logische Folge der Ver-

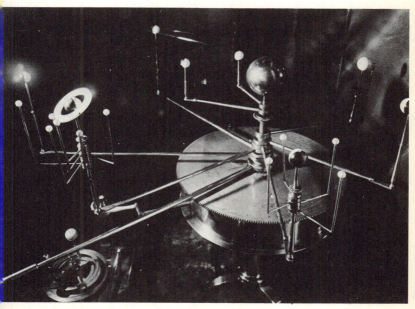

Newtons große Maschine.

gangenheit. Es sah so aus, als könne man kaum etwas tun, um die Welt zu ändern. Selbst unser Denken mußte in irgendeiner Weise mit der Maschine Newtons erklärt werden. Die «Hand Gottes» hatte die Maschine vor Jahrmillionen in Gang gesetzt, und niemand konnte sie anhalten. Alle Konsequenzen, alle Ideen, alles menschliche Denken erfolgten aufgrund dieser anfänglichen Ursache vor langer, langer Zeit. Mit anderen Worten, es blieb nichts mehr dem Zufall überlassen. Alles mußte bereits von Gott determiniert sein. Diese Auffassung war als *Determinismus* bekannt.

Der Alptraum des Determinismus

Stellen wir uns einen reichgeschmückten französischen Salon um 1800 vor. In weißen Perücken und weißen Strümpfen genießt die Salongesellschaft eine Abendveranstaltung. Der Diener meldet die Ankunft eines berühmten Philosophen und Wissenschaftlers, des Marquis de Laplace. Das laute Stimmengewirr sinkt zu einem Flüstern herab, der Marquis betritt den Salon. Die Besucher weichen wortlos zur Seite, als begrüßten sie eine königliche Majestät in ihren Reihen. Vielleicht müssen wir ihm Rahmen dieses Abends den Marquis eher als einen berühmten Künstler und Schauspieler sehen. Stühle werden zu halbkreisförmigen Reihen zusammengestellt, die Vorstellung kann beginnen.

Pierre Simon Laplace, bekannt als «der Marquis», wurde zum Liebling der Pariser Salongesellschaft des frühen 19. Jahrhunderts. Er war für seine schauspielerischen und eloquenten Vorführungen jener geheimnisvollen und höchst abstrakten Wissenschaft bekannt, die als *Himmelsmechanik* bezeichnet wurde. Er nahm seine Zuhörerschaft völlig gefangen, wenn er über die jenseitigen Welten sprach, die sich allesamt im Bann jener über eine bestimmte Strecke hinweg wirkenden Kraft befanden, der Newton den Namen Schwerkraft gegeben hatte. Es gab keine kosmischen Fäden, und dennoch war diese von keinem beobachtete und trotzdem allgegenwärtige Ursache jeder Beschleunigung von mächtigem Einfluß.

Das Universum samt allen seinen Welten folgt genau definierten Gesetzen, die alle denselben Leitprinzipien unterliegen. Alles war und ist vorhersehbar. Dazu braucht man lediglich die Kraft, die Massen, Positionen und Geschwindigkeiten der untersuchten Objekte zu einem bestimmten Zeitpunkt zu kennen. Es spielt keine Rolle, welcher Art die Objekte sind. Planeten, Sterne, Kieselsteine, alles ist dem Einfluß dieser Kraft unterworfen.

Das Universum ist ein riesiges Newtonsches Uhrwerk, in dem Ursache und Wirkung herrschen. Nichts geschieht zufällig, alles ist letzten Endes erklärbar. Wörtlich heißt es bei Laplace:

Wir müssen also den gegenwärtigen Zustand des Weltalls als die Wirkung seines früheren und als die Ursache des folgenden Zustands betrachten. Eine Intelligenz, welche für einen gegebenen Augenblick alle in der Natur wirkenden Kräfte sowie die gegenseitige Lage der sie zusammensetzenden Elemente kennte und überdies umfassend genug wäre, um diese gegebenen Größen der Analyse zu unterwerfen, würde in derselben Formel die Bewegung der größten Weltkörper wie des leichtesten Atoms umschließen; nichts würde ihr ungewiß sein, und Zukunft wie Vergangenheit würden ihr offen vor Augen liegen.[10]

Ein vollkommener Determinismus, dem der Tod eines einzelnen ebenso unterworfen war wie der Aufstieg und Fall eines Imperiums, war nicht mehr als das zwangsläufige Wirken der «großen Maschine». Den Gesetzen der Physik muß gehorcht werden, weil es unmöglich ist, sie zu verletzen. Der Traum von einer endgültigen Erkenntnis der Natur war die Entdeckung der verborgenen Kraft als der Ursache von allem, das noch kommen würde. Sobald diese Kraft einmal gefunden war, würde für einen freien Willen kein Raum mehr sein, sowenig wie für Erlösung und Verdammnis oder Liebe und Haß. Noch der belangloseste Gedanke ließ sich in seiner Determiniertheit auf eine längst vergangene Zeit zurückverfolgen.

Ethik, Moral, Stolz und Vorurteile waren eine Illusion. Man mochte sich für einen freidenkenden Menschen halten, doch war selbst diese Einbildung nichts anderes als das universelle Uhrwerk, das auf eine noch zu entdeckende Weise ablief. Zwar stand diese Entdeckung noch aus, doch galt diese materialistische Philosophie prinzipiell als Basis für das Universum.

Der Gedanke, daß es keinen freien Willen mehr gab, wurde als das «Gespenst des Determinismus» bezeichnet. Selbst Denker und Philosophen jener Zeit, die sich von diesem «Gespenst» nicht beeindrucken ließen, spürten die Auswirkungen des Newtonschen Denkens. Da die Physik in der Lage war, eine beachtliche Zahl physikalischer Phänomene zu erklären, von den Bewegungen der Planeten bis zu den Schwingungsbewegungen winziger Partikeln in einem geschlossenen Gasbehälter, und dabei auf ganz wenige Prinzipien zurückgriff, wurde sie zum Modell menschlicher Erkenntnis schlechthin.[11]

Im 19. Jahrhundert suchten Denker auch auf anderen Gebieten die Exaktheit, Universalität und die präzisen Methoden der Physik zu erreichen. Sie forschten nach allgemeinen Gesetzen, mit denen sich die Geschichte und das menschliche Verhalten erklären ließen. Karl Marx z.B. nahm an, das Subjekt jeder Veränderung sei die Materie, und jede Veränderung sei das Ergebnis eines fortwährenden Konflikts zwischen den Widersprüchen, die allen Dingen innewohnen. Gewinnt eine der beiden widerstreitenden Kräfte die Oberhand, kommt es zu einem Wandel. So kann für Marx eine revolutionäre Bewegung niemals das gemeinsame Unternehmen der herrschenden und der arbeitenden Klasse sein, da die Kraft der einen Klasse am Ende die der anderen überwinden muß. Diese Theorie, die als *dialektischer Materialismus* bekannt ist, erinnert in mancher Hinsicht an das zweite Newtonsche Axiom, das besagt, daß die Ursache einer Bewegungsänderung eine Kraft ist, und daß es die Materie ist, auf die die Kraft einwirkt.

Sogar Clarence Darrow, der berühmte Anwalt, der im «Affenprozeß» von 1925 die Evolutionstheorie verteidigte, war von Newton beeinflußt. In einem anderen seiner berühmten Fälle, dem Prozeß gegen das berüchtigte Mörderpaar Leopold und Loeb, verteidigte Darrow seine Klienten mit dem Argument, sie seien die Opfer von Vererbung und Umwelteinflüssen. Obgleich Leopold und Loeb zweifelsohne schuldig waren, machte Darrow für sie geltend, sie hätten bei ihren Taten keine Wahl gehabt, sondern eine lange Kette von Ursachen und Wirkungen habe zwangsläufig zum Tod ihres Opfers geführt. Selbst die Umwelt, in der die beiden Mörder aufwuchsen, wurde als Produkt dieser langen Kette angeführt. Wie konnte unter diesen Umständen die Gesellschaft sich das Recht anmaßen, die beiden Angeklagten für eine Situation zu bestrafen, über die sie keine Kontrolle hatten? Sie waren ebenso die Opfer ihres Verbrechens wie der Mensch, den sie getötet hatten. Alle waren machtlos, das Newtonsche Uhrwerk anzuhalten.

Es ist verständlich, daß Laplace, Marx und Darrow so stark von der Maschine Newtons beeinflußt waren.[12] Es fällt sicherlich leichter, sich vorzustellen, daß das Ganze einfach die Summe seiner Teile ist und daß ein Verständnis eines Teils zwangsläufig zur Erkenntnis des Ganzen führt, als nach irgendeiner anderen Erklärung für den Gang der Welt zu suchen. Welche sollte es auch sonst geben? Muß sich denn am Ende nicht auch der Geist als nichts anderes erweisen als eine äußerst komplexe mechanische Apparatur? Da der Geist aus der Materie kommen mußte, konnte er da überhaupt etwas anderes sein? Der Geist mußte sich am Ende als das unmittelbare

Produkt seiner materiellen Basis zeigen – meinte die Psychoanalyse.

C. G. Jung sah eine Verbindung zwischen bestimmten Traumbildern und primitiven Vorstellungen, Mythen und Riten.[13] Er behauptete, diese Traumbilder seien «archaische Überreste» – psychische Elemente, die aus längst vergangenen Zeiten stammten und im menschlichen Gehirn weiterlebten. Das Unbewußte ist ein Abfallhaufen. Kein Wunder, daß wir unter Schuldgefühlen leiden, denn wir leiden nicht nur unter uns selbst, sondern auch unter den Taten unserer Vorväter, die vor Jahrtausenden vielleicht geraubt, geplündert oder gemordet haben.

Hugh Elliot (1881–1930), der Herausgeber von Englands *Annual Register* während der Zeit des Übergangs von der klassischen Physik zur Quantenmechanik, war ein Verfechter der mechanistischen Wissenschaft und des Materialismus.[14] Er stellte drei Prinzipien auf: 1. Die Gesetze des Universums sind einheitlich, und obwohl das Universum eine scheinbare Unordnung zeigt, ergibt eine sorgfältige wissenschaftliche Untersuchung die allgemeine Geltung dieser universellen Gesetze. 2. Teleologie ist ein Mythos, da das Universum keine Zwecke kennt und da alle Ereignisse aufgrund der Wechselwirkungen von bewegter Materie zustandekommen. 3. Sämtliche Formen des Daseins müssen sinnlich wahrnehmbare materielle Merkmale und Eigenschaften aufweisen. Wörtlich heißt es bei ihm:

> «*Für den gewöhnlichen Beobachter mag es so scheinen, als könne nichts weiter auseinander liegen als ein sogenannter ‹Akt des Bewußtseins› und ein materielles Objekt. Ein Akt des Bewußtseins oder ein geistiger Vorgang ist etwas, das wir unmittelbar und unzweifelhaft wahrnehmen: so viel räume ich ein. Daß er sich jedoch in irgendeiner Hinsicht von einem materiellen Vorgang unterscheidet, d.h. von den normalen Umwandlungsprozessen von Materie und Energie, das ist eine Auffassung, die ich nachdrücklich bestreite.*»[15]

Es freut mich, Elliot zitieren zu können, da es nur wenige Menschen gibt, die ein solches Vertrauen in die Totalität eines materiellen Universums geäußert haben wie er. Und der Autor fährt fort, «es gibt keinerlei geistige Substanz oder Wesenheit, die prinzipiell anderer Natur wäre als die Materie ... es gibt keine zwei Arten einer fundamentalen Existenz, eine materielle und eine geistige, sondern nur eine einzige ...»[16]

Und damit ist der Rahmen abgesteckt. Wir sind allesamt Maschinen.

Mit dem Ende des 19. Jahrhunderts war die klassische Physik zum Modell nicht nur des physikalischen Universums, sondern auch des menschlichen Verhaltens geworden. Die Woge des mechanischen Materialismus, die als kleine Kräuselung im Strom des Denkens des 17. Jahrhunderts begonnen hatte, war zu einer Flutwelle angeschwollen, die alle griechische Naturphilosophie hinwegschwemmte. Die Physiker untersuchten unbelebte Dinge, und die Ärzte suchten nach Uhrwerken in lebendigen Menschen.

Irgendwo unterwegs ging der Ausspruch Descartes' «Ich denke, also bin ich» verloren. Er wurde statt dessen umgekehrt zu dem Satz: «Ich bin, also denke ich». Es begann die Suche nach der objektiven Wirklichkeit, nach Ursache und Wirkung, der verborgenen mechanischen Ordnung. Der Blick auf den Horizont der Naturwissenschaft hatte sich geklärt.

Über die Zukunft der Naturwissenschaft hat ein berühmter Theoretiker einmal gesagt, sie werde höchstens darin bestehen, «daß bereits erzielte Resultate in ihrer Genauigkeit um ein paar Stellen hinter dem Komma verbessert werden».* Daneben gab es jedoch auch andere, die ein solches Vertrauen in ein mechanisches Universum nicht teilten. Einer von ihnen, der bekannte Lord Kelvin, wurde um die Mitte des vorigen Jahrhunderts in europäischen Kreisen zu einer anerkannten Autorität. Gegen Ende des 19. Jahrhunderts sagte er, er sehe den Horizont der Newtonschen «Landschaft» lediglich durch zwei dunkle Wolken verdüstert. Diese beiden Wolken waren zwei rätselhafte Punkte in der ansonsten perfekten mechanischen Erklärung von Licht und Wärme.

Eine Erklärung des Lichts und der Wärme ... mit gewissen Lücken

Zum Ende des 19. Jahrhunderts war ein Weltbild vollendet worden. Die Naturwissenschaft glaubte, das physikalische Universum zu verstehen, und das Newtonsche mechanische Modell mußte dafür herhalten, auch alles andere zu erklären, sogar alle jene Eigenschaften, die sich nach Aristoteles nicht einfach als Teile eines Ganzen oder einer Maschine erklären ließen. Deshalb war den Naturwissenschaftlern daran gelegen, eine mechanische Erklärung für die unsichtbaren

* Dieser bekannte Ausspruch stammt aus dem Jahr 1894. Sein Urheber, A. A. Michelson, glaubte Lord Kelvin zu zitieren und bekannte später, er bedaure zutiefst, jemals so etwas geäußert zu haben. L. Cooper, *An Introduction to the Meaning and Structure of Physics*, New York 1968, S. 431.

Teile zu finden, aus denen das materielle Universum bestand. Zwei spezielle Bereiche der Physik bedurften einer Erklärung – die Wärme und das Licht.

Ein Jahrhundert zuvor hatte der italienische Physiker Amadeo Avogadro Gas modellhaft als etwas beschrieben, das aus zahlreichen winzigsten Partikeln besteht. Und im 17. Jahrhundert hatte Robert Boyle das allgemeine Gasgesetz gefunden, das einen Zusammenhang herstellte zwischen dem Druck und dem Volumen eines Gases. Im Jahr 1800 entdeckte Joseph Louis Gay-Lussac die Wirkung der Temperatur auf Gas in einem geschlossenen Behälter und stellte fest, daß sich bei konstantem Druck das Volumen eines Gases unter Erwärmung ausdehnt. Dem folgte bald die Erkenntnis, daß Wärme einfach die schnelle Bewegung der winzigkleinen Gaspartikeln war. D.h., Wärme war die kinetische Energie von Materie und sonst nichts.[17]

Aber etwas fehlte. Auf welche Weise erreichte die Sonnenwärme die Erde? Gab es Partikel auf dem Weg von der Sonne zur Erde? Leitete die Bewegung dieser Teilchen die Sonnenwärme weiter? Man stellte sich den Raum zwischen Sonne und Erde leer vor, und demnach konnte Wärme nicht nur die Bewegung von Materie sein. Auf irgendeine Weise konnte Wärme sich ohne materielles Medium fortpflanzen. In dieser Hinsicht verhielt sie sich wie eine weitere Energieform, das Licht.

Während der ersten Hälfte des 19. Jahrhunderts begannen zahlreiche Naturwissenschaftler die Vorstellung zu akzeptieren, daß Licht und Wärme zumindest qualitativ identisch waren. Nach Newton bestand Licht aus winzigen Teilchen oder Korpuskeln, die in der Lage waren, den leeren Weltraum zu durchqueren. Auf diese Weise gelangte das Sonnenlicht zur Erde. Somit wurde Licht als eine Substanz definiert, ebenso die Wärme. Das war der Erkenntnisstand um 1820.

Dann kam Thomas Young und entdeckte eine Eigenschaft des Lichts, die das Newtonsche Bild von dessen Korpuskelcharakter umwarf.[18]* Er stellte fest, daß Lichtpartikel einander auf irgendeine

---

* Youngs Bekanntmachung, daß seine Ergebnisse die Wellentheorie des Lichts stützten, wurde vom naturwissenschaftlichen Establishment übel aufgenommen. Sie stieß auf Spott und Ablehnung, da Young es gewagt hatte, der sakrosankten Korpuskeltheorie des Lichts von Newton zu widersprechen. Henry Brougham, ein britischer Politiker und Freizeitwissenschaftler schrieb 1803 in der *Edinburgh Review*: «(Youngs) Publikation enthält nichts, das die Bezeichnung Experiment oder Entdeckung verdiente, und ... ihr kommt keinerlei Verdienst zu ... Wir möchten unsere schwache Stimme

Weise überlagern können. Die von einem Lichtstrahl auf einem Bildschirm erzeugten Muster ließen sich nicht mit der Korpuskeltheorie erklären. Die Entdeckung Youngs kann von jedem nachvollzogen werden, der zwei Finger vor die Augen hält und durch den Spalt dazwischen auf eine Lichtquelle blickt (allerdings nicht in die Sonne, weil diese viel zu hell ist). Die Netzhaut des Auges bildet den von Young benutzten Schirm.

Während man durch die beiden Finger – z.B. Zeige- und Mittelfinger – sieht, bringt man diese langsam immer näher zusammen. Kurz bevor beide sich berühren, so daß an dieser Stelle kein Licht mehr durchdringt, kann man eine Reihe heller und dunkler Streifen sehen. Diese Streifen bezeichnet man als *Interferenzmuster*. Sie lassen sich nur durch Licht*wellen* und nicht durch Teilchen erzeugen. Der Wechsel von hellen und dunklen Streifen kommt durch Lichtwellen zustande, die einander überlagern (Interferenz = Überlagerung).

Diese Interferenz wird durch die oszillierende Bewegung der Wellen verursacht. Sämtliche Wellen werden durch Schwingungen im Medium der Welle erzeugt. Der schmelzende Klang einer lyrischen Gesangsstimme ist nichts anderes als das fortwährende Schwingen von Luftmolekülen am Trommelfell. Der Zusammenklang eines Quartetts von Schnulzensängern kommt durch die Interferenz von vier verschiedenen Schwingungsfrequenzen der einzelnen Sänger zustande. In ähnlicher Weise können sich auch Lichtwellen überlagern und einen «Lichtakkord» erzeugen – das Interferenzmuster aus hellen und dunklen Streifen.

Ein dunkler Streifen entsteht, wenn die Wellenberge einer Lichtwelle mit den Wellentälern einer anderen zusammentreffen. Normalerweise sehen wir diese Interferenzmuster nicht, da die Lichtwellen äußerst fein sind. Zwingt man sie jedoch, ihren Verlauf durch einen schmalen Spalt zu nehmen, etwa den zwischen zwei Fingern, so werden die Wellen gebeugt. Das Muster von hellen und dunklen Streifen ist ein Ergebnis dieser Beugung.

Vertrauter ist uns vermutlich die Beugung von Geräuschwellen. So wissen wir z.B., daß sich hinter einer Straßenecke ein Lastwagen nähert, wenn dieser seine Hupe ertönen läßt. Die von der Hupe erzeugten Schallwellen werden an der Ecke gebeugt und erreichen so unser Ohr.

> gegen Neuerungen erheben, die keine andere Wirkung haben können, als den Fortschritt der Wissenschaft aufzuhalten und erneut all jene wilden Phantome der Einbildungskraft zu beleben, die ... Newton aus dem Tempel (der Wissenschaft) verjagte.» Zit. nach F. Rutherford, G. Holton und F.G. Watson, *Project Physics Course*, New York 1968, Text 4, Kap. 13, S. 14.

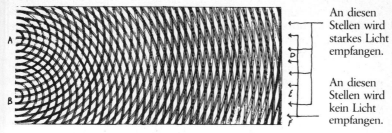

Thomas Youngs ursprüngliche Zeichnung der zu erwartenden Interferenzwirkungen, wenn Wellen von Spalt A und B sich überlagern. (Drehen Sie das Buch um 90 Grad entgegen dem Uhrzeigersinn und blicken Sie vom Rand bei A und B aus flach über die Skizze). Auf dem Schirm gegenüber von A und B wird überall dort kein Licht empfangen, wo sich die Wellen von A und B fortwährend gegenseitig löschen.

Nachdem Young den Wellencharakter des Lichts nachgewiesen hatte, stellte man sich auch Wärme als Wellenerscheinung vor. Beide überwanden die große Entfernung zwischen Sonne und Erde, indem sie sich wellenförmig fortbewegten. Trotzdem hatte dieses Modell einen Pferdefuß. Wellen brauchen für ihre Bewegung ein Medium – in einem Vakuum können sie sich nicht fortpflanzen. Das lag für die Naturwissenschaftler des 19. Jahrhunderts auf der Hand. Sie hatten herausgefunden, daß das Ticken eines Uhrwerks in einem Glasbehälter immer schwächer zu vernehmen war, je mehr man aus diesem die darin befindliche Luft abpumpte. Klangwellen bewegen sich in Luft. Demnach mußten Licht- und Wärmewellen in einer unsichtbaren Substanz schwingen, die den gesamten Weltraum ausfüllte.

Die Naturwissenschaftler bezeichneten diesen Stoff als «Äther» und griffen damit auf das von den frühen Griechen entworfene Weltbild zurück. Der Äther war unsichtbar und mußte dennoch Materie in einer so feinen Form sein, daß bislang noch niemand seine Existenz entdeckt hatte. Für sein Vorhandensein gab es noch weitere Anzeichen, und diese waren das Ergebnis von zwei Entdeckungen, die scheinbar in keinem Zusammenhang miteinander standen. Die erste bestand darin, daß Elektrizität sich in Magnetismus umformen ließ und umgekehrt.

Der Engländer Michael Faraday hatte herausgefunden, daß sich mit elektrischem Strom ein Magnetfeld erzeugen ließ. Tatsächlich geht sogar der Begriff des *Magnetfeldes* auf ihn zurück. Außerdem konstruierte er eine Vorrichtung, die den Vorläufer eines modernen elektromagnetischen Generators darstellt. Durch das Rotieren eines Stabmagneten in der Nähe eines Drahtes konnte er zeigen, daß das Magnetfeld in diesem Draht einen Strom «induzierte». Er entdeckte mit anderen Worten, daß der bewegte Magnet einen elektrischen Strom erzeugen konnte. Diese Entdeckung, mit der es möglich wurde, elektrischen Strom in Magnetismus und diesen wiederum in elektrischen Strom umzuwandeln, bedeutete an sich keine Stütze der Äthertheorie. Sie legte jedoch die Vermutung nahe, daß Elektrizität und Magnetismus austauschbar waren, und diese als *Elektromagnetismus* bezeichnete Fähigkeit führte zur theoretischen «Entdeckung» elektromagnetischer Wellen.

Um 1860 hatte sich die Idee eines Elektromagnetismus durchgesetzt. James Clerk Maxwell, ebenfalls ein Engländer, hatte versucht, Faradays Entdeckung in einem mathematischen Modell auszubilden und dabei festgestellt, daß sich der Prozeß einer Umwandlung von Strom in Magnetismus und von Magnetismus in Strom theoretisch wiederholen ließ und zwar äußerst schnell und oft. Das brachte Maxwell auf die Idee elektromagnetischer Schwingungen. Diese Schwingungen waren jedoch vorläufig nur eine mathematische Theorie – ihre Existenz stand nur auf dem Papier. Die

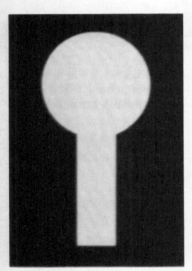
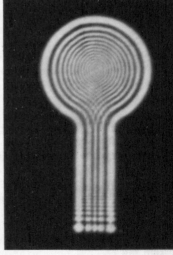

Interferenzmuster aus Lichtwellen, wenn Licht durch ein enges Schlüsselloch geschickt wird.

Frage war, ob sie auch beobachtet werden konnten. Und wenn ja, wie würden sie aussehen?

Als er diesen Fragen nachging, stellte Maxwell fest, daß sich die von Young experimentell entdeckten Lichtwellen durch die von ihm theoretisch postulierten elektromagnetischen Schwingungen erzeugen ließen. Indem Maxwell mit seinen mathematischen Gleichungen experimentierte, stieß er auf eine erstaunliche Tatsache: die Gleichungen, mit denen die elektromagnetischen Schwingungen beschrieben wurden, hatten Lösungen, die elektromagnetische Schwingungen beschrieben, die sich mit Lichtgeschwindigkeit fortpflanzten! Waren die Lichtwellen möglicherweise elektromagnetische Schwingungen? Und falls dies zutraf, *welches Medium* führte diese Schwingungen aus?

Maxwells erfolgreicher Versuch zu zeigen, daß elektromagnetische Wellen theoretisch imstande waren, sich mit Lichtgeschwindigkeit fortzupflanzen, und Youngs experimentelle Entdeckung, daß Lichtstrahlen einander überlagern konnten, waren überzeugende Beweise dafür, daß Licht aus elektromagnetischen Wellen bestand. Und da auch Wärme gewaltige Entfernungen überwinden konnte, mußte sie ebenfalls eine elektromagnetische Welle sein.

1887 wurde die Theorie Maxwells schließlich durch die Experimente von Heinrich Hertz unterstützt. Hertz hatte erfolgreich nachgewiesen, daß ein oszillierender elektrischer Strom eine elektromagnetische Welle mit unsichtbarer Strahlung aussandte. Hertz hatte die Radiowellen entdeckt. Er konnte außerdem zeigen, daß diese unsichtbaren Strahlungen eigentlich Wellen waren, die alle Merkmale von Interferenzerscheinungen – Beugung am Spalt usw. – aufwiesen, wie sie an sichtbaren Wellen beobachtet werden. Die experimentelle Entdeckung und Erzeugung elektromagnetischer Wellen durch Hertz überzeugte jeden; Licht und Wärme mußten ebenfalls elektromagnetische Wellen sein.

Dennoch blieb immer noch ein Problem: auf welche Weise gelangten diese Wellen von ihrem Ursprung zum Ort ihrer Entdeckung? Mit anderen Worten, in welchem Medium pflanzten sie sich fort? Dieser Stoff, so vermuteten die Naturwissenschaftler, mußte der Äther sein. Nur hatte ihn noch niemand unmittelbar entdeckt, noch keiner hatte ihn zu Gesicht bekommen.

Es ist kein Äther da

Die erste der beiden von Lord Kelvin erwähnten dunklen Wolken sollte nunmehr am klaren Horizont der Newtonschen Physik auftauchen. 1887 versuchten A. A. Michelson und E. W. Morley, zwei College-Professoren aus Cleveland in Ohio, den zwischen Sonne und Erde befindlichen Äther durch Messungen aufzuspüren.[20] Davon, daß es einen solchen Äther gab, waren beide völlig überzeugt. Youngs Beobachtungen und Maxwells theoretische Entdeckung «bewiesen», daß Licht eine Welle war. Deshalb mußte es im Weltraum zwischen Sonne und Erde eine materielle Substanz geben, in der sich das Licht fortpflanzen konnte.

Für ihren Versuch mußten Michelson und Morley die relative Geschwindigkeit der Erde gegenüber diesem festen, unverrückbaren Äther messen. Wenn es ihnen gelang, eine solche Messung durchzuführen, so würde dies der überzeugende Beweis für die Existenz eines Äthers sein. Leider war ein solches Experiment nicht ohne weiteres durchzuführen. Die Situation läßt sich am besten mit einem Schwarm Fische vergleichen, die die Existenz des Wassers nachweisen wollen, in dem sie leben. Zu diesem Zweck müßten sie nach Kräuselungen des Wassers Ausschau halten. Diese Kräuselungen oder Wellen würden von einem Fisch zum andern wandern, doch immer mit derselben Geschwindigkeit.

Heute können wir die konstante Geschwindigkeit von Wasserwellen an den Wellen beobachten, die vom Bug eines fahrenden Motorboots ausgehen. Diese Bugwellen bewegen sich mit konstanter Geschwindigkeit vom Boot fort. Dieses kann jedoch seine Geschwindigkeit solange erhöhen, bis es die eigenen Wellen eingeholt hat. Noch ein zweites Beispiel: die Überschallflugzeuge der heutigen Hochgeschwindigkeitsgesellschaft überschreiten häufig die Schallgeschwindigkeit. D. h., sie bewegen sich schneller durch die Wolken als ihre eigenen Schallwellen. Der bekannte Begriff der «Schallmauer» hängt damit zusammen, daß an der Spitze eines Flugzeugs, das sich der Schallgeschwindigkeit nähert, immer mehr Schallwellen immer dichter zusammengepreßt werden. Beim Durchstoßen dieser «Mauer» kommt es zu dem bekannten lauten Knall.

Aufgrund dieser Umstände könnten also die Fische unter Wasser die Geschwindigkeit ihrer Bewegung in diesem Element und damit auch dessen Existenz meßtechnisch feststellen, indem sie beobachten, wie schnell sie sich im Vergleich zu den Wasserwellen bewegen. So könnten die Fische schließlich die Behauptung aufstellen, das Wasser existiere, weil es ihnen gelang, Veränderungen der eigenen Geschwindigkeit zu beobachten, je nachdem, in welcher Richtung sie zu den von ihnen ausgehenden Wellen schwammen. Dazu mußte ein Fisch sich nur von einer Welle weg und anschließend wieder auf diese zu bewegen. Vom Standpunkt des Fisches aus gesehen bewegte sich die Wasserwelle schneller, wenn er ihr entgegen, und langsamer, wenn er mit ihr schwamm.

Michelson und Morley hatten sich dafür gerüstet, Fische im Äther zu spielen. Die Wellen, die sie messen wollten, waren natürlich Lichtwellen. Der Unterschied zwischen den Geschwindigkeiten der Lichtwellen, den sie erwarteten, wäre mit der Geschwindigkeit zu erklären, mit der sich die Erde durch den Äther bewegte. Und dieser Unterschied war es, der schließlich die Existenz des Äthers beweisen würde – jenen feinen und doch den gesamten Weltraum ausfüllenden Stoff, der den Lichtwellen als Medium diente.

Ihr Experiment erwies sich als kläglicher Fehlschlag. Obgleich sie mit ihren Geräten durchaus in der Lage gewesen wären, einen eventuell auftretenden Unterschied in der Geschwindigkeit der Lichtwellen zu erfassen, wurde kein derartiger Unterschied entdeckt. Die beiden Forscher waren von ihrem Ergebnis völlig entmutigt. Später sollte man sie als die ersten Entdecker der konstanten Lichtgeschwindigkeit feiern, einem Eckpfeiler der Einsteinschen speziellen Relativitätstheorie. Doch zum Ende des 19. Jahrhunderts gab es noch keine Möglichkeit, das Wellenmodell des Lichts mit dem fehlenden Äther in Einklang zu bringen. Auf welche Weise das Licht sich vom einen Ort zum anderen bewegte, war noch immer ein Rätsel.

Die Ultraviolettkatastrophe

Inzwischen war auch schon die zweite dunkle Wolke am klaren Newtonschen Himmel heraufgezogen: erhitzte Gegenstände leuchten, und zwar in verschiedenen Farben, während sie erhitzt werden. Die ersten Glühbirnen hatten noch kein mattes, sondern durchsichtiges Glas, so daß man in ihr Inneres sehen konnte. Der Glühfaden begann aufzuleuchten und Licht zu spenden, sobald er von einem elektrischen Strom durchflossen wurde. Je stärker dieser Strom war, desto heißer wurde der Draht und um so mehr veränderte sich die Farbe des Lichts. Die Frage war nur: warum?

Was verursachte den Wechsel in der Farbe des Lichts? Alle erhitzten Gegenstände wie stromführende Glühfäden und glühende Brandeisen senden Licht aus. Wenn man außerdem das von ihnen emittierte Licht durch ein Glasprisma fallen läßt, so erscheint eine Palette aus sämtlichen Regenbogenfarben. Der Regenbogen ist in der Tat eine eigene Palette der Natur und kommt zustande, wenn Sonnenlicht durch winzig kleine, aus Wassertröpfchen gebildete Prismen fällt. Die sich dabei ergebende Skala von Farben wird als *Lichtspektrum* bezeichnet.

Das Sonnenlicht erzeugt ein ausgewogenes Farbspektrum. Jede seiner Farben ist mit demselben Anteil vertreten. Das ist der Grund dafür, daß das Sonnenlicht uns «weiß» oder farblos erscheint. Alle Gegenstände senden unabhängig von ihrer chemischen Zusammensetzung Licht mit derselben ausgewogenen Farbmischung aus, wenn sie auf dieselbe Temperatur erhitzt werden. Die Ursache der an einem Glühfaden und anderen Gegenständen beobachteten unterschiedlichen Farben war eine Veränderung der Farbanteile innerhalb des Spektrums, deren Proportion von der Temperatur des erhitzten Körpers abhängt.

Demnach verändert sich die charakteristische Farbe eines jeden Gegenstandes auf eine genau angebbare Weise, wenn dieser allmählich erwärmt wird. Kalte Gegenstände geben kein sichtbares Licht ab. Ein heißer Schürhaken glüht rot. Wird er noch stärker erhitzt, so leuchtet er orangegelb und schließlich blau. Den verschiedenen Farben der Flamme eines brennenden Streichholzes entsprechen unterschiedliche Temperaturzonen, wobei die höchste Temperatur im blauen Bereich herrscht.

Wenn man die Spektren einzelner Objekte zu verschiedenen Temperaturen untersucht, stellt man fest, daß die einzelnen Farben in unterschiedlichen Beträgen emittiert werden. Mit der Veränderung der Mengenanteile der Farben verändert sich auch die charakteristische Farbe eines glühenden Gegenstandes. Je stärker dieser jedoch erhitzt wird, desto weißer wird seine Farbe und desto ausgewogener sein Spektrum.

Der Zusammenhang zwischen der Temperatur eines Materials und der Farbe des von ihm ausgesendeten Lichts mußte mechanischer Art sein. Seit der Arbeit von Gay-Lussac 1800 war bekannt, daß höhere Temperaturen eine höhere kinetische Energie oder eine beschleunigte Bewegung der Moleküle des erwärmten Stoffs bewirkten. Da das erwärmte Material aus Atomen bestand, mußten sich diese schneller hin und her bewegen. So war es nur natürlich anzunehmen, daß die Farben des Lichts auf eine noch zu bestimmende Weise von den Bewegungen dieser Partikeln herrührten. Die Frequenz des beobachteten Lichts mußte dieselbe sein wie die Frequenz der oszillierenden Partikeln innerhalb des Stoffes.

Nachdem Maxwell nachgewiesen hatte, daß eine Lichtwelle eine elektromagnetische Schwingung ist, vermuteten die Naturwissenschaftler, daß die von einem erwärmten Gegenstand ausgehenden verschiedenfarbigen Lichtstrahlen durch die unterschiedlichen

Schwingungsfrequenzen verursacht wurden. Nach dieser Vorstellung war rotes Licht mit einer niedrigeren Schwingungsfrequenz verbunden als blaues Licht.

Gegen Ende des 19. Jahrhunderts waren alle diese angeführten Tatsachen über erwärmte Objekte und das von ihnen ausgehende Licht bekannt. Zu dieser Zeit versuchte Lord Rayleigh, ein bekannter Experte auf dem Gebiet der Schallwellen, die Farben erwärmter Gegenstände zu erklären.[21] Seinen Überlegungen lag das

Frage: Wieso kommt es nach den Gesetzen der klassischen Mechanik zu einer Ultraviolettkatastrophe?
Antwort: Alle Energie geht in immer kürzere Wellen über.

Wellenmodell des Lichts zugrunde. Nach diesem Modell mußte die von einem leuchtenden Körper emittierte Energie mit einer höheren und nicht mit einer niedrigeren Frequenz abgegeben werden. Der Grund dafür liegt in der Ökonomie der Lichtwellen. Je höher die Frequenz einer Welle, desto kürzer ist deren Länge. Lichtwellen mit äußerst kurzer Wellenlänge (also sehr hohen Frequenzen) können den ihnen zur Verfügung stehenden Raum weit besser ausnützen als lange Wellen. Dieser geometrische Faktor beeinflußt jeden leuchtenden Gegenstand, so daß tendenziell eher kurze Wellen mit hohen statt lange mit niedrigen Frequenzen erzeugt werden. Aber das bedeutete, daß ein heißer Schürhaken eigentlich blau sein mußte statt rot. Und das war noch nicht alles. Ein blau leuchtender Schürhaken hätte eigentlich ultraviolett strahlen müssen (eine Farbe, die mit einer höheren Frequenz schwingt als violett und für das menschliche Auge nicht sichtbar ist), ein ultravioletter hätte eine noch höhere Frequenz aufweisen müssen usw. Mit anderen Worten, ein hocherhitzter Schürhaken hätte seine elektromagnetische Energie mit einer Frequenz jenseits des Ultraviolettbereichs abgeben müssen.

Dieses Argument wurde als die «Ultraviolettkatastrophe» bekannt. Allerdings existierte das Katastrophale nur in der Theorie, da sich in der Praxis jeder davon überzeugen konnte, daß die Flamme eines Streichholzes durchaus sichtbar war und damit nicht im Ultraviolettbereich lag. Die Tatsache, daß es den Naturwissenschaftlern nicht gelang, die Frequenz des von erwärmten Körpern ausgestrahlten Lichts mit der Wellentheorie des Lichts zu erklären, war die zweite schwarze Wolke am Horizont der Newtonschen Physik.

Das Ende des mechanischen Zeitalters

Obgleich nun die Newtonsche Landschaft der Mechanik teilweise von zwei dunklen Wolken überschattet wurde, gab man das Gesamtbild nicht auf – dafür hatte man viel zuviel darin investiert. Dieses Weltbild enthielt die folgenden Annahmen über die physikalische und damit mechanische Welt.:

1. Alles bewegt sich kontinuierlich, jede Bewegung, im Großen wie im Kleinen, weist Stetigkeit auf.

2. Die Dinge bewegen sich nicht grundlos. Jede Bewegung hat eine Ursache. Deshalb sind alle Bewegungen determiniert, und alles läßt sich vorhersagen.

3. Jede Bewegung kann analysiert, d. h. in ihre Bestandteile zerlegt werden. Jeder Teil spielt eine Rolle in der großen Maschine namens Universum, und die Komplexität dieser Maschine läßt sich als die simple Bewegung ihrer einzelnen Teile verstehen, sogar jener Teile, die außerhalb unserer Wahrnehmung liegen.

4. Der Beobachter beobachtet, ohne zu stören. Selbst die Fehler eines unbeholfenen Beobachters lassen sich erklären, indem man einfach die beobachteten Bewegungen von allem analysiert, mit dem er in Berührung gekommen ist.

Alle vier Annahmen erwiesen sich am Ende als falsch. Trotzdem sollte es noch 50 Jahre dauern, bis die wahre Geschichte erzählt wurde. Das Rätsel der Bewegung des Lichts im leeren Raum und sein unerklärliches Verhalten bei erhitzten und leuchtenden Gegenständen waren die Auslöser einer Revolution in der naturwissenschaftlichen Welt. An die Stelle des aktiven Beobachters trat der störende Beobachter.

II
Als das Universum Sprünge machte

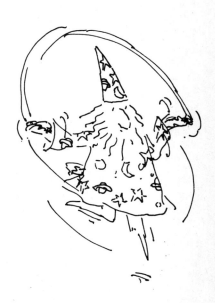

3. Kapitel
Der Beobachter als Störer

Ein Akt der Verzweiflung...
es mußte unter allen Umständen
eine theoretische Erklärung gefunden werden,
koste es was es wolle.

Max Planck
(Über die Entdeckung des Quantums)

Die Bewegung widerstrebender Geister

Wer hätte das vorausgeahnt? Wer hätte gedacht, daß wir das Universum stören würden, indem wir die Hände nach ihm ausstreckten? Hätten Zeno und Aristoteles an der Wende vom 19. zum 20. Jahrhundert gelebt, vielleicht hätten sie uns gewarnt. Das mechanische Zeitalter hatte kaum begonnen und kam bereits zum Stehen. Obgleich im 20. Jahrhundert Maschinen aller Art konstruiert wurden, verloren wir das Vertrauen in unsere mechanistische Philosophie. Letzten Endes war die Welt doch keine Maschine und konnte nicht durch das Zusammensetzen winziger Teilchen aufgebaut werden.

Während sie der Materie und der Energie immer mehr auf den Grund gingen und die Welt sowohl mathematisch als auch experimentell untersuchten, gelangten die Physiker zu der Erkenntnis, daß sie das Newtonsche, stetige, mechanische Bild der physikalischen Welt aufgeben mußten. Die beiden dunklen Wolken, die ihre Aussicht trübten, hatten diese Physiker gezwungen, die Vorstellung von einer Stetigkeit aufzugeben. Lichtwellen pflanzten sich ohne irgendein Medium fort. Heißglühende Stoffe sandten einen kontinuierlichen Regenbogen farbigen Lichts aus, und diese Farben ließen sich nicht durch die sinnvolle Annahme erklären, daß die Lichtenergie kontinuierlich von dem erwärmten Stoff emittiert wurde.

Das war erst der Anfang. 1935 wurde die gesamte physikalische Wirklichkeit, das gesamte materielle Universum abermals voller Staunen betrachtet. Zwei verschiedene Denkschulen traten auf den Plan: diejenigen, die trotz aller Gegenbeweise noch immer an das mechanische Weltbild glaubten, und diejenigen, die das neue, nichtmechanische Bild mit seinen «zenoartigen» unstetigen Sprüngen willkommenhießen. Debatten über Meinungsverschiedenheiten sind in der Naturwissenschaft nichts Neues. Diese hier hält bis heute an.

Dennoch wäre es nicht zu diesen Entdeckungen gekommen, wenn die «neuen Physiker» die Newtonschen und Galileischen Präzedenzfälle für ihre Analyse schneller aufgegeben hätten. 2000 Jahre zuvor hatten die Griechen Zenos Gedanken verworfen und konnten deshalb nicht das Quantum entdecken, die Unstetigkeit der Bewegung, die für alle atomaren und subatomaren Prozesse von entscheidender Bedeutung ist. Es war diese Unstetigkeit, die zwei neue Physiker, Werner Heisenberg und Niels Bohr, zu Zenos ursprünglichem Modell zurückführte.

Heisenberg und Bohr haben vielleicht mehr als alle anderen Naturwissenschaftler während dieser Periode der Entdeckungen das unstetige Energiequantum begrüßt. Da dieses Quantum bei jeder Beobachtung eine Rolle spielte, verlor selbst die Beobachtung ihre Objektivität. Der Beobachter muß ein ganzes Energiequantum abgeben oder bekommen, um überhaupt etwas zu sehen. Dieses ganze Quantum konnte im großen Maßstab der alltäglichen Beobachtungen gänzlich ignoriert werden, aber nicht, wenn der zu beobachtende Gegenstand ein Atom war. Eine Beobachtung störte das Atom und beeinträchtigte massiv dessen Wunsch nach einem stabilen Zustand. Der Versuch, Atome «in die Hand zu nehmen» und zu betrachten, führte zu unkontrollierbaren Störungen, und nur diese waren es, die man von dieser winzigen atomaren Welt zu sehen bekam.

Wenn Sie jedesmal, wenn Sie ein junges Kätzchen auch noch so sanft berühren, in die Hand gebissen würden, wären Sie dann nach wie vor davon überzeugt, daß es ein zahmes Kätzchen ist? Kätzchen sind im allgemeinen niedlich, aber dieses da beißt. Folglich ändern Sie Ihre Vorstellung von kleinen Kätzchen. Konnte das mechanische Atommodell falsch sein? Jede Berührung mit Atomen ergab ein unklares Bild dessen, was man berührt hatte.

Die Geschichte dieser Periode, in der die Physiker das Quantum entdeckten, wird in den folgenden fünf Kapiteln erzählt. Im dritten Kapitel erfahren wir, wie der Quantencharakter des Lichts gefunden wurde und ein neues mathematisches Gesetz der Physik aufkam. Licht wurde sowohl als Welle in einem nichtexistenten stofflichen Medium als auch als ein Strom von stofflichen Teilchen aufgefaßt. Das neue Gesetz drückte die Beziehung zwischen Welle und Teilchen aus. Jedesmal, wenn Licht mit Materie in eine Wechselwirkung trat, wirkte es störend. Mit dieser Entdeckung wurde für das mechanische, stetige Universum die Sterbeglocke geläutet.

Das vierte Kapitel schildert das neue Modell der Materie, das nunmehr vorgeschlagen wurde. Niels Bohr wandte das neue Gesetz für die Welle-Teilchen-Beziehung auf das Innere eines Atoms an, und es bot sich eine neue Erklärung für atomares Licht an. Diesmal kam das Licht nicht von einer festen oder flüssigen Substanz, sondern von einem Gas. Und dieses Licht wurde nicht stetig emittiert – es kam unmittelbar von den Atomen. Die diskontinuierlichen Emissionsspektren des Lichts bedeuteten, daß das Atom eine unstetige, sprunghafte Bewegung vollzog. Das fünfte Kapitel beschäftigt sich mit den Versuchen der Physiker, diese diskontinuierliche Bewegung im Rahmen des Wellenmodells zu erklären. Die Physiker hatten gehofft, die Mechanik zu retten, indem sie der Materie eine kontinuierliche Ausdehnung zuschrieben. D.h., sie stellten sich Materie als Wellen vor. Später wurden diese Wellen in den USA auch tatsächlich beobachtet, sehr zum Erstaunen etlicher Fachgelehrter.

Aber dieses Wellenbild war noch nicht das letzte Wort. Es wies ebenfalls eine Unstetigkeit auf. Und gleich seinen Vorläufern führte es zu einem Paradoxon. Eine neue Erklärung wurde gesucht. Im sechsten Kapitel verfolgen wir die Versuche der Naturwissenschaftler, diese neuen Paradoxa von Licht und Materie logisch zu verstehen. Das Materie-Wellen-Modell wurde wieder aufgegeben. An seine Stelle trat die Vorstellung, daß die Welle überhaupt keine wirkliche Welle war, sondern nur eine Denkkategorie. Das bezeichnete man als die *Wahrscheinlichkeitsdeutung*. Doch wie man sich denken kann, führte sie zu einem neuen Paradox. Das erste Drittel unseres Jahrhunderts war zu einer wahren Büchse der Pandora geworden, und die alte griechische Vorstellung einer unversehrten Ganzheit tauchte wieder auf. Beobachten heißt stören, da jede Beobachtung die Ganzheit der Natur zerbricht. Das führte zur Philosophie der Unbestimmtheit.

Doch das war noch lange nicht das Ende. Neue Vorstellungen stoßen überall und immer wieder auf Widerstand. Und das Quantum war einfach zu groß, als daß es von einer großen Gruppe rückschrittlicher Physiker unter der Führung Albert Einsteins hätte geschluckt werden können, der selbst zu den Schöpfern des Quantums gehörte.

Im siebten Kapitel werden wir sehen, welche Versuche unternommen wurden, um das neuentdeckte Quantum mit der alten Newtonschen Vorstellung einer Stetigkeit zu vereinbaren. Die frühen Anführer der sich befehdenden Gruppen waren Bohr und Einstein. Beide Gruppen stimmten darin überein, daß die überkommenen Modelle als Erklärungen nicht mehr geeignet waren. Ihre Diskussionen und fortgesetzten Bemühungen, unsere Vorstellung von der physikalischen Welt mit unseren Forschungsergebnissen in Übereinstimmung zu bringen, förderten eine Fülle von fruchtbaren Erkenntnissen zutage.

Unsere Geschichte beginnt mit Max Planck. Wie viele andere, die ihm gefolgt sind, hat auch Planck seine Entdeckung auf theoretischem Weg gemacht. Und wie sein allerfrühester Vorgänger Zeno wies Planck uns darauf hin, daß mit unserem Denken etwas nicht stimmte.

Das Abwenden einer Katastrophe mit Energieportionen

Lord Kelvin hatte das Phänomen als eine dunkle Wolke bezeichnet, die das Newtonsche mechanistische Bild der Lichtenergie verdüsterte. Lord Rayleigh, ein langjähriger Experte auf dem Gebiet der Wellenbewegungen, fand keine Erklärung dafür. Selbst die mathematischen Gleichungen von James Clerk Maxwell, aus denen hervorging, daß Licht durch elektrische und magnetische Felder erzeugt wurde, die ineinander gewunden durch den Raum tanzten, halfen hier nicht weiter. Niemand wußte, warum erhitzte Stoffe leuchteten.

Auf welchem Weg wurde Wärmeenergie zu Lichtenergie? Warum gaben erhitzte Stoffe für sie typische Farben ab? Jedermann wußte, daß die unterschiedlichen Farben des Lichts ein Zeichen für seine unterschiedlichen Wellenlängen waren. Rotes Licht hatte eine größere Wellenlänge als blaues. Je kürzer die Wellenlänge, desto höher war die Frequenz des Schwingungserregers, der diese Lichtwelle erzeugte. Soviel stand fest.

Licht bestand aus Wellen, obgleich es Michelson und Morley nicht gelungen war, das Medium dieser Wellen ausfindig zu machen. Doch das spielte keine Rolle. Die Farben des Lichts und die frühen Experimente Youngs 1820 hatten jeden überzeugt. Licht mußte eine Wellenerscheinung sein. Das Problem bestand darin, zu erklären, auf welche Weise die den Schwingungserregern in der leuchtenden festen oder flüssigen Substanz zugeführte Wärme in Licht umgewandelt wurde.

Am 14. Dezember 1900 stellte ein schüchterner Professor von 42 Jahren mit leiser, aber deutlicher Stimme der ehrwürdigen deutschen physikalischen Gesellschaft ein seltsames Denkmodell vor.[1] Dieses Datum sollte später als Geburtstag des Quantums Geschichte machen. An diesem Tag führte Max Planck eine mathematische Übung vor, mit deren Hilfe er zeigte, wie die mittlerweile allgemein bekannte Ultraviolettkatastrophe verhütet wurde. Planck erklärte, warum Wärmeenergie nicht immer in unsichtbare ultraviolette Lichtwellen konvertiert wird. Diese Erklärung war für Planck lediglich eine Verfeinerung, das Glätten einer rauhen theoretischen Unebenheit. Doch diese Unebenheit war der eigentliche Anlaß für seinen Vortrag vor der deutschen physikalischen Gesellschaft an jenem trüben Wintertag.[2]

Sechs Wochen zuvor hatte er seine Arbeit als «glückliche Eingebung» bezeichnet.[3] Seine Entdeckung fand nicht in einem Laboratorium statt, sondern in seinem Kopf. Und er wollte es nicht glauben, selbst dann noch nicht, als Einstein fünf Jahre später mit

Planck hat eine glückliche Eingebung.

Hilfe dieser Idee eine weitere «rauhe Unebenheit» wegerklärte. Irgendwie hoffte er auf eine mechanistische Rechtfertigung seiner «Eingebung». Man darf nicht vergessen, daß er das Alter eines brillanten jungen Wissenschaftlers bereits hinter sich hatte und nunmehr ein bedächtiger Akademiker in mittleren Jahren war. Er wünschte nichts sehnlicher, als aus seiner Vermutung «eine Behauptung von wirklicher physikalischer Bedeutung» zu machen.[4] 20 Jahre später, als ihm der Nobelpreis verliehen wurde, schilderte er noch einmal dieses Ereignis: «Nach einigen Wochen der anstrengendsten Arbeit in meinem Leben hob sich die Dunkelheit, und es zeigte sich ein unerwarteter Ausblick.»[5]

Worin bestand seine Entdeckung? Planck wunderte sich über die Tatsache, daß der Prozeß, in dessen Verlauf Materie Wärmeenergie aufnahm und Lichtenergie aussandte, diskontinuierlich verlief. «Diskontinuierlich» bedeutete portionsweise, und diese Portionen waren völlig unerwartet. Um das Erstaunen Plancks und die Bedeutsamkeit seiner Entdeckung verständlicher zu machen, möchte ich eine Analogie heranziehen – einen Teich, in den Steine geworfen werden. Erinnern wir uns daran, daß Plancks Entdeckung in einer Erklärung bestand; er war ebenso wie Zeno ein theoretischer Naturwissenschaftler. Seine Arbeit lief darauf hinaus, zu erklären, was wir sehen, oder – falls unser Verständnis des Gesehenen unzutreffend war – diese Auffassung zu korrigieren. Letztlich führte diese neue Einsicht zu einem besseren Verständnis und darauf aufbauend zu einer neuen Voraussage.

Steine werden in einen Quantenteich geworfen

Stellen wir uns also vor, wir stünden an einem warmen Sommertag am Rand eines stillen Teichs, in den wir Kieselsteine werfen. Jeder von uns wird erwarten, daß sich aufgrund der geworfenen Kieselsteine fortwährend neue kreisförmige Wellen auf der Wasseroberfläche bilden. Je größer die Zahl der Steine pro Zeiteinheit, desto mehr Wellenkreise gibt es – in diese Richtung wird sich unsere Erwartung bewegen.

Aber nun versuchen wir uns vorzustellen, daß einige der Steine auf den Grund des Teichs gefallen sind und überhaupt keine Kräuselung der Oberfläche bewirkt haben. Wir sind überrascht, wenn der ganze Teich plötzlich anfängt, in alle Richtungen überzuschwappen und im nächsten Augenblick wieder eine völlig glatte Oberfläche zeigt. Scheinbar besteht kein unmittelbarer Zusammenhang zwischen dem Werfen der Kiesel und dem Auftreten von Wellen. Wir hören also mit dem Werfen auf und warten. Und siehe da, noch einige kleine Wirbel, und das Wasser wird wieder spiegelblank. Was ist passiert?

Ganz vorsichtig werfen wir abermals Kiesel ins Wasser, jeweils eine kleine Handvoll, doch nichts stört die Ruhe der Wasseroberfläche. Dann beginnt der Teich plötzlich und unerwartet aufzuwallen. Wir beobachten genau und stellen fest, daß die jetzt erzeugten Wellen sich in langsamen Schwingungen, mit großen Abständen zwischen den Wellenbergen bewegen. Wir fahren fort, kleine Häufchen von Steinen in den Teich zu werfen. Solange die Menge der Kiesel gleich groß bleibt, zeigt der Teich weiterhin seine «sprunghaften» Bewegungen und wallt sporadisch auf, um sich sogleich wieder zu beruhigen.

Jetzt erhöhen wir das Tempo. Wir werfen die Kiesel schneller als bisher. Wie wir mittlerweile erwarten, erfolgt keine unmittelbare Reaktion. Doch wenn der Teich wieder anfängt, zu sprudeln, stellen wir eine Veränderung der Wellen fest. Die Wellen schwingen schneller und sind kürzer, die Wellentäler liegen dichter beieinander.

Der Teich ist eine Analogie für erwärmte Materie. Die Kiesel stehen für die dem Stoff zugeführte Wärme, und die Kräuselungen der Wasseroberfläche sind die Lichtwellen, die von dem erwärmten Material ausgehen. Aber zwei überraschende Merkmale bilden den wesentlichen Unterschied des «Quantenteichs» gegenüber einem realen Tümpel. Der erste besteht darin, daß der Modellteich nur sporadisch auf unsere Versuche reagiert, ihn zu «erwärmen». Die Wellen werden anscheinend in Schüben von Wellenenergie und nicht kontinuierlich erzeugt. Diese Lücken und Ungleichmäßigkeiten im Verhalten der Wasseroberfläche zeigen sich noch deutlicher, wenn wir unsere Steine in großen Abständen werfen. Sobald wir unser Tempo steigern, werden die zeitlichen Lücken zwischen den Würfen und der Reaktion des Wassers kürzer. Unser Quantenteich nähert sich mehr und mehr dem Bild eines realen Teichs, bei dem die Kiesel in offenbar regelmäßiger Weise Wellen verschiedenster Art erzeugen.

Die zweite ungewöhnliche Eigenschaft unseres Quantenteichs hängt mit der besonderen Art seiner Reaktion zusammen, sofern er überhaupt reagiert. Es sieht so aus, als könnte unser Teich längere Wellen leichter erzeugen als kurze. Das ist bei einem richtigen Teich nicht der Fall. Länge und Frequenz der Wellen hängen normalerweise immer von der äußeren Form des Teichs und der Energie ab, mit der die Wellen erzeugt werden. Im Quantenteich ist diese Tendenz zur Hervorbringung langer Wellen mit niedriger Frequenz um so ausgeprägter, je langsamer wir die Kiesel werfen. Wenn wir jedoch wieder schneller werden, zeigen die Wellen wieder das Bild wie bei einem echten Teich, in dem sich allmählich die kürzeren Wellen durchsetzen.

Planck erklärte diese überraschenden, der Mechanik widersprechenden unstetigen Eigenschaften auf ebenso überraschende Weise: er erfand eine einfache mathematische Formel. Nun ist vielleicht den meisten naturwissenschaftlichen Laien nicht klar, daß die Erfindung von Formeln nicht der allgemeinen Vorgehensweise von Naturwissenschaftlern entspricht. Jede mathematische Beziehung muß durch mühselige experimentelle Arbeit abgesichert werden. Es ist nicht so, daß jedesmal, wenn es in unserem Verständnis eines physikalischen Phänomens zu einem Widerspruch kommt, die Physiker einfach ihren Schreibblock zücken und eine mathematische Gleichung erfinden, mit der sie ihre Beobachtungen erklären können.

Statt dessen wird in den meisten Fällen ein eher konservativer Weg eingeschlagen. Plancks Idee war dagegen alles andere als konservativ. Es war sozusagen eine «verrückte Idee», eine, die im mechanischen Universum keine Grundlage hatte. Planck stellte eine Verbindung her zwischen der Energie, die der Welle durch das schwingende Material vermittelt wird, und der Frequenz dieser Welle. Und das war etwas Neues unter der Sonne.

Die Energie, die ganze Energie oder gar nichts

Lichtwellen verhalten sich anders als mechanische Wellen. Nach Planck lag der Grund für diesen Unterschied in einem neuen Verständnis der Beziehung zwischen Energie und Wellenfrequenz. Die Energie, die vom Material aufgenommen oder als Licht emittiert wurde, hing in irgendeiner Form von der Frequenz des ausgesandten Lichts ab. Aus unerklärlichen Gründen erzeugte die dem glühenden Material zugeführte Wärmeenergie erst dann hochfrequente Lichtwellen, wenn die Temperatur der zugeführten Wärme sehr hoch war. Die Hochfrequenzwellen kosten eben zuviel Energie. So schuf Planck eine Formel, die seither nach ihm benannt ist. Sie besagte einfach, daß die Energie (E) gleich der Frequenz (v) des emittierten Lichts ist, multipliziert mit einer Konstanten (h). Und mit dieser einen Formel $E = hv$ hatte das Zeitalter der Quantenmechanik begonnen.

Höhere Frequenz bedeutete ein Mehr an Energie. Solange die Energie der zugeführten Wärme zu niedrig war, konnte folglich kein Licht mit hohen Frequenzen beobachtet werden. Die Proportionalitätskonstante h in der Gleichung wird als *Plancksches Wirkungsquantum* bezeichnet. Die Idee einer solchen Konstanten war etwas umwälzend Neues. Bislang hatte noch kein mechanistisches Modell einen derartigen Zusammenhang zwischen der Frequenz einer Lichtstrahlung und der zur Erzeugung dieses Lichts erforderlichen Energie hergestellt.

Es stellte sich heraus, daß das Plancksche Wirkungsquantum eine extrem kleine Zahl war – ungefähr 6,6 dividiert durch 10 Millionen dividiert durch 1 Milliarde, dividiert durch 1 Milliarde und ein drittes Mal dividiert durch 1 Milliarde. Diese Zahl ist so winzigklein, daß man annehmen könnte, daß sich ihre Auswirkung überhaupt nicht beobachten läßt. Kein Wunder, daß die Quantennatur des Lichts bis ins 20. Jahrhundert verborgen blieb.

Plancks Gleichung erklärte, warum bei der Erwärmung von Körpern eher Lichtwellen mit niedrigeren Frequenzen ausgesendet wurden. Und sie erklärte einen völlig neuartigen Gedanken. Da das Energiequantum hv ein bestimmter *ganzer* Energiebetrag war – weder ½ hv noch ¼ hv noch irgendein anderer Bruchteil –, konnte die Energie einer bestimmten Lichtwelle nur ein ganzzahliges Vielfaches der Grundeinheit der Energie sein.

Aus irgendeinem Grund konnten erwärmte Körper nur Lichtwellen mit festen Energieeinheiten erzeugen. Quantum bedeutet einen festen Betrag. Energie mit einer bestimmten Frequenz v ließ sich mit einem «Schoko-Riegel» vergleichen. Er mußte in ganze Stücke von derselben Größe aufgeteilt werden, ohne daß ein halbes oder ein viertel Stück übrigblieb. Dieses Modell erklärte auch das seltenere Auftreten von Lichtwellen mit hoher Frequenz. Wurde die Frequenz erhöht, so mußte der Energie-Riegel in größere Stücke aufgeteilt werden, und das hieß, daß es weniger Stücke gab. Nach demselben Prinzip sinkt auch die Zahl der emittierten Lichtwellen bei höheren Frequenzen. Bei einem festen Betrag an Energie ist demnach die Zahl der emittierten Lichtwellen mit niedriger Frequenz höher.

Die Formel $E = hv$ zwang Planck zu einer Erklärung, warum Lichtwellen nicht stetig erzeugt werden können. Auch hierfür bot Planck eine theoretische Formel an, da es keine praktische Möglichkeit gab zu beobachten, was passierte, wenn ein Stück Materie eine Lichtwelle erzeugte. Tatsächlich erschien das Licht, von dem Planck sprach, ein vollkommen stetiges Farbspektrum aufzuweisen; die Far-

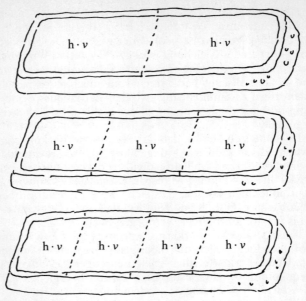

Energieriegel:
Eine Welle konnte aus ganzen Energieriegeln bestehen, aber nicht aus Teilen dieser Riegel. Das obere Stück hat größere und dafür weniger Energieriegel, während das untere Stück kleinere und dafür mehr Energieriegel hat.

ben gingen ineinander über wie bei einem Regenbogen. Planck war gezwungen, die unstetige Lichtemission zu akzeptieren, um das stetige Farbspektrum des Lichts zu erklären.

Doch das war natürlich nicht das erstemal, daß eine neue mathematische Vorstellung das Auftreten eines neuen und etwas paradoxen physikalischen Bildes «erzwungen» hatte.

So gelang es der Planckschen Formel, obwohl sie völlig unerwartet auf den Plan trat und sich durch keinerlei mechanistische Erklärung logisch rechtfertigen ließ, das bislang unerklärliche Verhalten des Lichts zu deuten. Und sie leistete noch mehr. Zum erstenmal in der Geschichte der Naturwissenschaft konnte sich kein Mensch eine Vorstellung davon machen, was eigentlich genau vorging. Die mathematische Formel war an die Stelle jeder visuellen Erfahrung getreten. Man konnte mit ihr arbeiten, doch sie ergab kaum einen Sinn.

Planck zögert noch

Mit seiner einfachen Formel erregte Planck großes Aufsehen. Ein neuer Präzedenzfall in der Naturwissenschaft und im Besonderen in der Physik war geschaffen worden. Es gab keinen unabhängigen Beweis für die Richtigkeit der Formel $E = hv$. Sie war eine bloße mathematische Konstruktion. Und das Verwirrende daran war, daß es einfach unmöglich war, sie zu erklären. Es bestand keine Möglichkeit, den von ihr ausgedrückten Sachverhalt zu sehen, anschaulich zu machen oder sie mit einer anderen, entsprechenden Formel in Verbindung zu bringen. Meine Versuche mit dem Quanteneich und dem Quantenriegel sind Analogien, aber keine Beschreibungen von dem, was sich tatsächlich im Inneren einer erwärmten Substanz abspielt.

Deshalb sträubte Planck sich sehr dagegen, uneingeschränkt ein diskontinuierliches Verhalten der Materie anzunehmen, wenn es um die Emission von Licht oder die Absorbierung von Wärmeenergie ging. Doch obgleich er selbst seine eigene Entdeckung nicht anerkennen wollte, war es zu spät. Ein anderer Physiker, etwas jünger und vielleicht etwas mutiger als Planck, nahm die Idee ernst. Sein Name war Albert Einstein, und er war dazu bestimmt, neue Einblicke in die Natur der Energie E in Plancks Formel zu liefern. Das E stand für die Energie einer noch nicht entdeckten Partikel, eines Lichtteilchens.

Einstein entwirft ein Bild: die Geburt des Photons

Einstein warf das mechanistische Bild Newtons über den Haufen und ersetzte es durch sein eigenes mechanistisches Bild[6], mit dem sich die Bewegung von Materie und Licht noch besser erfassen ließ. Aber so neu und unerhört diese Relativitätsideen auch sein mochten, sie waren noch immer mechanistisch. Eine Ursache erzeugte eine Wirkung, auch wenn die Uhren und Zollstöcke nicht mehr so unveränderlich waren, wie wir angenommen hatten.

Im selben Jahr legte Einstein jedoch zugleich den Grundstein zu einem neuen, nichtmechanistischen Modell.[7] Er nahm sich Plancks theoretische Unstetigkeiten vor und überlegte sich, daß die Ursache für die diskontinuierliche Emission und Absorption von Licht und Wärme nicht in den oszillierenden Materieteilchen zu finden war, welche die Wärme und das Licht erzeugten, sondern in der Wärme- und Lichtenergie. Er war davon überzeugt, daß trotz der erfolgreichen Wellentheorie des Lichts dieses im letzten Grunde nicht aus Wellen bestand. Licht erschien nur als Wellen, wenn man es über genügend lange Zeitintervalle hinweg beobachtete. Hätte man die Möglichkeit, die stetige Fortpflanzung dieser Lichtwellen für einen Augenblick in Bewegungslosigkeit erstarren zu lassen, so würde man feststellen, daß diese Wellen sich aus winzigkleinen Lichtkörnchen zusammensetzten.[8]

Diese Körnchen sind es, die letztlich mit den oszillierenden Materieteilchen im leuchtenden, erwärmten Stoff in Wechselwirkung treten. Das ist der Grund, warum der Vorgang so ungleichmäßig und unstetig abläuft. Die Schwingungserreger erzeugen nicht eigentlich Wellen, sondern emittieren Lichtkörnchen. Wenn wir uns jeden dieser Schwingungserreger als jemanden vorstellen, der ein Lied singt, dann verlassen in dieser Analogie die Melodien den Mund der Sänger in Form von hinausgeblasenen Sonnenblumenkernen und nicht als glatte, kontinuierliche Klangwellen.

Einstein war sich gar nicht völlig darüber im klaren, daß er mit diesem Bild die Zerstörung des mechanistischen Universums in

Einstein sah Licht als Körnchen, die später den Namen «Photonen» erhielten, die ersten Quanten.

die Wege geleitet hatte. Für ihn war es noch immer mechanistisch. Lichtwellen waren stofflicher Natur. Jedes Teilchen von diesem Stoff hatte eine Energie E. Diese Teilchen taten nichts anderes als das, was die bisherigen Materieteilchen auch schon getan hatten. Sie bewegten sich, hatten einen Impuls und eine bestimmte Energie. Dasselbe galt für die Lichtpartikeln. Einstein gab ihnen sogar die Bezeichnung *Quanten*[9], um damit ihre Zählbarkeit, ihr Auftreten als einzelne Teile, als stoffliche Mengen zum Ausdruck zu bringen.

Nach der Formel $E = h\nu$ mußte die Energie eines jeden solchen Teilchens aber auch in einer bestimmten Weise von der Frequenz der Lichtwelle abhängen. Und das ließ sich mit keinem der bislang entworfenen mechanistischen Bilder erklären. Ich bin sicher, daß man selbst Einsteins Bild wieder aufgegeben hätte, wenn es nicht ein weiteres Rätsel erklärt hätte.

Dieses Rätsel bestand in dem plötzlichen Auftreten von Elektronen in der Nähe der Oberfläche von kalten Metallen, sobald auf diese ein Lichtstrahl gerichtet wurde. Von erwärmten Metallen wußte man, daß sie nicht nur leuchten und Licht ausstrahlen, sondern auch winzigkleine Materieteilchen «abdampfen» konnten. Es stellte sich heraus, daß diese Teilchen Elektronen waren, die eine extrem kleine negative elektrische Ladung trugen. Das konnte keinen überraschen – jeder Braten fängt an zu spritzen, sobald er auf den Herd kommt. Das Erstaunliche an dem oben beschriebenen Vorgang war das Fehlen jeder Wärmeenergie: die Elektronen wurden abgedampft, ohne daß eine Wärmezufuhr erfolgte. Einsteins Quantenvorstellung konnte dies erklären.

Jedes einzelne Lichtkörnchen traf entweder auf ein Elektron im Metall oder passierte dieses ohne Zwischenfall. Kam es zu einer Kollision, so war diese für das Elektron katastrophal. In diesem Fall wurde es aus dem Metall herauskatapultiert, als sei es von einer Kanone abgeschossen worden. Dabei wurde die gesamte Energie des Lichtquants verbraucht. In einem einzigen Augenblick gab es seine gesamte Energie an das Elektron ab. Physiker, die dieses Experiment verfeinerten, konnten feststellen, daß Einstein die Formel $E = h\nu$ zu Recht angewandt hatte. Wenn sie die Frequenz des auf das Metall gerichteten Lichtstrahls änderten, veränderte sich auch die Energie des Elektrons. Bei blauem Licht mit höherer Frequenz war die Energie des Elektrons größer als bei rotem Licht mit niedrigerer Frequenz.

Später bezeichnete man die Quanten Einsteins als *Photonen* und die Emission von Elektronen aus kalten Metallen unter der Einwirkung eines Lichtstrahles als *photoelektrischen* oder *Photoeffekt*.

Für seine zutreffende theoretische Erklärung dieses Effekts wurde Einstein 1921 der Nobelpreis zuerkannt.

Genau wie zuvor bei Planck war der Beitrag Einsteins theoretischer Art. Beide Männer erklärten das bislang Unerklärliche, und beide wurden wegen ihrer mathematischen Entdeckungen ausgezeichnet. Das war an sich schon eine neue Entwicklung in der Physik. Mit neuen Gedanken trug man sich in vielen Bereichen der Gesellschaft. Ließ sich die neue Planck-Einstein-Theorie noch irgendwoanders nutzbar machen?

Serie von Photographien mit unterschiedlicher Bildqualität in Abhängigkeit von der Anzahl der Photonen.

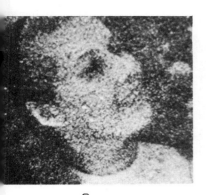

c

d

f

	Anzahl der Photonen
a	3.000
b	12.000
c	93.000
d	760.000
e	3.600.000
f	28.000.000

4. Kapitel
Quantensprünge

«Die Zeit ist reif», das Walroß sprach,
«von mancherlei zu reden –
von Schuhen – Schiffen – Siegellack,
von Königen und Zibeben –
warum das Meer kocht, und ob wohl
die Schweine manchmal schweben.»

Lewis Carroll

Ein Lord ißt ein Atom aus Rosinenpudding

Planck und Einstein hatten die Bühne vorbereitet. Im Jahr 1911 errang die Quantennatur des Lichts zunehmend Anerkennung. Licht war eine Welle, die sich aus winzigkleinen Materiekörnchen zusammensetzte. Mit Hilfe hochentwickelter Vakuumverfahren und der neuesten elektrischen Apparaturen experimentierten die Naturwissenschaftler mit elektrischen Entladungen in Gasen, die genügend verdünnt waren, um untersucht werden zu können. Auch das von diesen elektrischen Entladungen erzeugte Licht wurde erforscht. Heute können wir diese Erscheinungen z.B. an Leuchtreklameröhren beobachten.

1896 hatte Thomson mit dem Vakuum- und dem Gasentladungsverfahren das Elektron entdeckt. Diese Entdeckung wurde als bahnbrechend gefeiert. In diesem winzigen Materieteilchen war das gesamte Geheimnis der Elektrizität enthalten. Mit Hilfe elektrischer und magnetischer Felder gelang es Thomson, einen Strom von Elektronen zu bündeln und zu lenken und auf diese Weise zunächst ihre elektrische Ladung und später ihre Masse zu bestimmen. Es zeigte sich, daß diese winzigen Partikeln im Vergleich zum Gewicht der Gasatome extrem leicht waren. Ein Wasserstoffatom, das leichteste Atom, das wir kennen, wiegt fast das Zweitausendfache eines Elektrons. So war die Annahme nur natürlich, daß Elektronen Bestandteile der Atome waren. Tatsächlich nahm man als selbstverständlich an, daß der für die Gasentladung benötigte elektrische Strom die Gasatome auflöste und auf diese Weise Elektronen freisetzte.

Da man davon ausging, daß Materie sich aus Atomen zusammensetzte, lag auch der Gedanke nahe, daß erwärmte feste oder flüssige Materie aufgrund der Bewegungen der leichteren Elektronen leuchtete. Man nahm an, daß diese Elektronen im Inneren ihrer Atome schnelle, kleine Schwingungen ausführten. Und diese Schwingungen erzeugten in derselben Weise Lichtwellen, wie die elektrischen Schwingungen die 1887 von Hertz entdeckten Radiowellen erzeugten. Die einzige Frage war, wie man sich diesen Vorgang vorzustellen hatte. Wir müssen uns daran erinnern, daß nach wie vor das klassische Newtonsche Weltbild physikalischer Prozesse galt, trotz der Planckschen Formel $E = h\nu$.

Die Größe eines Atoms war bekannt. Sie betrug etwa den zehnmillionstel Teil eines halben Millimeters im Durchmesser, eine so kleine Zahl, daß sie für den Menschen nahezu unvorstellbar ist. Um uns einen Begriff davon zu machen, können wir uns etwa vorstellen, daß wir einen Tennisball so lange aufblasen, bis eines seiner Atome wiederum die Größe dieses Balls annimmt. Dann hätte unser ursprünglicher Ball den Umfang unserer Erde! Kein Wunder, daß niemand wußte, wie ein Atom eigentlich aussah oder wie seine Elektronen in ihm untergebracht waren.

1911 war J.J. Thomson zum Lord erhoben worden. Er hatte sein eigenes Laboratorium in England. Er war der Direktor des weltberühmten Cavendish-Laboratoriums. Und er war der Anführer einer bestimmten Denkschule im Hinblick auf den Aufbau von Atomen und das Verhalten der Elektronen in deren Innerem.

Thomson stellte sich das Atom als winzigkleinen Rosinenpudding vor. In diesen «Pudding» waren die noch viel winzigeren Elektronen als «Rosinen» eingebettet. Die Anzahl der Elektronen hing von der besonderen Art des Atoms ab. Wasserstoff hatte Atome mit nur einem Rosinen-Elektron, einen winzigen Betrag negativer elektrischer Ladung, um die beobachtete positive Ladung auszugleichen und das Atom elektrisch zu neutralisieren. Wenn man das Atom einer elektrischen Entladung aussetzte, konnte dieses einzelne, negativ geladene Elektron dem Pudding entzogen werden, so daß ein positiv geladenes «Pudding»-Atom zurückblieb. Das Ergebnis war ein Wasserstoffion. Heliumionen trugen die doppelte Ladung; somit stand außer Frage, daß ein Heliumatom in seinem Inneren zwei Elektronen enthalten mußte, um diese positive Ladung zu neutralisieren usw.

Eine andere Denkschule ging davon aus, daß ein Atom eher mit einem winzigen Sonnensystem als mit einem Rosinenpudding vergleichbar war. Man stellte sich vor, daß jedes Elektron in einem bestimmten Atom sich gleich einem Planeten in einer festen Umlaufbahn um einen winzigen Kern im Mittelpunkt des Atoms bewegte. Anstelle einer mehr oder weniger zufälligen Verteilung von Rosinen-Elektronen, die in einen großräumigen, äußerst leichten und positiv geladenen Pudding eingelagert sind, gab es eine präzise Ordnung «planetarischer» Elektronen mit eigenen Umlaufbahnen, die exakt bestimmbare mechanische und wiederholbare Bewegungen ausführten, die denen von richtigen Planeten vergleichbar waren. Jedes Elektron hatte seine eigene Umlaufzeit. Mit anderen Worten, seine Bewegungen wiesen eine bestimmte Periodizität oder Frequenz auf. Der entscheidende Unterschied zwischen den beiden Modellen betraf das übrige Atom, die positiv geladene Materie, die die Elektronen gefangen hielt.

Die Richtigkeit eines der beiden Modelle ließ sich nicht über das von den Atomen ausgesandte Licht bestimmen. Ebenso unmöglich war es, ein Atom dadurch sichtbar zu machen, daß man einen Lichtstrahl darauf warf. Dafür waren Atome viel zu klein. Noch die kürzesten Wellenlängen des Lichts waren Tausende von Malen größer als die Atomdurchmesser. Solche Details wie die Anordnung der Elektronen oder die Verteilung der schwereren atomaren Masse mit positiver Ladung ließen sich unter keinen Umständen mit Hilfe von Lichtwellen sichtbar machen. Aber es gab andere Möglichkeiten zur Erforschung des Atoms. Man konnte es mit anderen atomaren Teilchen beschießen und die Streuung und die atomaren Trümmer beobachten, die daraus resultierten. So wie sich aus den Flugzeugtrümmern nach einem Zusammenstoß zweier Flugzeuge in der Luft die Ursache des Unfalls ergründen läßt, so können aus den atomaren Trümmern Rückschlüsse auf das Innere eines Atoms gezogen werden.

Die Frage, ob Materie in einem Atom puddingartig verteilt ist oder sich in einem winzigen, sonnenähnlichen Kern im Mittelpunkt des Atoms konzentriert, wurde schließlich 1911 experimentell untersucht. In einem Vakuum wurde eine äußerst dünne Goldfolie mit einem Strahl Heliumionen beschossen, und so fand man die Wahrheit. Von den Atomen der Goldfolie wurden die Heliumatome nach einem Muster gestreut, das die Vermutung nahelegte, daß die Goldatome Kerne besaßen. Damit war das Puddingmodell widerlegt.

Das neue Atommodell war eindeutig planetarisch. Das Überraschende daran war die geringe Größe des Atomkerns. Wenn man das tennisballgroße Atom aus unserer Analogie auf den Umfang eines Sportplatzes oder eines Fußballfeldes vergrößerte, dann hatte der Atomkern die Größe einer Erbse. Und irgendwie wirbelten um ihn die Elektronen herum und füllten den riesigen Raum im Inneren dieser winzigen atomaren Welt.

Diese Experimente wurden von Ernest Rutherford und seinem Assistenten Ernest Marsden durchgeführt.[1] Auch Rutherford erhielt ein eigenes Laboratorium im Industriegebiet der Midlands in Manchester. Mit dem Erfolg seines Atommodells führte er die um ihn gescharten Physiker dazu, sich um eine Erklärung dafür zu bemühen, daß die «planetarischen» Elektronen ihre Umlaufbahn beibehalten und zugleich Energie in Form von Lichtwellen abstrahlen konnten. Es ist zu vermuten, daß dieser Erfolg Rutherfords von seinem Rivalen Lord Thomson im Süden Englands nicht gerade wohlwollend vermerkt wurde.

Das sollte hinwiederum einen Neuling wenig bekümmern, der jetzt die Szene betrat. Sein Name war Niels Bohr.

Bohrs Quantenmodell des Atoms

Bohr hatte gerade seine Doktorarbeit in Kopenhagen beendet, als er sich darum bewarb, am «Cavendish» für J.J. Thomson arbeiten zu können. Lord Thomson, Bohrs erster Arbeitgeber, war von der Begegnung mit dem 26 Jahre alten Bohr vermutlich nicht gerade sonderlich begeistert. Der besaß nicht nur ein ausgezeichnetes Gedächtnis, sondern war auch ziemlich direkt und nahm kein Blatt vor den Mund. Bohr hatte über das Elektronenmodell Thomsons promoviert und einige mathematische Fehler in dessen früheren Arbeiten entdeckt.

Im Herbst 1911 befand sich Bohr, hauptsächlich auf Drängen Thomsons, auf dem Weg nach Manchester, um in Rutherfords Gruppe mitzuarbeiten. Er schloß schnell Freundschaft mit dieser erst vor kurzem ins Leben gerufenen Gruppe von Physikern und machte sich selbst auf die Suche nach den Elektronen in den Atomen.

Das einfachste und leichteste Atom des Universums war das des Wasserstoffs. Nach Rutherford bestand es aus einem winzigen Kern, der von einem einzelnen Elektron umkreist wurde. Wenn es gelang, für dieses Atom ein erfolgreiches Modell zu finden, dann ließen sich, so hoffte man, auch alle anderen Atome mit diesem Modell abbilden und erklären. So versuchte Bohr, ein Modell des Wasserstoffatoms zu entwickeln.

	1800	1850	1900	1950
Historische Ereignisse	Napoleonisches Reich — Schlacht bei Waterloo — Entdeckung der elektromagnetischen Induktion —	Kommunistisches Manifest — Darwins „The Origin of the Species" — Amerikanischer Bürgerkrieg — Erfindung des Telefons —	Spanisch-amerikanischer Krieg — Burenkrieg — 1885 Bohr 1962 — Relativitätstheorie — Erster Weltkrieg — Russische Revolution —	Zweiter Weltkrieg — Atombombe auf Hiroshima — Start des Sputnik
Politische Herrscher	Victoria von England ——— Abraham Lincoln ———		John F. Kennedy ——— Wladimir Iljitsch Lenin — Franklin D. Roosevelt —	
Naturwissenschaft	Thomas Young ——— John Dalton ——— Hans Christian Oersted ——— Michael Faraday ——— Charles Darwin ——— Gregor Mendel ——— Dimitri Mendeleev ———	Marie Curie ——— Ernest Rutherford ——— Albert Einstein ——— Erwin Schrödinger ——— Enrico Fermi ——— Jonas Salk ——— Wilhelm Röntgen ——— Thomas Alva Edison ——— Sigmund Freud ——— J. J. Thomson ———		
Philosophie und Gesellschaftswissenschaften	John Stuart Mill ——— Karl Marx ——— Friedrich Nietzsche ———	Alfred North Whitehead ——— Papst Johannes XXIII ——— Bertrand Russel ——— Jean-Paul Sartre ———		
Literatur	John Keats ——— Ralph Waldo Emerson ——— Charles Dickens ———	Mark Twain ——— T. S. Eliot ——— Robert Frost ——— George Bernard Shaw ——— Ernest Hemingway ——— James Joyce ———		
Kunst	Claude Monet ———	Pablo Picasso ——— Frank Lloyd Wright ———		
Musik	Franz Schubert ——— Richard Wagner ———	Peter Tschaikowski ——— Johannes Brahms ——— Sergej Prokofieff ———		

Das planetarische Modell Rutherfords hatte eine wesentliche Schwäche. Das Problem bestand in der Frage, auf welche Weise die Elektronen ihre Umlaufbahn stabil halten konnten. Wenn das Atom tatsächlich aus einem winzigkleinen Kern und einer relativ großen «Hülle» bestand, dann mußte das Elektron innerhalb dieser Hülle mit ständigen Änderungen der Richtung und der Geschwindigkeit herumwirbeln und den Raum dieser Hülle in ähnlicher Weise ausfüllen wie das Blatt eines rotierenden Propellers eine Kreisfläche ausfüllte. Zugleich durfte das Elektron *keinerlei* Energie abgeben. Auf jeden Fall konnte es seine Energie nicht kontinuierlich aussenden. Nach dem Modell hätte das eine Katastrophe bedeutet, weil ihm zufolge jeder «Planet», der stetig Energie abgibt, in einer Spiralbewegung auf die «Sonne» stürzen mußte. Das Elektron hätte demnach jedesmal, wenn es seine Lichtenergie emittierte, mit dem Kern zusammenstoßen müssen. Das ganze Atom hätte mit einem Schlag zusammenschrumpfen und die gesamte Materie hätte in sich zusammenstürzen müssen. Es ist erstaunlich, wenn man sich überlegt, wie winzig die Atome wären, wenn alle Elektronen von ihren Kernen verschluckt würden. Ein Fußballstadion würde zur Größe eines Reiskorns zusammenschrumpfen! Auf diese Weise würde die Materie eine ungeheure Dichte annehmen.(Neutronensterne im Weltall weisen eine ähnliche Dichte auf. Ihre eigene Schwerkraft drückt die Atome zusammen. Und alle Materie wäre tot und unbelebt. Alles Licht wäre verschwunden.

Wenn das Elektron jedoch seine Energie nicht kontinuierlich abgeben durfte, wie konnte es dann überhaupt Licht ausstrahlen? Die Emission von Licht verbrauchte Energie. Mindestens zu bestimmten Zeiten mußte das Elektron Energie ausstrahlen, sonst hätte man überhaupt kein Licht sehen können. Wie ließ sich nun ein planetarisches Modell konstruieren, bei dem das Elektron Energie nur sporadisch oder unstetig abgab? Bohr versuchte sich vorzustellen, unter welchen Bedingungen es dem Elektron «erlaubt» sein konnte, Energie auszusenden, und unter welchen Bedingungen ihm dies «verboten» war. Das war keine einfache Aufgabe. Bohrs Modell mußte einen Grund für die Unstetigkeit angeben. Wie ließ sich diese erklären?

Bohr erklärte es sehr einfach. Er unterstellte, daß es einem Atom nur dann möglich sein sollte, Licht auszustrahlen, wenn ein Elektron unstetig von einer Umlaufbahn auf eine andere sprang. Andernfalls war eine Lichtemission nicht möglich. Wie Planck und Einstein vor ihm beschritt Bohr einen völlig neuen Weg. Tatsächlich war es ihr Beispiel, das ihn dazu ermutigte. Er war davon überzeugt, daß bei den untersuchten Vorgängen das Plancksche Wirkungsquantum h irgendeine Rolle spielte. Er wußte, daß sowohl Planck als auch Einstein diesen Faktor h benutzt hatten, um die diskontinuierliche Bewegung von Lichtenergie in fester Materie zum Ausdruck zu bringen. Vielleicht trug es auch zur Beschreibung der Abläufe im Inneren eines Atoms bei. Aber auf welche Weise? Bohr fand die Lösung.

Dieses neue Geheimnis war im Grunde genommen für keinen ein Rätsel, der mit Physik zu tun hatte. Es hing mit etwas zusammen, das der Physiker als *Einheiten* bezeichnet. Eine Einheit ist ein Maß für eine physikalische Größe. Jede Einheit kann wiederum aus weiteren Einheiten zusammengesetzt sein. Betrachten wir etwa das gängige Beispiel einer Geldeinheit. Eine Mark ist eine Geldeinheit, und sie setzte sich ihrerseits aus weiteren Einheiten zusammen. Sie besteht etwa aus zehn Einheiten, die als Groschen und aus 100 Einheiten, die als Pfennige bezeichnet werden. Andererseits bildet sie den zehnten Teil einer übergeordneten Einheit, eines Zehnmarkscheins.

Plancks Wirkungsquantum h war ebenfalls eine Einheit. Und es konnte ebenfalls aus weiteren Einheiten zusammengesetzt sein. Es war eine Einheit der Energie-mal-Zeit, etwas, das Physiker als *Wirkung* bezeichnen, und es war eine Einheit von Impuls-mal-Distanz, so wie eine Mark aus zehn Groscheneinheiten besteht. Doch Bohr hatte bemerkt, daß h sich auch als Einheit eines Drehimpulses auffassen ließ, und diese Beobachtung hatte einen unmittelbaren Einfluß auf sein Atommodell.

Ein Drehimpuls wird schon von Kindern unmittelbar erfahren. Zu ihm kommt es, wenn ein bewegter Gegenstand einen festen Punkt im Raum passiert. Wird der bewegte Gegenstand mit diesem Punkt verbunden, so führt er eine Kreisbewegung aus. Einen Drehimpuls können wir uns als einen im Kreis bewegten Impuls vorstellen. Kinder, die sich an einem Seil festhalten, das an einem Pfosten befestigt ist, und um diesen Pfosten herumschwingen, erfahren einen Drehimpuls. Dieser ist das Produkt aus einem normalen oder linearen Impuls und dem Radius oder der Entfernung zwischen bewegtem Körper und Bezugs- oder Drehpunkt. Da das Bohrsche Elektron sich auf einer Umlaufbahn um den Atomkern bewegte, war es quasi mit dem Kern verbunden, nämlich durch die unsichtbare elektrische Anziehungskraft, die zwischen beiden wirkt, und es hatte ebenfalls einen Drehimpuls. Ließ sich das Plancksche Wirkungsquantum h möglicherweise als Einheit dieses Drehimpulses interpretieren?

Um die Bedeutung dieser Frage zu verstehen, stellen wir uns einen Ball vor, an dem eine Schnur befestigt ist. Nun halten wir das freie Ende der Schnur fest in der Hand und wirbeln den Ball über unserem Kopf wie ein Cowboy, der sein Lasso schwingt. Je schneller wir den Ball wirbeln, desto größer wird die Kraft, die auf die Schnur wirkt, desto größer wird der Drehimpuls.

Stellen wir uns außerdem eine Eisläuferin vor, die eine Pirouette dreht. Je enger sie ihre Arme an den Körper anlegt, desto schneller wird ihre Kreiselbewegung. Ihre Arme verhalten sich wie unser Ball an der Schnur. Im Gegensatz zu diesem bleibt jedoch ihr Drehimpuls derselbe, obwohl sie sich mit angelegten Armen schneller dreht als mit ausgebreiteten. Das liegt daran, daß mit abnehmender Entfernung ihrer Arme von der Rotationsachse die Rotationsgeschwindigkeit zunimmt.

Wenn wir jetzt zu unserem Elektron zurückkehren, das auf seiner Bahn um den Atomkern kreist, können wir feststellen, daß bei einer gegebenen Kraft, die das Elektron auf seiner Kreisbahn festhält, und bei einem *festen* Betrag des Drehimpulses die Geschwindigkeit des Elektrons determiniert ist. Dasselbe gilt für den Radius seiner Umlaufbahn. Alles hängt vom Betrag des Drehimpulses ab, den das Elektron aufweisen darf.

Bohr versuchte eine Berechnung unter der Annahme, daß der Drehimpuls des Elektrons eine Einheit betrug, und bestimmte die Größe der kreisförmigen Umlaufbahn für den Fall, daß diese Einheit dem Planckschen Wirkungsquantum h entsprach. Diese Umlaufbahn wies exakt die Größe auf, die ein Wasserstoffatom ausfüllte. Sodann probierte Bohr es mit einer Verdopplung der Einheit und erhielt eine neue Umlaufbahn, deren Durchmesser viermal so groß war wie der der ersten Umlaufbahn. Betrug die Einheit das Dreifache von h, so wuchs der Durchmesser auf das Neunfache an. Bohr hatte ein neues Modell für das Atom entdeckt.

In diesem Modell gab es nur bestimmte zugelassene Umlaufbahnen. Indem er das Elektron auf diese speziellen oder «gequantelten» Umlaufbahnen beschränkte, konnte Bohr für die einzelnen Atome deren Größe zutreffend voraussagen. Mit zunehmendem Drehimpuls des Elektrons wuchs auch der Radius seiner Umlaufbahn, und zwar stets in einem bestimmten Größenverhältnis.

Das war jedoch nicht das einzige, was er entdeckte. Bohr fand auch heraus, warum das Elektron bei seiner Wirbelbewegung nicht strahlte. Mit anderen Worten, er fand einen Grund für die Stabilität des Atoms. Indem er in seinem Modell für die Größe des Drehimpulses nur ganzzahlige Vielfache von h zuließ, entdeckte Bohr das Prinzip, nach dem ein Elektron eine stabile Umlaufbahn verfolgte. Nur Elektronen mit einem Drehimpuls, dessen Betrag einem ganzzahligen Vielfachen von h entsprach (also h, $2h$, $3h$ usw.), konnten ungestört um den Atomkern kreisen. Diese gequantelten Umlaufbahnen werden als *Bohrsche Quantenbahnen* bezeichnet, die Multiplikatoren von h nennt man die *Quantenzahlen* der Umlaufbahnen. Damit gab es ein Quantenmodell des Atoms.

Das einzige, was man immer noch suchte, war die «Regel», nach der es dem Elektron erlaubt war, Lichtenergie auszustrahlen. Auch gab es keinen physikalischen Grund für eine Quantelung der Beträge des Drehimpulses, ohne die keine stabilen Umlaufbahnen des Elektrons möglich waren. Das war lediglich eine hypothetische Konstruktion Bohrs. Nunmehr nahm Bohr an, daß ein Elektron nur dann Licht emittiert, wenn es von einer Umlaufbahn in eine andere wechselt. Für jede mögliche Kreisbahn berechnete er die Energie des Elektrons nach der Planckschen Formel $E = hv$. Indem er die Energiedifferenzen zwischen den einzelnen Umlaufbahnen miteinander verglich, konnte Bohr erfolgreich die Lichtfrequenzen vorhersagen, die auftraten, wenn ein Elektron einen «Sprung» in eine andere Umlaufbahn machte.

Im Januar 1913 erhielt Bohr von einem ehemaligen Klassenkameraden einen Aufsatz zugesandt, den ein Schweizer Lehrer namens Johann Balmer verfaßt hatte. Balmer hatte 1880 Licht beobachtet, das von Wasserstoff ausgestrahlt wurde. Wenn man dieses Licht durch ein Prisma schickte, wies die eigentlich zu erwartende kontinuierliche Verteilung von Spektralfarben bestimmte Lücken auf. Das auf diese Weise erzeugte Spektrum erschien als horizontaler Streifen, der aus einzelnen senkrechten Linien gleich den Zähnen eines Kamms bestand, wobei einige Zähne fehlten. Normalerweise zerfällt das Licht, das wir sehen – z.B. das Sonnenlicht oder das Licht einer weißleuchtenden Glühbirne – nach dem Gang durch ein Prisma nicht in ein solches Spektrum, sondern zeigt eine stetige Verteilung der Farben wie bei einem Regenbogen. Doch Balmers unvollständiges Spektrum war durch Wasserstoffatome erzeugt worden. Balmers Aufsatz versetzte Bohr in höchste Erregung. Er konnte nicht nur die Energie des Elektrons auf den einzelnen Umlaufbahnen errechnen, sondern auch die Energie, die vom Elektron abgestrahlt wurde, wenn es auf eine andere Bahn sprang.

Das Wasserstoffspektrum von Balmer hatte fehlende «Zähne», weil die von dem «springenden» Elektron abgegebene Energie so genau vorgeschrieben war. Da dem Elektron nur bestimmte Umlaufbahnen zur Verfügung standen, konnte es auch nur bestimmte Frequenzen für das Licht geben. Die Frequenz des Lichts hing ab von der Differenz der Energiezustände des Elektrons beim Quantensprung zwischen zwei Umlaufbahnen. Damit hatte Bohr eine Erklärung für die sogenannte «Balmer-Serie» gefunden.

Soweit, so gut. Allerdings beruhte Bohrs erfolgreiche Vorhersage auf einem äußerst verwirrenden Bild. Das Elektron, von dem das Licht ausging, vollführte keine Schwingungen und umkreiste auch nicht den Kern, um das Licht zu erzeugen. Eigentlich tat es überhaupt nichts, was man sich hätte vorstellen können. Um Licht auszustrahlen, mußte es einen Sprung machen. Es sprang wie ein tollkühner Superman zwischen den einzelnen Umlaufbahnen innerhalb des Atoms hin und her. Zwischen diesen Bahnen durfte es keine Bewegung vollführen. Bohr versuchte, diesen Sachverhalt mathematisch darzustellen und scheiterte. Am Ende blieb für ihn das zutreffendste Bild das eines Quantensprungs, eines Sprungs von einem Punkt zu einem anderen, ohne daß sich das Elektron jemals *zwischen* beiden Punkten befand. So unplausibel dieses Bild auch sein mochte, so ersetzte es doch jedes rein klassisch-mechanistische Bild dieses Vorgangs.

Dennoch brauchte die Mechanik Newtons nicht völlig aufgegeben zu werden. Bestimmte Merkmale des klassischen Bildes wurden überhaupt nicht verworfen. Vor allem war das Modell eines Atomkerns, um den das Elektron gleich einem Planeten kreiste, nach wie vor klassisch und unterstellte eine stetige Bewegung des Elektrons. Ganz und gar nicht klassisch war hingegen die Weigerung des Elektrons, Licht auszustrahlen, solange es sich auf einer Bohrschen Quantenbahn befand. Das erschien völlig unsinnig, und zwar aus einem ganz wichtigen Grund: man hatte beobachtet, daß alle sich beschleunigt bewegenden Elektronen Energie ausstrahlen. Entweder bewegten sich die Elektronen auf den Bohrschen Quantenbahnen nicht beschleunigt, oder das zweite Newtonsche Gesetz war aufgehoben.

Nach Newton mußte auf das Elektron eine Kraft wirken, die es auf seiner Kreisbahn hielt und seinen Impuls änderte. Deshalb mußte die Bewegung des Elektrons einer Beschleunigung unterliegen. Und es folgte ferner, daß das Elektron aufgrund seiner Eigenschaft als elektrisches Teilchen bei jeder Beschleunigung Energie abgab. Anscheinend stimmte das Bohrsche Modell mit diesen beobachteten Tatsachen nicht überein.

Dennoch war Bohr von seiner Idee nicht mehr abzubringen. Seine Regel über die Bedingung, unter der ein Elektron Energie abgeben durfte, wirkte sich je nach der Größe des hierfür erforderlichen Quantensprungs unterschiedlich aus. Ein Sprung von der zweiten auf die erste Umlaufbahn war zwar extrem winzig, bedeutete

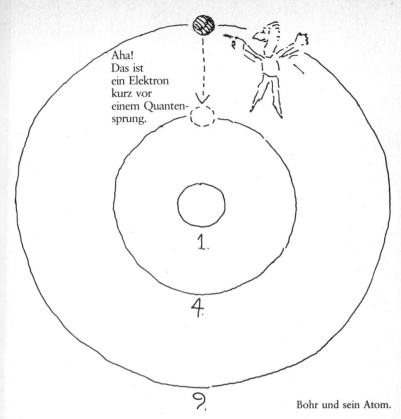

Bohr und sein Atom.

Jeder Kreis repräsentiert eine Umlaufbahn für ein planetarisches Elektron. Die Durchmesser der Umlaufbahnen verhalten sich wie 1:4:9. Auf der ersten (innersten) Umlaufbahn hat das Elektron eine Einheit von h, auf der zweiten zwei und auf der dritten drei.

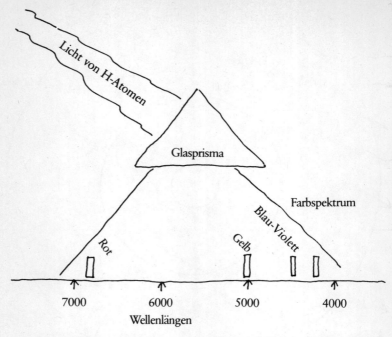

Was Balmer sah: Licht aus Wasserstoffatomen zerfällt in ein Spektrum von Farben.

jedoch im Maßstab der ersten Umlaufbahn eine beträchtliche Veränderung. Deshalb war es ein relativ großer Sprung. Andererseits war ein Sprung von der 10000. auf die 9999. Umlaufbahn im Vergleich zum Durchmesser der ersten Umlaufbahn sehr groß, im Maßstab der 10000. Bahn jedoch extrem klein. Als Bohr die Strahlung errechnete, die sich bei einem Sprung aus einer Bahn mit relativ großem Durchmesser ergab, stellte sich heraus, daß seine Resultate mit den von der klassischen Mechanik vorhergesagten Ergebnissen übereinstimmten. Mit anderen Worten, je geringer die relative Veränderung war, desto «klassischer» und kontinuierlicher fiel das Ergebnis aus.

Damit hatte Bohr ein weiteres erregendes Kennzeichen der Quantenmechanik entdeckt. Sie galt nur dort, wo es notwendig war. Überall, wo die Welt kontinuierlich erschien, ergab sich eine Korre-

Was kontinuierlich aussieht, ist in Wirklichkeit diskontinuierlich.

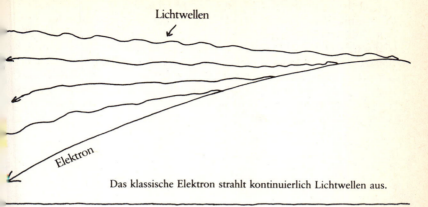

Das klassische Elektron strahlt kontinuierlich Lichtwellen aus.

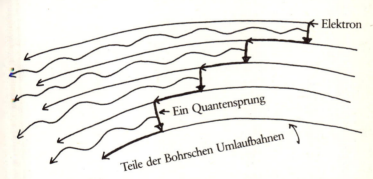

Das Elektron Bohrs folgt einer diskontinuierlichen Bahn von Quantensprüngen

spondenz zwischen den «Regeln» der Quantenmechanik und denen der klassischen Physik. Dies wurde als *Korrespondenzprinzip* bezeichnet. Durch diese Entdeckung fühlte sich Bohr in seinem Modell bestätigt. Er war davon überzeugt, einem von Gottes Geheimnissen auf der Spur zu sein. Er wußte jetzt, warum die Welt kontinuierlich zu sein schien, obwohl sie im Grunde eine Welt der Unstetigkeiten und der Quantensprünge war. Letztlich war alles eine Frage der relativen Größenordnung. Für Bohr war Unstetigkeit eine fundamentale Wahrheit.

Aber auch die Theoretiker einer kontinuierlichen Welt hielten an ihrem Bild fest. Sie waren nicht bereit, die gesamte klassische Mechanik über Bord zu werfen. Während Bohr in seiner Begeisterung über das Korrespondenzprinzip bereit war, alle klassischen Bilder aufzugeben, fühlten sich seine Gegner in gleicher Weise dadurch bestärkt, weiterhin nach einer klassischen Begründung für die Quantensprünge zu suchen. Damals ahnten sie noch nicht, daß sie mit ihren Versuchen, mit den Quantensprüngen fertigzuwerden, eines Tages gezwungen sein würden, ihre Vorstellung von einer aus Teilchen zusammengesetzten Materie aufzugeben.

5. Kapitel
Wenn ein Teilchen eine Welle ist

*Das Hochland hab ich nie
und nie das Meer gegrüßt,
doch weiß ich, was ein Heideland,
was eine Welle ist.*

Emily Dickinson

Ein Prinz stellt sich eine Welle vor

Das Bedürfnis nach einem mechanischen Modell des Atoms sollte neue Nahrung erhalten. Bohrs Quantenbahnen waren zu verwirrend. Es mußte einen physikalischen Grund haben, warum Elektronen keine Energie abgaben, solange sie sich auf vorgeschriebenen Bahnen bewegten. Außerdem mußte es eine vernünftige und physikalische Erklärung für Plancks geheimnisvolle Formel $E = h\nu$ geben, die einen Zusammenhang zwischen der Energie eines Einsteinschen Photons und der Frequenz der Wellenbewegung dieses Lichts unterstellte. Aber welche Erklärung hätte es geben können? Während die klassische Newtonsche Mechanik nicht weiterhalf, konnte vielleicht die «neue» Mechanik der speziellen Relativitätstheorie Einsteins die Natur des Lichts erhellen. Und vielleicht war dies auch der Wunsch eines wohlhabenden Prinzen der französischen Aristokratie, Louis Victor de Broglie.

De Broglie entstammte einer französischen Adelsfamilie mit einer langen Ahnenreihe[1], die sich bis in die Zeit der amerikanischen Revolutionskriege zurückverfolgen läßt, wo seine Vorfahren auf der Seite der amerikanischen Aufständischen gekämpft hatten. Nachdem er 1910 ein Geschichtsstudium absolviert hatte, überredete ihn sein Bruder, ein bekannter Physiker, zur Universität zurückzukehren und Physik zu studieren. Sehr bald wurde das Interesse de Broglies von der Debatte um die Quantentheorie und von den Ideen Albert

Einsteins gefangen genommen. Nachdem er sein Studium unterbrochen hatte, um im Ersten Weltkrieg mitzukämpfen, veröffentlichte er 1922 zwei Aufsätze über das Einsteinsche Wellen-Teilchen-Bild des Lichts.[2] Er lenkte die besondere Aufmerksamkeit auf das dualistische Verhalten des Lichts. Bei Versuchsanordnungen, bei denen sich die Beobachtungszeit über viele Millionen Zyklen der Wellenschwingung erstreckte, zeigte sich, daß Licht eine Welle war. Unter Versuchsbedingungen, bei denen ein momentaner Energieaustausch zwischen Licht und Materie stattfand, ergab sich als Resultat, daß Licht aus Teilchen bestand, die als *Photonen* bezeichnet wurden.

De Broglie suchte nach einer mechanistischen Erklärung für den Wellen-Teilchen-Dualismus des Lichts. Dazu mußte er einen mechanischen Grund dafür finden, warum die Energie der Photonen in der Lichtwelle von deren Frequenz abhing. Bei diesen Überlegungen kam de Broglie der Gedanke, daß möglicherweise auch die Materie selbst Wellencharakter hatte.

Die merkwürdigen Befunde von Bohr waren ihm bekannt. Das in einem Wasserstoffatom befindliche Elektron konnte den Kern nur auf festgelegten Bahnen umkreisen. Auf jeder dieser Bahnen mußte der Drehimpuls des Elektrons ein ganzzahliges Vielfaches des Planckschen Wirkungsquantums h betragen. De Broglie mußte wiederum an ein bestimmtes Wellenphänomen denken: das einer *stehenden Welle*.

Die Analogie, auf die de Broglie verfiel, läßt sich gut an einer Violinsaite verdeutlichen. Wird eine solche Saite angeschlagen oder mit einem Bogen gestrichen, gerät sie in Schwingungen. Die Saite bewegt sich auf eine charakteristische Weise auf und ab. Ihre beiden Enden werden natürlich festgehalten. Wenn wir genau hinsehen, können wir feststellen, daß die schwingende Saite Ähnlichkeit mit einer Welle aufweist. In der Mitte schwingt sie auf und ab. Eine Welle dieser Art nennt man eine *stehende Welle*. Sie schwingt auf und ab, ohne sich in Richtung der Saite fortzubewegen. Der Klang der Violinsaite wird durch dieses Muster einer stehenden Welle erzeugt.

Es ist möglich, auf derselben Saite auch eine andere Schwingung zu erzeugen und wahrzunehmen. Bei diesem zweiten Beispiel bleibt die Mitte der Saite in Ruhelage, während die übrige Saite mit Ausnahme der festen Endpunkte schwingt. Der Ton, den wir jetzt vernehmen, ist eine Oktave höher. Dieses stehende Wellenmuster, das als erste harmonische Oberschwingung bezeichnet wird, hat eine höhere Frequenz als das erste. Wenn wir wieder genauer hinschauen, so erkennen wir zwei Auf-und-ab-Bewegungen links und rechts vom unbewegten Mittelpunkt der Saite.

Eine zweite harmonische Oberschwingung tritt auf, wenn es außer den Endpunkten zwei weitere Punkte der Saite gibt, die während deren Schwingung in Ruhe bleiben. Jeder derartige Ruhepunkt auf der Saite wird als Knoten bezeichnet. Mit wachsender Zahl der Knoten auf der Saite nimmt die Frequenz der stehenden Welle zu und damit auch die Tonhöhe.

De Broglie entdeckte einen Zusammenhang zwischen dem Drehimpuls des Elektrons auf einer Bohrschen Quantenbahn und der Zahl der Knoten bei einem stehenden Wellenmuster. Das kreisende Elektron konnte nur einen Drehimpuls haben, der ein ganzzahliges Vielfaches von h betrug. War es möglich, daß diese diskontinuierlichen Veränderungen des Drehimpulses des Elektrons, diese Veränderungen des Multiplikators von h, auf irgendeine Weise mit einer vergleichbaren Änderung im Muster einer stehenden Welle zusammenhingen?

Das Auffallende an dieser Analogie war der Umstand, daß jede stehende Welle gleich welcher Art eine ganze Zahl von Knoten aufweist. Eine stehende Welle mit der niedrigsten Frequenz hatte zwei Knoten, nämlich die beiden eingespannten Enden. Die nächsthöhere Frequenz hatte drei, die nächste vier Knoten usw. Da nach der Planckschen Formel $E = h\nu$ Energie einer Frequenz entsprach, konnte es doch möglich sein, daß die mit einer höheren Energie verbundenen Umlaufbahnen im Wasserstoffatom höheren Frequenzen harmonischer Materiewellen entsprachen?

De Broglie erkannte, daß sich die Bohrsche Quantenbahn als eine kreisförmige Violinsaite auffassen ließ, als Schlange, die ihren eigenen Schwanz verschlingt. Sollte die von seinen stehenden «Materiewellen» vorhergesagte Größe der Elektronenumlaufbahn mit den von Bohr errechneten Bahnen übereinstimmen? Mit anderen Worten, wie würden sich seine Wellen verhalten, wenn sie einen Kreis bildeten?

Als erstes fand de Broglie, daß seine Materiewellen exakt den Bohrschen Quantenbahnen entsprachen. Bei der Berechnung der Wellenlänge der innersten Bahn, stieß er auf einen weiteren erstaunlichen mathematischen Zusammenhang zwischen der Welle und dem Teilchen. Der Impuls des kreisenden Elektrons war gleich dem Planckschen Wirkungsquantum geteilt durch die Wellenlänge. Schnell überprüfte er seine Rechnung und wandte sich der nächstgrößeren Umlaufbahn zu, die eine höhere Energie hatte. Das Ergebnis war dasselbe. Für jede Bohrsche Quantenbahn war der Impuls des Elektrons gleich h dividiert durch die Wellenlänge der stehenden Welle.

Stehende Welle	Erste harmonische Oberschwingung	Zweite harmonische Oberschwingung	Dritte harmonische Oberschwingung
	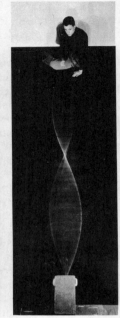		
Halbe Welle	Ganze Welle	Anderthalbfache Welle	Zweifache Welle

Stehende Wellenmuster bei einem Springseil.

Damit hatte de Broglie eine neue Formel entdeckt, die mindestens ebenso neuartig und umwälzend war wie die von Planck. Sie lautete $p = h/\lambda$.

Mit dieser neuen mathematischen Entdeckung ließen sich die Bohrschen Quantenbahnen erklären. Jede Bahn war eine stehende Welle. Die innerste hatte zwei Knoten, die nächste vier, da eine Welle

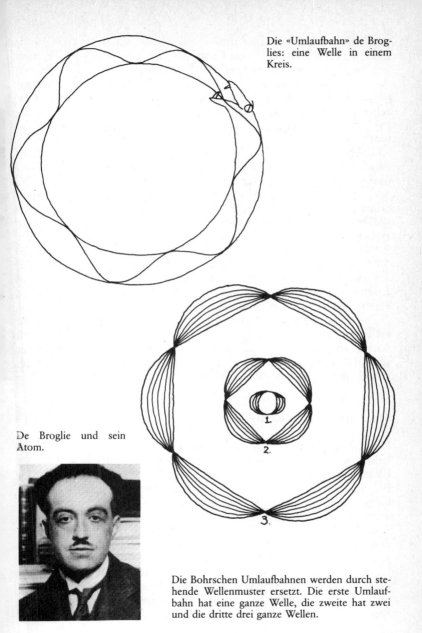

Die «Umlaufbahn» de Broglies: eine Welle in einem Kreis.

De Broglie und sein Atom.

Die Bohrschen Umlaufbahnen werden durch stehende Wellenmuster ersetzt. Die erste Umlaufbahn hat eine ganze Welle, die zweite hat zwei und die dritte drei ganze Wellen.

mit drei Knoten sich selbst auslöschen würde. Die dritte Bahn hatte sechs Knoten usw. Für jede Bahn war die Energie des Elektrons gegeben durch h multipliziert mit der Wellenfrequenz. Der Impuls des Elektrons bestimmte sich aus dem Planckschen Wirkungsquantum h geteilt durch die Wellenlänge λ. Damit waren die mathematischen Beziehungen der Elektronen aufgedeckt.

Das Atom war ein winziges gestimmtes Instrument. Diese mathematischen Beziehungen hielten das winzige Elektron in seiner fein abgestimmten stehenden Welle im Gleichgewicht. Die Umlaufbahnen hatten determinierte und unveränderliche Größen, damit diese einzelnen, «gequantelten» *Wellenmuster* möglich waren.

Louis de Broglie veröffentlichte seine Ergebnisse als Doktorarbeit in Physik, die er 1923 etwas zögernd der Fakultät für Naturwissenschaften an der Sorbonne in Paris vorlegte.[3] Seine Arbeit war zweifellos originell, vielleicht etwas zu originell. Die Erforschung der Atome war eine Angelegenheit der Physik und nicht der musikalischen Komposition. Es gab keine experimentelle Rechtfertigung dieser «verrückten» Idee. Genau genommen war die Heranziehung einer so absurden Vorstellung zur Erklärung von Bohrs Absurdität etwas zuviel für die zurückhaltende Fakultät.

Man zog Albert Einstein zu Rate. Dieser bemerkte, «es sieht vielleicht verrückt aus, aber es ist wirklich folgerichtig!» Die Arbeit wurde angenommen, und einige Zeit später erhielt der Prinz für seine Dissertation den Nobelpreis. In Amerika hatte tatsächlich jemand eine de Broglie-Welle entdeckt.

Erste Anzeichen einer Welle in Amerika

Einstein begrüßte das Modell de Broglies. Es bedeutete eine Rückkehr zur kontinuierlichen Mechanik. Die Welle, die den Weg des Elektrons im Atom bestimmte, war bislang noch nicht entdeckt. De Broglies Berechnung des Impulses hatte ergeben, daß die Wellenlänge λ für das extrem leichte, sich mit hoher Geschwindigkeit bewegende Elektron extrem kurz sein mußte. Tatsächlich waren diese winzigen Wellen der Elektronenumlaufbahnen in den Atomen etwa den zweihundertmillionstel Teil eines Zentimeters groß. Selbst Lichtwellen waren etwa 5000mal länger.

Nach dem Modell begleitete eine de Broglie-Welle jedes Teilchen überallhin. Gleich einem Schatten bewegte sich die Materiewelle mit der Partikel. Beide gehörten untrennbar zusammen. Die Frequenz der Welle ließ sich immer aus der Energie der Partikel bestimmen, die Wellenlänge aus ihrem Impuls. Wie das Licht hatte auch die Materie eine duale Natur. Es war der Wellen-Teilchen-Dualismus.

Obwohl die Naturwissenschaft in Europa von diesen neuen Entdeckungen hin- und hergerissen war, drang von dem Aufruhr nur wenig in die Vereinigten Staaten. Die Amerikaner interessierten sich mehr für praktische Entdeckungen. Ein Musterbeispiel für die praktische Seite der amerikanischen Forschung waren die Bell Telephone Laboratories. Dort hatte indessen Clinton Davisson bei seiner Forschungsarbeit etwas Ungewöhnliches entdeckt. Die Elektronen, mit denen er experimentierte, waren von Nickelkristallen in einem unerwarteten Muster reflektiert worden.[4] Da er seinen Ergebnissen vertraute, veröffentlichte er sie, ohne jedoch eine Erklärung dafür anzubieten.

Davissons Ergebnisse machten ihren Weg über den Atlantik und gerieten zwei deutschen Physikern in die Hände, Jakob Franck und Walter Elsasser, die in höchste Erregung versetzt wurden, als sie die Reflektionsmuster der Elektronen sahen.[5] Die Muster schienen keinen Sinn zu ergeben, solange man sie nicht als Interferenzmuster elektronischer Materiewellen auffaßte, die von den Nickelatomen reflektiert worden waren. Indem sie die Impulse der Elektronen Davissons überprüften, konnten Franck und Elsasser für die Elektronen ein Reflektionsmuster bestimmen, das auf der Formel de Broglies $p = h/\lambda$ beruhte. Dieses mathematisch bestimmte Muster entsprach exakt den von Davisson gemessenen Ergebnissen. Damit waren die Wellen de Broglies experimentell nachgewiesen.

Weitere Experimente folgten. Mit der Entdeckung des Neutrons, eines neuen, im Atomkern enthaltenen Teilchens, war es den Physikern möglich, Neutronenbeugungsmuster zu erzeugen, die genau den von Davisson entdeckten Elektronenreflektionsmustern glichen. Die Forscher erkannten bald, daß jedes Elementarteilchen ein Wellenmuster erzeugte, sobald man einen Strahl dieser Partikeln auf einen Kristall geeigneter Größe richtete, der eine Interferenz der Wellen ermöglichte.

Die Existenz von Materiewellen wurde nunmehr akzeptiert. Tatsächlich wurden diese so vollständig akzeptiert, daß die Physiker allmählich sogar die Existenz von Teilchen bezweifelten. Vielleicht war es möglich, eine Interferenz dieser Wellen und damit zugleich eine Partikel zu erzeugen? Ließ sich diese Idee mit Hilfe einer sorgfältigen mathematischen Analyse unterstützen?

Eine solche Analyse war noch aus einem anderen Grund erforderlich. Das Wellenbild von de Broglie galt nur für Teilchen in

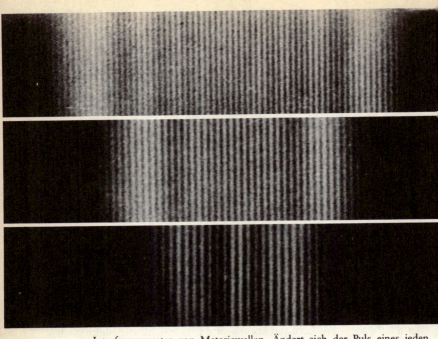

Interferenzmuster von Materiewellen. Ändert sich der Puls eines jeden Elektrons, so ändert sich auch die Wellenlänge. Der Abstand zwischen den «Zähnen» wird mit zunehmender Wellenlänge größer.

einem gebündelten Strahl oder auf einer Bohrschen Quantenbahn. Aber auf welche Weise gelangt ein Elektron von einer Bahn zur anderen? Was geht mechanisch und kontinuierlich im Inneren des Atoms vor? Die Mechanik Newtons war nicht erledigt; man hatte sie nur modifiziert, um sie einer neuen Form von Materie anzupassen – der Materiewelle. Es mußte einfach einen Weg geben, wie man die Bewegung im Inneren eines Atoms beschreiben konnte, die es dem Elektron ermöglichte, die Umlaufbahn zu wechseln und seine überschüssige Energie als Licht abzugeben. Um diese Frage zu beantworten, brauchte man einen Experten auf dem Gebiet der Wellenlehre.

Schrödingers unvorstellbare Wellen: das Ende der Bilder

Eines hatten die de Broglie-Wellen jedenfalls für sich: zumindest lieferten sie eine Anschauung von dem, was im Inneren eines Atoms vor sich ging. Das reichte allerdings nicht aus. Man brauchte eine

Vorstellung von der Gestalt der Welle, wenn das Elektron seinen Energiezustand änderte und Licht erzeugte. Weder die springenden Elektronen Bohrs noch die Wellenmuster de Broglies reichten zu einer Erklärung für das von den einzelnen Atomen ausgestrahlte Licht aus. Schließlich fand Erwin Schrödinger, ein österreichischer Physiker, eine mathematische Gleichung, mit der sich die veränderlichen Wellenmuster im Inneren eines Atoms erklären ließen.[6]

Die Gleichung Schrödingers lieferte eine kontinuierliche mathematische Beschreibung. Er betrachtete das Atom in Analogie zu einer schwingenden Violinsaite. Die Bewegung des Elektrons von einer Umlaufbahn in eine andere mit niedrigerer Energie war eine einfache Änderung der Tonhöhe. Während eine Violinsaite eine solche Änderung erfährt, gibt es einen Augenblick, in dem beide Oberschwingungen zu hören sind. Das Resultat ist die bekannte Erfahrung der Konsonanz zweier Töne oder der sogenannten *Schwebung*. Die Schwebungen zwischen zwei Tönen sind das, was wir als Konsonanz wahrnehmen. Die Schwebungen selbst werden als ein dritter Ton vernommen. Ihr Schwingungsmuster ist durch die Differenz der Frequenzen der beiden Tonwellen bestimmt.

Das war genau das, was man benötigte, um die beobachtete Frequenz von Lichtwellen oder Photonen zu erklären, die emittiert werden, wenn das Elektron im Inneren des Atoms seine Umlaufbahn

Die hüpfenden mathematischen Wellen Schrödingers waren in seinem Kopf.

111

wechselt. Dieses Licht war eine Schwebung, eine Konsonanz zwischen den tieferen und den höheren Tönen der Schrödinger-de Broglie-Wellen. Wenn wir atomares Licht sehen, beobachten wir ein Atom, das zweistimmig singt. Mit dieser Erklärung hoffte Schrödinger die Stetigkeit physikalischer Abläufe zu retten.

Dennoch waren die Physiker mit seiner Wellengleichung nicht ganz zufrieden. Niemand hatte eine Vorstellung davon, wie die Wellen aussahen. Sie hatten kein Medium, in dem sie sich fortpflanzen konnten, und sie hatten keine erkennbare Form innerhalb des physikalischen Raums. Sie glichen weder Wasser- noch Schallwellen. Es waren vielmehr abstrakte, mathematische Wellen, die von mathematischen Funktionen beschrieben wurden.

Obgleich es schwierig ist, sich ein physikalisches Bild von einer mathematischen Funktion zu machen, ist es doch nicht unmöglich. Wenn Sie im Sommer in ein Planschbecken steigen, in dem kurz zuvor noch kleine Kinder gespielt haben, dann verspüren Sie vielleicht am eigenen Leibe die etwas unbehagliche physikalische Konkretisierung einer mathematischen Funktion, die mit der unglücklichen Eigenart zusammenhängt, daß kleine Kinder so schlecht ihr Wasser halten können. Wenn Sie im Becken hin und her gehen, dann spüren Sie unweigerlich wärmere und kältere Stellen. Die Temperatur des Wassers ist nicht überall dieselbe. Sie ist eine mathemati-

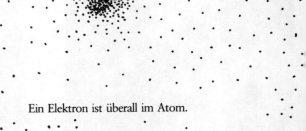

Ein Elektron ist überall im Atom.

Schrödingers Wasserstoffatom: ein Wahrscheinlichkeitsmuster.

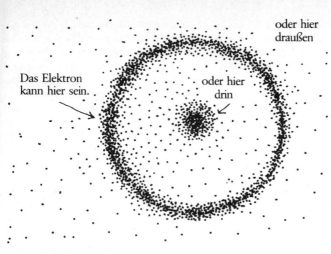

Schrödingers Wasserstoffatom: kurz bevor es strahlt.

sche Funktion des Ortes im Wasser. Sie kann sich sogar im Lauf der Zeit auch an ein und derselben Stelle verändern. Somit ist sie zugleich eine Funktion der Beobachtungszeit. Mit anderen Worten, die Temperatur ist eine mathematische Funktion von Raum und Zeit.

Dasselbe galt für Schrödingers Welle. Das einzige Problem bestand darin, daß niemand in der Lage war, ihre «warmen und kalten Stellen» aufzufinden, d.h. ihre Kämme und Täler. Außerdem wurde die Welle mit zunehmender Komplexität des Atomaufbaus ebenfalls komplizierter. So ist z.B. die Welle, die ein einzelnes Elektron beschreibt, eine Funktion der Position dieses Elektrons in Raum und Zeit. Das ist nicht allzu schwierig. Wenn wir jedoch zu einem Heliumatom übergehen, finden wir zwei Elektronen, aber nur eine Welle. Hier hängt also das Verhalten der Welle vom Standort der beiden Elektronen zur selben Zeit ab. Und mit wachsender Atomzahl nimmt auch die Zahl der Elektronen in einem Atom zu. Uran mit einer Atomzahl von 92 enthält 92 Elektronen in einem Atom und nur eine einzige Wellenfunktion, die das Verhalten aller 92 Elektronen beschreibt. Es gab einfach keinen gangbaren Weg, diese Welle anschaulich zu machen.

Aber obwohl sich niemand vorstellen konnte, wie sie eigentlich aussah, erwies sich Schrödingers Welle als unentbehrlich. Denn sie erklärte einen Großteil der physikalischen Erscheinungen, auf die sich das klassische Modell nicht mehr anwenden ließ. Es war eine erfolgreiche mathematische Möglichkeitkeit einer Erklärung für das von Atomen ausgesandte Licht, für die Schwingungen von Molekülen und für die Fähigkeit von Gasen, bei extrem niedrigen Temperaturen Wärme zu absorbieren. Die Physiker brannten geradezu darauf, die Formel Schrödingers auf alles anzuwenden, was ihnen gerade in die Hände fiel. Sie waren wie eine Bande von Kindern, die in die Küche eingedrungen sind und nach vielen mißglückten Versuchen, einen Kuchen zu backen, plötzlich das Kochbuch entdeckt haben. Die Gleichung Schrödingers lieferte für jede denkbare physikalische Anwendung das richtige Rezept.

Jedermann glaubte an Schrödingers Welle, obwohl kein Mensch wußte, wie sie sich in Raum und Zeit fortpflanzte. Irgendwie mußte die Welle existieren. Doch trotz des fehlenden Bildes reichte die Mathematik aus – sofern man wußte, wie das mathematische Kochbuch zu lesen war. Konnte die Welle ein Teilchen erzeugen? Gab es eine Möglichkeit, mit Hilfe von Schrödingers Kochbuch ein Teilchen zu backen? Nicht einmal das war unmöglich für den Meisterkoch. Doch in welcher Weise konnte man Wellen dazu benutzen, eine Partikel zu produzieren? Die Antwort liegt in dem Begriff, den wir uns von einem Teilchen machen. Es ist ein winzigkleines Objekt, das sich durch eine besondere Eigenschaft von einer Welle unterscheidet: es ist an einen Ort gebunden. Es nimmt einen

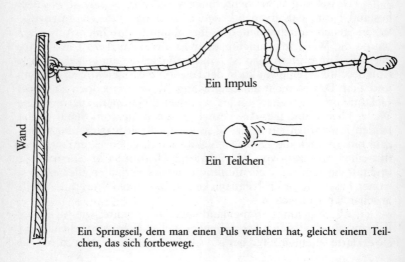

Ein Springseil, dem man einen Puls verliehen hat, gleicht einem Teilchen, das sich fortbewegt.

genau definierten Raum ein. Es bewegt sich aus einer Region des Raumes in eine andere. Man weiß stets, wo es sich befindet. Es existiert zu jedem beliebigen Zeitpunkt immer nur an einem Ort.

Wellen sind etwas anderes, sie sind nicht an einen Ort gebunden. Sie verteilen sich über weite Raumregionen hinweg und können jede Region des Raumes einnehmen und gleichzeitig mehrere Orte innehaben.

Aber Wellen lassen sich addieren. Und wenn viele Wellen addiert werden und einander überlagern, können sich überraschende Resultate ergeben. Die Schrödingerwellen waren da keine Ausnahme. Es war möglich, Schrödingerwellen wie die Zutaten zu einem Gericht zu mixen und einen *Schrödingerpuls* zu erzeugen.

Ein Puls ist eine Welle besonderer Art. Wenn man das eine Ende eines Springseils an der Wand befestigt und das andere in die Hand nimmt, kann man einen Puls erzeugen, indem man das Seil locker läßt und plötzlich auf und ab bewegt. Der Puls wandert von der Hand bis zur Wand und wird von dort zurückgeworfen. Diese Wirkung ist ähnlich der Wirkung einer Wand, von der ein geworfener Ball zurückprallt. Vielleicht war ein Elektron nichts anderes – einfach ein Puls entlang eines unsichtbaren Seils.

Allerdings hatte dieser Schrödingerpuls eine höchst unerklärliche Eigenart: mit jeder Sekunde seiner Existenz wurde er flacher und breiter. Das Problem war, daß es nichts gab, was ihn zusammenhalten konnte. Er bestand aus einer Reihe von Wellen, die jede ihre eigene Geschwindigkeit hatten. Mit der Zeit entfernten sich die Wellen voneinander. Der Puls konnte sich nur so lange halten, wie die Wellen miteinander in ihren Schwingungen harmonierten.

Man kann sich den Puls etwa als ein dicht zusammengedrängtes Feld von Pferden bei einem Galopprennen vorstellen. Für eine kurze Zeit können sich alle Pferde nah beieinander befinden. Mit der Zeit zieht sich das Feld jedoch auseinander, da jedes Pferd sein eigenes Tempo und seine eigene Schrittlänge hat. Das langsamste Pferd fällt zurück, während das schnellste sich an die Spitze des Feldes setzt. Mit der Zeit wird der Abstand zwischen dem ersten und dem letzten Pferd immer größer. Ebenso wird der Schrödingerpuls flacher, da die langsameren Wellen mit den schnelleren nicht mehr synchron schwingen.

Obgleich große Objekte wie z. B. Fußbälle ebenfalls aus Wellen bestanden, liefen ihre Wellen um so langsamer auseinander, je größer das Objekt war. So behielt also ein Fußball seine Form deshalb bei, weil er von Anfang an so groß war. Der Schröderpuls, der den Fußball beschrieb, bedeutete kein Problem.

Aber ein Elektron war etwas ganz anderes. Solange es an einen Atomkern gebunden war, wurden seine Wellen durch dessen elektrische Kräfte gezügelt, sie durften sich nur innerhalb eines Raumes von der Größe des Atoms ausbreiten. Wenn das Elektron jedoch freigesetzt und die Bindung aufgehoben wurde, dann mußten die Wellen, die seine winzige Größe als Teilchen bestimmten, plötzlich mit extremer Geschwindigkeit auseinanderlaufen. In weniger als einer Millionstelsekunde mußte das Puls-Teilchen so groß werden wie das nächstgelegene Fußballstadion! Aber natürlich hat noch niemand ein so großes Elektron je gesichtet. Alle Elektronen erscheinen, wenn sie überhaupt in Erscheinung treten, als winzigkleine Punkte.

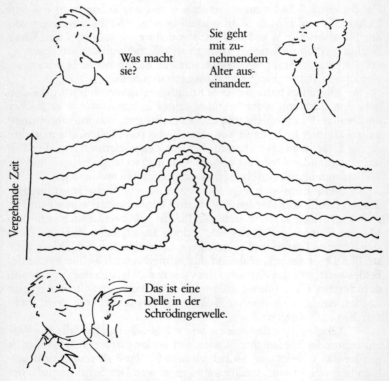

Schrödingers freies Teilchen: sobald man es entdeckt hat, breitet es sich aus.

Dieser Widerspruch zwischen unseren Beobachtungen an Elektronen und deren mathematischer Beschreibung durch Schrödinger warf ein neues Problem auf: was hinderte die Schrödingerpulse daran, so breit zu werden? Kaum jemand ahnte damals, daß diese Frage die Tür ins Reich der Paradoxa und Rätsel öffnen und uns zu einem völlig neuen Bild des Universums führen würde. Die Antwort auf diese Frage lautete: es war die Beobachtung durch den Menschen, welche die Elektronen daran hinderte, groß zu werden. Wir standen vor der Entdeckung einer neuen Unstetigkeit.

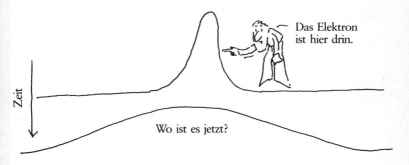

Ein «dürrer» Schrödingerpuls geht mit der Zeit auseinander.

6. *Kapitel*
Niemand hat den Wind gesehen

*Das Universum ist nicht nur seltsamer, als wir uns
vorstellen, es ist auch seltsamer, als wir uns überhaupt
vorstellen können.*

J. B. S. Haldane

Gott als Würfelspieler: die Wahrscheinlichkeitsdeutung

Der naturwissenschaftliche Laie kann sich vielleicht nur schwer vorstellen, wie sehr die Idee einer unstetigen Bewegung der Materie Physikern gegen den Strich geht, die Kontinuität suchen. Bereits Einstein verband die Diskontinuität in der Bewegung des Lichts mit einem mechanistischen Bild. Licht bestand aus Kügelchen. Doch dann kam Bohr mit seinem gequantelt springenden Elektron im Inneren des winzigen Atoms. Dieses Bild irritierte die Anhänger einer Stetigkeit in der Natur, da es ihr Verständnis überstieg, wie ein Teilchen sich so verhalten konnte. Als de Broglie und Schrödinger mit ihrer Wellendeutung auf den Plan traten, ging ein Seufzer der Erleichterung durch das Lager der Kontinuitätsanhänger.

Obgleich das Atommodell Schrödingers kompliziert war und auf einer nahezu unvorstellbaren Wellenfunktion beruhte, war es dennoch ganz vernünftig. Das Elektron im Atom *war* eine Welle. Das Atom strahlte, nicht weil seine Elektronen von einer Umlaufbahn zur nächsten sprangen, sondern aufgrund eines kontinuierlichen Prozesses harmonischer Schwebungen. Licht wurde immer dann ausgestrahlt, wenn die «Spieldose» des Atoms gleichzeitig die Frequenzen der höheren und der niedrigeren Energie abspielte. Die Differenz zwischen den beiden Materiewellenfrequenzen des Elektrons, die im Bohrschen Atommodell der Differenz der Energiezustände des Elektrons auf den einzelnen Umlaufbahnen entsprachen, war exakt die Frequenz der beobachteten Lichtwellen.

Allmählich verstummte der Materie-Wellen-Ton der höheren Frequenz, so daß nur noch die tiefere Schwingung blieb. Damit hörte das Atom auf, Licht auszustrahlen. Es gab keine Oberschwingung mehr, mit der zusammen eine Schwebung hätte erzeugt werden können. Die Elektronenwelle des Atoms schwang einfach auf einer niedrigeren Frequenz weiter, die (den Formeln Plancks $E = h\nu$ und de Broglies $p = h/\lambda$ gehorchend) keiner Beobachtung zugänglich und sorgfältig im Inneren des Atoms verborgen war.

Zwar konnte sich das Bild Schrödingers auf die Dauer nicht behaupten, aber seine Gleichung, sein mathematisches Gesetz ist geblieben. Und nachdem er mit Bohr tagelange und heftige Diskussionen geführt hatte, äußerte er ihm gegenüber seinen Widerwillen darüber, daß er sich jemals auf diese Sache mit dem Quantensprung eingelassen hatte. Das Problem bestand darin, daß unabhängig von der Art und Weise, wie sich die Welle bewegte, irgendwo ein Teilchen sein mußte. Max Born sollte der erste sein, der eine Deutung dieser «Teilchen»-Diskontinuität lieferte. Die Welle kam nicht vom Elektron. Es war eine Wahrscheinlichkeitswelle.

1954 erhielt Professor Max Born den Nobelpreis für seine Interpretation der Wellenfunktion. Die Ehrung erfolgte fast 30 Jahre nachdem er diese Deutung zum erstenmal ausgesprochen hatte.[1] Doch damals wurden Nobelpreise weit seltener für neue Ideen in der Physik verliehen als für experimentelle Entdeckungen. Born erklärte, welche Motive ihn bewogen hatten, das Atommodell Schrödingers zu verwerfen.[2] Er stand einfach zu sehr in Verbindung mit experimentellen Studien und kannte die Versuche, die in seinem eigenen Göttinger Institut mit der Beschießung von Teilchen durchgeführt wurden. Ausgefeilte Versuchsanordnungen mit Vakuumverfahren und der elektrischen Bündelung der Strahlen von Elektronenteilchen hatten detaillierte Aufschlüsse über die Vorgänge beim Zusammenstoß zwischen Atomen und Elektronen ergeben. Trotz der Entdeckung von Elektronenwellen waren diese Experimente der überzeugende Beweis dafür, daß das Elektron nach wie vor in der Hauptsache ein winzigkleines Teilchen war – eine buchstäblich harte Nuß.

Es bestand kein Zweifel daran, daß Schrödingers Formel stimmte. Sie stellte eine zutreffende Beschreibung aller atomaren Vorgänge dar, die sich beobachten ließen. Aber wie konnte man Schrödingers Gleichung auf jene Versuche anwenden, die in Göttingen durchgeführt wurden? Mit anderen Worten, mit welcher Wellenfunktion ließ sich ein Elektronenstrahl beschreiben, der auf ein verdünntes Gas aus Atomen auftrifft? Da die Elektronen des Strahls an keine Atome gebunden waren, bewegten sie sich frei durch den Raum auf ihr Ziel zu, die Atome.

Die Beschreibung eines einzelnen Elektrons durch den Schrödingerpuls war unzutreffend, weil dieser zu schnell zu groß wurde. Das konnte nicht jenes extrem kleine Elektron sein, wie es tagtäglich in Borns Laboratorium beobachtet wurde. Aber Born beherrschte auch seine Mathematik. Langgestreckte Elektronenpulse verbreiten sich langsam. Wenn also ein Puls von Anfang an langgezogen war, dann breitete er sich fast überhaupt nicht aus, während das Elektron vom einen Ende des Apparats zum anderen wanderte. Da jedoch die Pulse um ein Vielfaches längergestreckt sein mußten als der Atomdurchmesser, wie ließ sich dann überhaupt ein Elektron im Atom unterbringen?

Born dachte daran, daß bei den in Göttingen durchgeführten Versuchen niemand in der Lage war, die Position eines einzelnen Elektrons in einem Elektronenstrahl exakt zu bestimmen. War es möglich, daß die Ausdehnung des Wellenpulses in irgendeiner Weise mit unserem Wissen vom Standort jedes einzelnen Elektrons zusammenhing? Als Born in seinen mathematischen Gleichungen die Ausdehnung der Pulse so groß wählte wie die Dimensionen des Strahls, stellte er fest, daß die Pulse sich praktisch gar nicht mehr ausdehnten.

Der von Born eingeschlagene Weg ließ vermuten, daß der Zeitpunkt für eine Neuinterpretation der Bedeutung einer Welle gekommen war. Die Welle war nicht das reale Teilchen. Es bestand irgendein Zusammenhang zwischen der Welle und unserem Wissen über die Position des Elektrons. Tatsächlich war die Welle eine Wahrscheinlichkeitsfunktion.

Wahrscheinlichkeitsfunktionen sind für uns heute nichts Neues mehr. Man benutzt sie, um damit die Verteilung von wahrscheinlichen Ereignissen zu beschreiben. Ein typisches Beispiel ist die Wahrscheinlichkeitsfunktion für eine Münze, die durch die Luft wirbelt. Während sie zur Erde zurückfällt, ist die Wahrscheinlichkeit dafür, daß «Kopf» oben zu liegen kommt, gleich ½. Sobald die Münze gelandet ist, ändert sich die Wahrscheinlichkeitsfunktion. Zeigt die Münze «Kopf», wird die Wahrscheinlichkeitsfunktion 1. Ist jedoch «Zahl» zu sehen, wird die Wahrscheinlichkeitsfunktion 0.

Versicherungsgesellschaften arbeiten mit Wahrscheinlichkeitsfunktionen, um die Verteilung von Autounfällen zu beschreiben. Der Strom der täglich nach San Francisco fahrenden Kraftfahrzeuge ist sehr dicht. Das bedeutet, daß hier eine relativ hohe Wahrschein-

Max Born sah die Schrödingerwelle als eine Wahrscheinlichkeit im Raum für die Entdeckung des Elektrons.

lichkeit dafür besteht, daß zwei Wagen miteinander kollidieren. In San Diego beispielsweise herrscht ein weniger dichter Verkehr. Deshalb ist hier die Wahrscheinlichkeitsdichte oder -verteilung für das Eintreten eines Unfalls niedriger. Wenn wir den gesamten Bundesstaat Kalifornien von einem Satelliten aus beobachten und sämtliche dort unterwegs befindlichen Fahrzeuge ausmachen könnten, so wären wir mühelos in der Lage, etwas darüber auszusagen, an welchen Stellen Unfallereignisse besonders wahrscheinlich sind. Dazu müßten wir lediglich die Zonen markieren, in denen der Verkehrsstrom am dichtesten ist.

Born stellte sich das Fließen der Elektronen in weitgehend derselben Weise vor. Überall dort, wo die Elektronen im Elektronenstrahl stärker konzentriert waren, hatte die Schrödingerwelle eine höhere Intensität. Nachdem er diese Intensität berechnet hatte, stellte Born fest, daß er auf diese Weise die Wahrscheinlichkeit für ein Aufeinandertreffen von einem Elektron mit einem Atom bestimmen konnte.

Borns Fachkollegen waren von seinem Modell tief beeindruckt. Abermals ging ein Seufzer der Erleichterung durch alle Physiklabors Europas. Dennoch hatte auch dieses Modell eine Leerstelle. Er ergab so lange einen Sinn, als es auf einen Strahl oder eine Konzentration echter Teilchenmengen angewandt wurde. Ebenso wie den Versicherungsmathematikern waren auch den Physikern Wahrscheinlichkeitsmodelle vertraut, wenn sie es mit einer großen Menge praktisch unzählbarer Ereignisse zu tun hatten, und die Ereignisse der Versuche in Göttingen *waren* unzählbar. Doch wie verhielt es sich mit einem einzigen Elektron? Einem einzigen Atom? Wie ließ sich die Schrödingerwelle in diesem Fall interpretieren? Beschrieb die Welle auch ein einzelnes Elektron?

Gab es in diesem Fall überhaupt eine Welle? Mit anderen Worten, war sie eine wirkliche Welle? Und wenn die Welle ein fundamentaler Bestandteil der Natur war, der jedem einzelnen in ihr vorkommenden Teilchen zugehörte, wer legte dann fest, wo das Elektron aufgefunden werden konnte? War die Natur letztlich nichts anderes als ein Wahrscheinlichkeitsspiel? Trieb Gott mit dem Universum ein Würfelspiel?

Man suchte nach einer neuen Deutung. Etwas stimmte nicht an dem Wahrscheinlichkeitsmodell. Aber durch welches andere sollte man es ersetzen? Die Antwort auf diese Frage kristallisierte sich nach und nach in Deutschland nach dem Ersten Weltkrieg heraus. Dort gab es einen Mann, der auf den Gedanken eines völlig neuartigen und revolutionären Wirklichkeitsprinzips verfiel, ein Prinzip, das unser gesamtes Denken über die physikalische Welt von Grund auf verändern sollte.

Heisenbergs Unschärferelation: das Ende der mechanischen Modelle

Hätte ich eine Zeitmaschine und könnte mich in jede beliebige historische Epoche zurückversetzen, so würde ich hierfür die 20er Jahre dieses Jahrhunderts wählen, allerdings nicht die «Roaring Twenties» der Vereinigten Staaten, sondern die «Goldenen 20er Jahre» in Deutschland nach dem Ersten Weltkrieg. Und da ich eine Schwäche für Scheindekadenz und Caféhausatmosphäre habe, würde man mich dort in Gesellschaft von Thomas Mann und Bertolt Brecht antreffen. Es wäre die Zeit der Bauhauskunst und -architektur, und die skandalösen Dadaisten würden eine «authentische Wirklichkeit» schaffen, indem sie die überkommenen kulturellen und ästhetischen Formen der Lächerlichkeit preisgaben. Denn während dieser Zeit waren Irrationalität, Zufall und Intuition die Leitprinzipien. Freud war «out», Jung und Adler waren jetzt «in». Das Leben nahm bestimmte kabarettistische Züge an.

Vergessen wir auch die Physiker nicht. Obgleich ihre Zahl die 100 kaum erreichte, gab es doch eine neue Generation junger, begeisterter Männer, die den Weg zur «neuen Physik» beschritten hatten. Planck war über 60, Einstein hatte sein vierzigstes Lebensjahr überschritten, Bohr war 35. Diese älteren und klügeren Gemäßigten sollten der neueren Generation das Ziel weisen. Es war an der Zeit für eine Dada-Physik, und sie entstand in Göttingen. Im Frühsommer 1922 hatte Niels Bohr, der damals in Dänemark ein gerade erst gegründetes physikalisches Institut unter der Bezeichnung Kopenhagener Schule leitete, eine Gastvorlesung angekündigt.

Unter den Studenten und Wissenschaftlern, die sich eingefunden hatten, um Bohr zu hören, war auch der damals 20jährige Werner Heisenberg. Diese Veranstaltung sollte die erste von zahlreichen Begegnungen zwischen Heisenberg und Bohr sein. Gemeinsam veränderten sie die Bedeutung der Physik. In ihrem Bestreben, mechanische Modelle aus der Physik auszuschließen, begründeten sie eine neue Schule, eine Schule von Anhängern einer Diskontinuitätslehre. Ihre Deutungen bewirkten eine Revolution des Denkens.

Heisenberg hat diese erste Begegnung mit Bohr in seinem Buch *Physics and Beyond* nach einigen Bemerkungen zu dessen Atomtheorie wie folgt geschildert:

«Bohr mußte gespürt haben, daß meine Bemerkungen einem
tiefen Interesse an seiner Atomtheorie entsprangen ... Er ant-
wortete zögernd ... und bat mich, ihn an diesem Nachmittag
bei einem Spaziergang auf den Hainberg zu begleiten ... Dieser
Spaziergang sollte einen weitreichenden Einfluß auf meine wissenschaftliche Laufbahn haben, oder vielleicht wäre es richtiger
zu sagen, daß meine eigentliche wissenschaftliche Laufbahn
erst an diesem Nachmittag begann ... Bohr erinnerte mich (an
diesem Nachmittag) immer wieder daran, daß Atome keine
Dinge waren.»³*

Aber wenn Atome keine «Dinge» waren, was waren sie dann?
   Heisenbergs Antwort lautete, daß wir sämtliche klassischen
Vorstellungen über die Welt aufgeben müßten. Bewegung ließ sich
nicht länger im Rahmen des klassischen Bildes von einem Ding be-

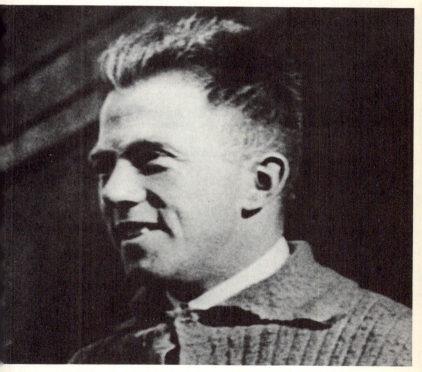

Der junge Heisenberg

schreiben, das sich kontinuierlich von einem Ort zum anderen bewegt. Dieses Bild war nur bei großen Gegenständen sinnvoll, nicht jedoch, wenn das «Ding» die Größe eines Atoms aufwies. Mit anderen Worten, Begriffe sind nur sinnvoll, wenn sie unsere tatsächlichen Beobachtungen beschreiben und nicht das, was sich einzig in unserer *Vorstellung* ereignet. Da bislang noch niemand ein Atom beobachtet hatte, war dieser Begriff sinnlos.

Heisenbergs Denken war von Einstein beeinflußt. Einstein hatte 1905 sorgfältig den Weg zur Relativitätstheorie gebahnt. Er hatte erkannt, daß sich über Begriffe wie Raum und Zeit erst dann sinnvoll reden läßt, wenn zuvor operationale Definitionen formuliert werden – Definitionen, die genau angeben, wie diese Größen zu messen sind. Raum ist beispielsweise das, was ein Metermaß, Zeit ist das, was eine Uhr mißt. Für jeden, der mit diesen empirischen und objektiven Mitteln ausgerüstet ist, verlieren Raum und Zeit ihr Geheimnis. Jedermann im Besitz eines Metermaßes oder einer Uhr kann den Definitionen zustimmen, da er sich darüber verständigen kann, welche Operationen mit diesen Instrumenten vorgenommen werden müssen.

Ein physikalischer Begriff ist sinnvoll, wenn alle wissen, in welcher Weise seine Messung erfolgt. Diese Auffassung führte Heisenberg dazu, jeden Begriff in Frage zu stellen, der mit keiner operationalen Definition verbunden war. Atome selbst ließen sich nicht beobachten, wohl aber das von ihnen ausgesandte Licht. Damit entwickelte Heisenberg eine neue Art mathematischer Werkzeuge, die auf den beobachteten Frequenzen des Lichts beruhte statt auf der Lage und dem Impuls eines unbeobachtbaren Elektrons in einem Atom, das ebenfalls nicht zu sehen war. Diese neuen mathematischen Werkzeuge wurden statt aus einer Mathematik der Zahlen aus einer Mathematik von *Operatoren* entwickelt.

Ein Operator in der Mathematik führt eine bestimmte Aufgabe aus. Er ändert oder modifiziert eine mathematische Funktion auf eine exakt definierte Weise. So multipliziert beispielsweise der Operator «Quadrat» jede mathematische Funktion mit sich selbst. (D.h., mit Hilfe dieses Operators wird «x» zu «x^2», 5 wird zu 25 usw. Operatoren lassen sich ihrerseits zum Gegenstand weiterer Operationen machen. So kann man z.B. den Operator «Quadrat» mit der Zahl 3 multiplizieren, die sowohl ein weiterer Operator als auch eine einfache Ziffer sein kann. Daraus entsteht dann der neue Operator «3 × Quadrat». Mit Hilfe dieses Operators wird aus der Zahl 5 die Zahl 75. Auch ist es möglich, zwei oder mehr Operatoren miteinander zu multiplizieren usw.). Heisenberg entdeckte mit der Unterstützung Max Borns, daß seine mathematischen Operatoren, die den beobachteten Häufigkeiten und Intensitäten des von Atomen ausgesandten Lichts entsprachen, einem eigenartigen Multiplikationsgesetz gehorchten. Dabei kam es auf die Reihenfolge an, in der man die Operatoren miteinander multiplizierte. Waren die Operatoren beispielsweise A und B, so war AB nicht gleich BA. (Wenn wir das vorangegangene Beispiel «3 × Quadrat» nehmen, dann sehen wir, daß es nicht dasselbe ist wie «Quadrat × 3». Denn auf die Zahl 5 angewandt, ergibt sich im ersten Fall 75, im zweiten jedoch 225). Hieß das, daß die physikalische Welt ebenfalls von der Reihenfolge abhing, in der man die Dinge beobachtete?

Später führten Born und Pascual Jordan Heisenbergs Mathematik noch einen Schritt weiter. Geleitet wurden sie dabei von Bohrs *Korrespondenzprinzip*, das den Nachweis erbrachte, daß die Auffassung der klassischen Mechanik derjenigen der Quantenmechanik entsprach, sofern die Quantenzahlen, mit denen die alten Bohrschen Umlaufbahnen charakterisiert wurden, relativ groß gegenüber 1 waren. Mit Hilfe dieses Prinzips waren sie imstande, für die Lage und den Drehimpuls des Elektrons mathematische Operatoren zu bestimmen, die an die Stelle der von Heisenberg verwendeten Frequenzen und Intensitäten traten. Das Verblüffende daran war der Umstand, daß auch diese Operatoren von der Reihenfolge abhingen, in der sie angewandt wurden. Damit zeichnete sich ein neues und bislang völlig unvermutetes Bild des Universums ab.

Später zeigte sich, daß diese neuen Werkzeuge der Operatorenalgebra mit dem Matrizenrechnen zusammenhingen. Eine Zahlenmatrix, eine Folge von Zahlen in einer bestimmten Anordnung, muß in einer exakt bestimmten Weise bearbeitet werden. Wie sich herausstellte, waren diese Regeln der Bearbeitung von Zahlenmatrizen identisch mit den mathematischen Regeln für den Umgang mit Operatoren. Infolgedessen bezeichnete man schließlich Heisenbergs Entwicklung der Quantenmechanik als *Matrizenmechanik*. Dennoch wurde die Wellenmechanik von de Broglie und Schrödinger weiter erforscht, und schließlich trat zutage, daß die beiden unterschiedlichen mathematischen Ausdrücke nichts anderes waren als verschieden gekleidete Versionen ein und derselben Sache. Es war Schrödinger, der dies entdeckte und den formalen mathematischen Beweis ihrer Äquivalenz führte. Eine Zeitlang schwand das Interesse an der rein operationalen Matrizenmechanik.

Doch Heisenberg war nicht bereit, die Erkenntnisse wieder aufzugeben, die er aus seiner Matrizenmechanik gewonnen hatte. Er begann, unter Zuhilfenahme der Schrödingerwelle die Realität seiner Beobachtungsbasis zu erkunden. Borns Wahrscheinlichkeitsdeutung wies ihm dabei den Weg, und in der Nachfolge Einsteins versuchte Heisenberg, die Methode zu beschreiben, mit der sich Lage und Bewegungsimpuls eines Objekts von der Größe eines Atoms messen ließen.

Bevor wir etwas sehen können, muß Licht darauf fallen. Die exakte Ortung eines Elektrons setzt unseren Gesichtssinn voraus. Heisenberg war sich jedoch bewußt, daß es zur Sichtbarmachung eines so winzigen Teilchens wie des Elektrons eines Mikroskops besonderer Art bedurfte. Ein Mikroskop vergrößert Bilder, indem es Lichtstrahlen auffängt, die ursprünglich unterschiedliche Bewegungsrichtungen aufweisen, und diesen eine einheitliche Bewegung zum Auge des Beobachters hin aufzwingt. Je größer die Blende oder Linsenöffnung ist, um so mehr Lichtstrahlen können eingefangen werden. Auf diese Weise erhält man zwar ein besseres Abbild, doch muß der Betrachter dafür einen bestimmten Preis bezahlen.

Dieser besteht darin, daß wir über keine Kenntnis des genauen Weges verfügen, den der Lichtstrahl nimmt, nachdem er das Objekt verläßt, um dessen Sichtbarmachung es uns letztlich geht. Wir können ihn durchaus erkennen – kurz nach seinem Zusammenstoß mit dem winzigen Lichtphoton, das vom Mikroskop erfaßt wurde. Aber in welche Richtung hat sich das Photon bewegt, ehe es von der Linse eingefangen wurde – nach Norden, Süden oder Südwesten? Sobald das Photon erfaßt ist, geht uns diese Information verloren.

Aber was kümmert uns das? Wir erhalten eine exakte Messung der Lage des Elektrons. Wir können die Stelle angeben, wo es sich befunden hat. Nun, allerdings nicht ganz genau. Da ist noch das Problem, mit welchem Licht wir arbeiten. Nehmen wir einmal an, wir wollten ein winziges Porträt von der Größe eines Groschens malen. Welchen Pinsel würden wir dazu nehmen? Je feiner die Pinselhaare sind, desto besser läßt sich diese Miniaturmalerei bewerkstelligen. Und wenn das Bild noch kleiner ausfallen soll, benötigt man einen noch feineren Pinsel.

Die einzelnen Lichtarten unterscheiden sich in ihrer Wellenlänge in weitgehend derselben Weise wie sich diese Pinsel in der Stärke ihrer Haare unterscheiden. Um etwas sehr Winziges sichtbar zu machen, benötigen wir Licht von äußerst niedriger Wellenlänge, und je kleiner dieser Gegenstand ist, desto niedriger müssen wir diese Wellenlänge wählen. Da ein Elektron extrem klein ist, mußte Heisenberg mit Licht einer extrem niedrigen Wellenlänge arbeiten. Dieses Licht kann zwar vom menschlichen Auge nicht mehr wahrgenommen werden, läßt sich jedoch ähnlich nachweisen wie «normales» Licht. Andererseits folgt aus de Broglies Formel, daß mit abnehmender Wellenlänge des Lichts der Bewegungsimpuls des Photons zunimmt. Damit das Elektron für Heisenberg sichtbar wurde, mußte es vom Photon mit einem riesiggroßen Impuls getroffen werden.

Im Zen-Buddhismus ist davon die Rede, daß man einen Dorn mit Hilfe eines zweiten Dorns entfernt, wenn man etwas über die Realität der Welt in Erfahrung bringen möchte. Im Mikroskop Heisenbergs ist das Photon mit niedriger Wellenlänge ein ebenso großer Dorn wie das Elektron, das sichtbar gemacht werden soll. Wenn es uns also gelingt, den Photonenstrahl in der weitgeöffneten Linse des Mikroskops einzufangen, und wenn wir folglich die Lage des Elektrons «sehen» können, dann fehlt uns dennoch jede Kenntnis davon, wo sich das Elektron als nächstes befinden wird. Seine Bewegung erfährt durch unseren Akt der Beobachtung eine Störung. Obwohl wir etwas über die Position des Elektrons erfahren haben, kennen wir seinen Impuls nicht; wir wissen einfach nichts darüber, wie schnell oder in welcher Richtung sich das Elektron zum Zeitpunkt des Zusammenstoßes mit dem Photon bewegt hat.

Wir können auf zweierlei Weise versuchen, unsere Situation zu verbessern. Erstens können wir Photonen verwenden, die dem Elektron keinen so heftigen «Tritt» versetzen, d.h., wir können mit einem Licht mit größerer Wellenlänge arbeiten. Damit ist indessen ein Nachteil verbunden: wir verlieren an Information über die exakte Lage des Elektrons. Gleich einem Maler mit groben Pinselhaaren können wir unmöglich die Einzelheiten unseres Elektronenporträts festhalten. Unsere zweite Möglichkeit besteht darin, die Blendenöffnung zu verkleinern. Denn indem wir weniger Licht einlassen, können wir die Richtung genauer bestimmen, in der sich das Photon nach dem Zusammenstoß mit dem Elektron weiterbewegt. Leider hat auch dieses Verfahren einen Nachteil. Im Hinblick auf die Linsenöffnung verhält sich das Licht weitgehend wie eine Welle, d.h., daß es beim Durchgang durch die Blende gebeugt wird, und diese Beugung ist um so gravierender, je kleiner die Blende gewählt wird. Folglich verringert sich mit abnehmender Blendenöffnung unsere Information über die Lage des Elektrons, weil das von uns empfangene Bild durch die gebeugten Lichtstrahlen verzerrt wird.

Wer jemals versucht hat, einen anderen von der Notwendigkeit zu überzeugen, seine Lebensführung zu ändern, wird bemerkt haben, daß der andere gute Gründe dafür beibrachte, warum die vorgeschlagene Veränderung nicht funktionieren konnte. Selbst

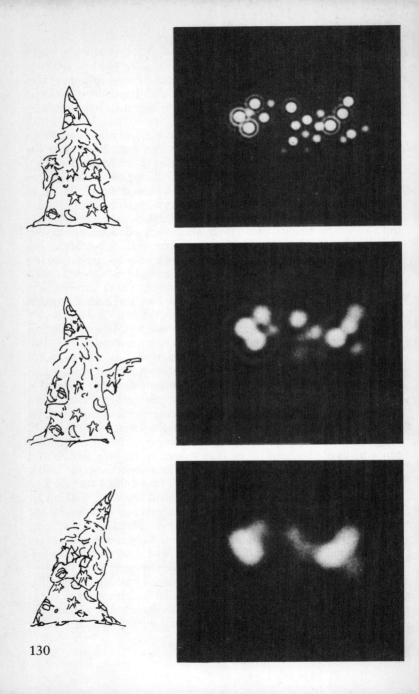

wenn dieser andere von sich aus um einen Rat gebeten hat, so hat er doch auch für jeden Vorschlag eine fertige Antwort, mit der er jede noch so großartige Idee zuschanden macht, kaum daß sie ausgesprochen ist. In einer solchen Situation wird einem bald klar, daß der Gesprächspartner für sich schon alles im voraus zurechtgelegt hat. In ähnlicher Weise mußte Heisenberg die halsstarrige Tendenz der Natur erkennen. Es schien jedoch keine Möglichkeit zu geben, sie in ihrem Tun dingfest zu machen. Je mehr man über die Lage des Elektrons wußte, desto weniger wußte man über seinen künftigen Weg, seinen Bewegungsimpuls. Und dasselbe galt auch umgekehrt. Verbarg sich die Natur einfach vor unseren Blicken? Heisenberg war nicht dieser Meinung.

Erinnern wir uns, daß wir diesen Abschnitt mit der Voraussetzung eingeleitet haben, daß wir nur das definieren können, was für uns auch meßbar ist. Da wir nicht imstande sind, sowohl die Lage als auch den Impuls eines beliebigen Objekts im Universum mit exakter Genauigkeit zu messen, sind bereits die bloßen Begriffe «Lage» und «Impuls» zweifelhaft. Wie läßt sich dann diesen Begriffen irgendein Sinn beilegen? Heisenberg behauptete, obwohl der Begriff des «Weges» eine eindeutige gleichzeitige Kenntnis von Lage und Impuls eines Objekts impliziere, könne er innerhalb der Quantenphysik beibehalten werden. Seine Erklärung war äußerst provozierend. Er sagte nämlich: «Die ‹Bahn› entsteht erst dadurch, daß wir sie beobachten.»[4]

Um diese Behauptung Heisenbergs zu verstehen, wollen wir uns das Bohrsche Atommodell von einer anderen Seite aus betrachten. Wenn sich ein Elektron auf einer Bahn mit hoher Quantenzahl befindet – sagen wir 10 000 –, so wird es sich in fast klassischer Manier verhalten. Der Umfang dieser Bahn läßt sich ohne weiteres mit gewöhnlichem Licht sichtbar machen, ihr Durchmesser beträgt etwa 13 mm. Das Korrespondenzprinzip weist uns jedoch darauf hin, daß es äußerst schwierig ist, einen Unterschied zwischen einer Bahn mit der Quantenzahl 10 000 und einer mit der Quantenzahl 10 500 festzustellen. Diese Umlaufbahnen liegen zu eng beieinander, als daß

Wie das Bild der Elektronen durch Beugung unscharf wird. Wellen von kurzer Länge zeigen, wo die Elektronen sich befinden, doch werden diese durch die Wellen so sehr gestört, daß wir nicht vorhersagen können, wo sie sich befinden werden. Lichtwellen von mittlerer Länge liefern ein weniger scharfes Bild, dafür stören sie jedoch die Elektronen nicht so stark. Langwelliges Licht ergibt ein völlig unscharfes Bild, so daß wir gar nicht erkennen können, wo die Elektronen sind. Dafür bleiben sie aber annähernd an Ort und Stelle.

wir sie mit Hilfe des gewöhnlichen Lichts unterscheiden könnten. Wenn wir also normales Licht auf ein Atom werfen, dessen Elektron eine hohe Quantenzahl aufweist, können wir nicht genau sagen, welche Bahn wir gerade beobachten.

Bewegt sich das Elektron auf einer spezifischen Bahn? Mit anderen Worten, nimmt das Elektron zu einem bestimmten Zeitpunkt einen bestimmten Ort im Raum ein, und verfolgt es eine gleichmäßige, kontinuierliche Bahn, bis es einen nächsten Punkt auf seiner Umlaufbahn erreicht hat? Aufgrund unserer Beobachtung sind wir nicht in der Lage, die tatsächliche Umlaufbahn des Elektrons zu bestimmen. Sollen wir dennoch weiterhin annehmen, daß es eine solche Bahn besitzt? Zweifellos wissen wir mehr über das Elektron nach der Beobachtung als davor.

Aber wie sind wir zu dieser Erkenntnis gelangt? Nach Borns Deutung der Schrödingerwelle ist die Welle, die das Elektron beschreibt, eine Beschreibung unserer Erkenntnis. Mit anderen Worten, Form und Größe der Welle sagen uns etwas darüber, wo das Elektron am wahrscheinlichsten zu beobachten ist. Wenn wir jedoch nach der konkreten Beobachtung eines Elektrons mehr wissen als davor, dann muß die Schrödingerwelle ihre Gestalt und Größe verändert haben, um unserem veränderten Wissensstand zu entsprechen. Was hat jedoch die Schrödingerwelle zu dieser Veränderung veranlaßt und in welcher Weise?

Nehmen wir an, es wird kein Versuch unternommen, das Elektron zu beobachten, dann wird sich der Wellenpuls, der sich aus allen Schrödingerwellen zusammensetzt, die den Schrödingergleichungen genügen, weiter verbreiten. Tatsächlich würden sie sich nach wie vor unendlich verbreiten. In der Zwischenzeit verlieren wir an Information darüber, wo sich das Elektron befindet. Selbst wenn das von uns verwendete Licht kein sehr genauer Wegweiser zur Bestimmung des Ortes ist, an dem sich das Elektron befindet, ist es immer noch besser, ein kleines Streichholz anzuzünden als auf die Dunkelheit zu fluchen.

Sobald wir das vom Elektron zurückgeworfene Licht sehen, haben wir eine weit bessere Vorstellung von seinem Standort. Mit unserer Lokalisierung des Elektrons geht eine Veränderung der Größe des Schrödingerpulses einher, der das Elektron beschreibt. Nach Borns Deutung ist die Größe des Pulses ein Maß für unsere Kenntnis darüber, wo sich das Elektron befindet. Da wir in dieser Hinsicht nunmehr über ein vermehrtes Wissen verfügen, müssen wir einen entsprechend engeren Schrödingerpuls haben, der dieses Elektron beschreibt. Das hieße jedoch, daß der das Elektron beschreibende Schrödingerpuls aus dem Grund enger geworden ist, weil wir das Elektron beobachtet haben. Er mußte enger werden, weil wir über mehr Informationen verfügen, nachdem wir Licht auf das Elektron geworfen haben. Wir können beispielsweise sehen, daß sich das Elektron auf der rechten und nicht auf der linken Seite eines Beobachtungsschirms befindet. Auf irgendeine Weise hat der Vorgang unserer Beobachtung die Größe des Pulses reduziert.

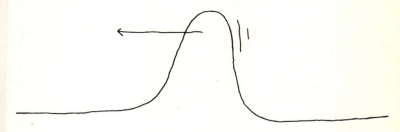

Ein unbeobachteter Elektronenpuls bewegt sich fort...

dehnt sich aus und streckt sich unterwegs...

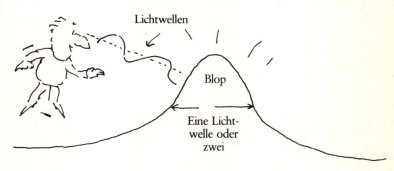

...bis der Beobachter ihn entdeckt. Dann «magert» er wieder ab auf seine ursprüngliche Größe.

Diese Verringerung der Größe des Pulses wird von der mathematischen Beschreibung des Elektrons *nicht* erfaßt. Wir können mit Hilfe der Schrödingergleichung nicht angeben, wo wir das Elektron antreffen werden, wenn wir es beobachten. Die Gleichung kann uns nur etwas über den Puls aussagen, der unbeobachtet bleibt. Sie sagt uns etwas darüber, wo wir das Elektron wahrscheinlich auffinden werden. Nach unserer Beobachtung des Elektrons erfährt der Puls eine diskontinuierliche Veränderung, die durch die Beobachtung selbst zustande kommt.

Hätten wir bei der Beobachtung mit langwelligem Licht gearbeitet, wäre der Puls anfangs nicht besonders eng gewesen. Da unbeobachtete, langgestreckte Pulse sich nicht innerhalb kurzer Zeit stark in die Länge dehnen, ist unser Verlust an Informationen im Hinblick auf den Ort des Elektrons nicht allzu gravierend.

In der modernen Elektronikindustrie werden Elektronen für eine Vielfalt von Aufgaben eingesetzt. Die Ingenieure können Elektronen gut unter Kontrolle halten, da sie mit extrem langgestreckten Elektronenwellenpulsen arbeiten. Wir meinen natürlich «langgestreckt» im atomaren Maßstab. Diese winzigkleinen Pulse sind jedoch durchaus im großen industriellen Maßstab präzise einsetzbar. So werden zum Beispiel im Inneren der großen Kathodenstrahlröhre eines normalen Fernsehgeräts Elektronen verwendet. Der Schrödingerpuls, der das Elektron beschreibt, muß die Länge der Röhre etwa in einer hundertmillionstel Sekunde durchqueren. Dieser Zeitraum ist genügend kurz, um zu verhindern, daß sich der Elektronenpuls zu sehr in die Länge dehnt, vor allem, weil der Anfangspuls nur eine Wellenlänge von ein paar Tausendstel cm benötigt. Diese winzige makroskopische Größe ist mehr als eine Million mal größer als ein Atom. Unser moderner Einsatz von Elektronenmikroskopen beruht nicht auf der Wellennatur des Elektrons, sondern auf seiner Fähigkeit, für ganz kurze Zeitintervalle ein Teilchen zu sein, sowie darauf, daß für diesen Zweck der Wellenpuls des Elektrons anfangs nicht besonders klein zu sein braucht.

Diese praktischen Erwägungen lassen das Elektron als ein festes Teilchen erscheinen. Ebenfalls praktische Erwägungen führen dazu, daß uns fast jeder andere Gegenstand in einer für den Menschen faßbaren Größenordnung als «normal» erscheint. Die *Ausbreitungszeit* (d.h. die Zeit, die ein Puls benötigt, um seine Größe zu verdoppeln) hängt auch von der Masse des beobachteten Objekts ab. Objekte in einer Größenordnung von einigen Gramm würden Milliarden von Jahren benötigen, um sich auch nur ganz geringfügig auszubreiten, selbst wenn man ihren Anfangspuls geringer als einen

Millionstel cm wählen würde. Doch werden derart große und schwere Pulse gar nicht benötigt. Und wie verhält es sich mit kleinen und extrem leichtgewichtigen Pulsen? Hier setzt die Quantenphysik an. Diese verbreitern sich sehr rasch.

Wenn wir es mit Elektronen und Atomen zu tun haben, müssen wir solche Größen wie die Verbreiterungsgeschwindigkeit berücksichtigen. Und genau dann, wenn diese Phänomene für uns eine Rolle spielen, entschlüpft uns unser Bild von dem, was eigentlich vor sich geht. Daß sich ein langgestreckter Puls zusammenzieht, ist die notwendige Folge einer *jeden* Beobachtung. Es ist ein entscheidender und geheimnisvoller Vorgang, den wir bei langgedehnten und mit großer Masse verbundenen Pulsen vernachlässigen können, nicht jedoch bei anfänglich eng zusammengezogenen und mit einer extrem kleinen Masse verbundenen Pulsen. Ich meine damit selbstverständlich Pulse, die Teilchen mit geringer Masse und einem eng begrenzten Bereich möglicher Aufenthaltsorte beschreiben. Bei deratigen Objekten geht die Information sehr schnell verloren. Die Schrödingergleichung ist das einzige mathematische Werkzeug, über das wir verfügen, um solchen Objekten auf der Spur zu bleiben. Sie ist allerdings kein besonders brauchbares Werkzeug, da sie uns lediglich etwas darüber sagt, auf welche Weise wir Informationen verlieren. Sobald wir eine Beobachtung vornehmen, gewinnen wir etwas von dem zurück, was wir verloren haben. Dieser Vorgang einer Wiedergewinnung verlorener Information ist ein diskontinuierlicher Prozeß.

Wenn wir darauf beharren, daß sich das Universum aus solchen winzigen Teilchen zusammensetzt, dann tritt auch das gesamte Universum stets erst in dem Augenblick in sein Dasein, in dem wir es beobachten. Darüber hinaus bezahlen wir für unsere Beobachtungen einen Preis. Jeder derartige Vorgang stellt einen Kompromiß dar. Je genauer wir die Position eines Elektrons zu bestimmen versuchen, desto weniger genau läßt sich sein Impuls angeben und umgekehrt. Die Deutung Borns war ein Maß für unsere Unsicherheit in dieser Hinsicht.

Diese Unsicherheit bedeutete, daß es immer eine Meßungenauigkeit geben wird, wie präzise wir auch versuchen mögen, die klassischen Größen «Ort» und «Impuls» zu bestimmen. Unter diesen Umständen war es unmöglich, etwas über das zukünftige Verhalten von Objekten atomarer Größenordnung auszusagen. Dieser Sachverhalt wird als Heisenbergsche Unschärfe- oder Unbestimmtheitsrelation bezeichnet. In der Welt der Objekte von «normaler» Größenordnung war sie kaum von Bedeutung. Hier wirken sich

Störungen aufgrund von Beobachtungen so gut wie überhaupt nicht aus. Dieses Prinzip spielt erst dann eine Rolle, wenn wir es beispielsweise mit Elektronen zu tun haben, allerdings so gewichtige, daß durch das Heisenbergsche Prinzip nachgerade die Existenz von Elektronen in Frage gestellt wurde.

Später sollte sich herausstellen, daß dieses Prinzip für jedes Paar von Beobachtungen galt, sofern sich bei einer Umkehrung der Reihenfolge der beiden Beobachtungen immer ein anderes Resultat ergab. Das betraf unter anderem die Energie eines Teilchens sowie die Zeitspanne, in der diese Energie gemessen werden sollte.

Man kann sich leicht ausmalen, daß die Unschärferelation die Anhänger der Kontinuitätstheorie ziemlich aus der Fassung brachte. Sie signalisierte das Ende der mechanischen Modelle. Wie konnte es «da draußen» ein mechanisches Universum geben, wenn sich das Universum stets dann änderte, wenn wir das Verfahren zu seiner Beobachtung änderten? Wenn man zuerst die Lage eines Elektrons und anschließend seine Geschwindigkeit feststellte, ergab sich ein völlig anderes Resultat als wenn man zunächst seine Geschwindigkeit und dann seine Lage zu bestimmen versuchte. Wieso konnte ein mechanisches Universum im tiefsten Grund unbestimmt sein!

Zur Beantwortung dieser Fragen mußten die damit verbundenen Probleme so klar wie möglich formuliert werden. Das verhieß eine wissenschaftliche Auseinandersetzung in den Reihen der Physiker. Das Ergebnis sollte Auswirkungen auf die gesamte Geschichte der Physik haben.

7. Kapitel
Widerstand gegen die Unbestimmtheit

*Es gibt kein Gesetz,
mit Ausnahme des einen,
daß es kein Gesetz gibt.*

John A. Wheeler

Heisenbergs Unschärferelation ließ sich auch anders deuten: beobachten heißt stören. Bis zur Entdeckung dieses Prinzips hatte man angenommen, daß das außerhalb des Subjekts befindliche Universum völlig unabhängig vom jeweiligen Beobachter existierte. Ein Universum, das von dem Beobachter abhängt, der Messungen vornimmt, ist aus physikalischen wie aus philosophischen Gründen beunruhigend. Nach 2000 Jahren standen die modernen Physiker vor demselben Dilemma wie die frühen Griechen. Es war die alte Geschichte von Zeno und dem Pfeil. In welcher Weise bewegte sich der Pfeil? Kontinuierlich sagten die einen, ohne Hilfe durch den Beobachter. In Sprüngen, sagten die anderen, mit einer geringfügigen und unvermeidlichen Hilfe durch den Beobachter.

Im Oktober 1927 hatte das Problem, welche Rolle der Beobachter für den beobachteten Vorgang spielte, rund 30 prominente Physiker zusammengebracht. Sie trafen sich auf der fünften Solvay-Konferenz (benannt nach dem belgischen Industriellen Ernest Solvay, der sie ins Leben gerufen und finanziell beträchtlich unterstützt hatte). Schon die vorangegangenen vier Konferenzen hatten sich mit der neuen Quantenmechanik beschäftigt, doch diesmal schien eine Entscheidungsschlacht bevorzustehen. Es war der Anfang der merkwürdigsten Debatte in der Geschichte der menschlichen Bemühungen, zu einer Erkenntnis unserer Welt zu gelangen. Die Wortführer waren Niels Bohr für die Anhänger der Diskontinuitätstheorie und

Albert Einstein für die Gegenseite. An der Debatte beteiligt waren auch Born, de Broglie, Heisenberg, Planck und Schrödinger. Denn hier ging es um eine Diskussion auf höchster Ebene über eines der wichtigsten Probleme der damaligen Zeit: die Bedeutung der neuen Quantentheorie.

Als erster Matador betrat de Broglie die Arena. Er plädierte für die Realität der Materiewelle. Zweifellos war es eine Wahrscheinlichkeitswelle, zugleich war es jedoch auch eine Leitwelle, welche die tatsächliche Bahn des Teilchens auf seiner Reise durch Raum und Zeit bestimmte. Als Antwort zeigten die Daumen der Zuhörer nach unten. In diesen Kreisen war es leicht, gegen eine Idee zu stimmen; man vermied es einfach, darüber zu diskutieren. Ein Jahr darauf verwarf de Broglie seine Theorie einer «Pilotwelle» wieder. Nachdem er im Herbst 1928 einen Lehrstuhl an der naturwissenschaftlichen Fakultät der Sorbonne übernommen hatte, hielt es es sogar für ungerechtfertigt, sie in seiner eigenen Vorlesung vorzutragen.

Nach de Broglie referierten Born und Heisenberg über die Wahrscheinlichkeitsdeutung der Schrödingerwelle. Jetzt zeigten alle Daumen nach oben. Sodann stellte Schrödinger seine Wellenmechanik für ein System vor, das sich aus vielen, miteinander in Wechselwirkung befindlichen Körpern zusammensetzte. Höhepunkt der Konferenz war eine allgemeine Debatte. Die Vorrunden waren beendet. Ringrichter Hendrik A. Lorentz leitete zum Hauptkampf über und beklagte, daß von der Mehrheit der Redner der Determinismus abgelehnt worden war. Es ertönte der Gong zur Hauptrunde. Lorentz forderte Bohr zu einem Beitrag auf. Als Eröffnungsgambit präsentierte Bohr seine neuesten Ideen über den Wellen-Teilchen-

Die Teilnehmer des Fünften Solvay-Kongresses 1927.

Dualismus. Seine Worte waren eindeutig für die Ohren eines einzigen Mannes bestimmt. Albert Einstein hatte bislang noch nichts von Bohrs neuen Ideen zu diesem Problem gehört, die Bohr in dem Begriff *Komplementaritätsprinzip* zusammengefaßt hatte.[1] Einstein hatte sich noch nicht einmal an den bisherigen Diskussionen der Konferenz beteiligt, und selbst jetzt, nachdem Bohr geendet hatte, brach er sein Schweigen nicht.

Einige andere Redner meldeten sich zu Wort. Born forderte die Versammlung auf, sich der Frage zuzuwenden, wie sich der Wellencharakter der Teilchen mit ihrem Materiecharakter in Einklang bringen ließ. Er führte Heisenbergs Beispiel der Beobachtung eines Elektrons in einem Atom an. Jedesmal, wenn das Elektron «gesichtet» wurde, zog sich sein Puls auf die Stelle zusammen, und zwar innerhalb der von der Wellenlänge des auftreffenden Lichts definierten Grenzen. Je größer diese Wellenlänge gewählt wurde, desto geringer war der Einfluß auf das kreisende Elektron. Dessen Position ließ sich nicht exakt angeben. Sein Schrödingerpuls war groß genug, um mehrere mögliche Umlaufbahnen des Elektrons zuzulassen. Irgendwie war das Bild konsistent. Der Standort des Teilchens wurde im Akt der Beobachtung bestimmt.

Doch wie ging das vor sich? Nach der Schrödingergleichung verbreitete sich der Puls auch nach dem Auftreffen des Lichts weiter. Die Schrödingergleichung sagte nichts darüber aus, was man zu sehen bekommen würde, wenn man Licht auf das kreisende Elektron warf. Sie gab lediglich die Wahrscheinlichkeit dafür an, das Elektron beobachten zu können. Die tatsächliche Erfahrung bestimmte den Aufenthaltsort des Elektrons insofern, als die Wellenlänge des Lichts das Bild zeichnen konnte. Mit anderen Worten, die Schrödingergleichung beschrieb keine tatsächlichen, sondern lediglich potentielle Ereignisse.

Die Frage war, in welcher Weise sich die ausbreitenden Wellen nach einer Beobachtung neu formierten. Dieses Phänomen war als *Kollaps der Wellenfunktion* bekannt. Dieser Kollaps wurde von der mathematischen Formulierung der Quantenmechanik nicht erfaßt. Dennoch mußte es zu dem Zusammenbruch kommen, wenn die Wellenbeschreibung eine Realität war. Einige der anwesenden Physiker versuchten, den Kollaps zu erklären, und einer von ihnen bot als Erklärung einen alternativen mehrdimensionalen Raum an, in dem es nicht zu einem Zusammenbruch der Welle kommt. Doch Born meinte dazu: «Das bringt uns im Hinblick auf das Grundproblem nicht viel weiter.»[2]

Und jetzt betrat Einstein den Ring. Nachdem er sich von

seinem Platz erhoben hatte, wandte er sich mit folgenden Worten an die Versammlung: «Ich bitte um Entschuldigung, daß ich mich nicht eingehend mit Quantenmechanik beschäftigt habe. Trotzdem möchte ich einige generelle Anmerkungen machen.»[3] Der Keim der nun einsetzenden Entwicklung war sieben Jahren zuvor, im Frühjahr 1920, gepflanzt worden. Mit Einsteins Beitrag war die Debatte offiziell eröffnet. Einstein äußerte sich klar, wo Bohr dunkel geblieben war. Er forderte die Anwesenden auf, mit ihm zusammen eine Reihe von Gedankenexperimenten anzustellen. Zunächst sollten sich alle ein Teilchen vorstellen, das einen extrem schmalen Spalt passierte.

Die mit dem Teilchen verbundene Welle wird am Spalt gebeugt und breitet sich dahinter wie bei einem ins Wasser geworfenen Kiesel nach allen Seiten aus. Hinter dem Spalt befindet sich ein lichtempfindlicher Schirm in Form einer Halbkugel, der als Detektor des Teilchens dient, denn dieses muß nach dem Passieren des Spalts irgendwo auf dem Schirm auftreffen. Das Auftreffen des Teilchens ist ein Ereignis, dessen Wahrscheinlichkeit für jeden einzelnen Punkt des Schirms von der Intensität der Welle abhängt.

Diesen Ausführungen stimmten alle zu, auch Bohr. Es gibt jedoch, fuhr Einstein fort, zwei verschiedene Deutungen dessen, was tatsächlich geschieht. Nach der ersten Auffassung repräsentiert die Welle kein einzelnes, isoliertes Teilchen, sondern ein ganzes Ensemble von Partikeln, die alle im Raum verteilt sind. Die Intensität der Welle entspricht unserer herkömmlichen Interpretation von Mengen ähnlicher Ereignisse: es handelt sich um eine Wahrscheinlichkeitsverteilung, nicht geheimnisvoller als eine statistische Tabelle oder das Ergebnis einer Volkszählung, bei dem die Verteilung von Alter und Geschlecht in den Städten und Bundesstaaten angegeben ist. Trifft diese Deutung zu, dann beschreibt die Welle unsere tatsächliche Unwissenheit über die Dinge, weiter nichts, und Materie ist in der Tat ein Stoff, der sich nach den Gesetzen von Ursache und Wirkung verhält und in Zeit und Raum bewegt. Es ist jedoch noch eine zweite Deutung denkbar.

Dieser zweiten Auffassung zufolge befinden wir uns keineswegs im Zustand völliger Unwissenheit, und die Quantenmechanik stellt eine erschöpfende Beschreibung einzelner Ereignisse dar. Das Teilchen ist eine Welle, die sich auf den Schirm zu bewegt. Damit, so der Einwand Einsteins, ist die Wahrscheinlichkeit für das Auftreffen des Elektrons auf den Schirm für jeden Punkt etwa gleich groß. Irgendwann wird es jedoch örtlich festgelegt und erscheint plötzlich auf einem einzigen, bestimmten Punkt auf dem Bildschirm. Eisenstein bemerkte hierzu:

«Nach meiner Meinung läßt sich diese Schwierigkeit nur so überwinden, daß die Beschreibungen des Vorgangs durch die Schrödingergleichung durch eine genauere Bestimmung der Lage des Teilchens ergänzt werden... (Die zweite Auffassung) widerspricht den Postulaten der Relativitätstheorie.»[4]

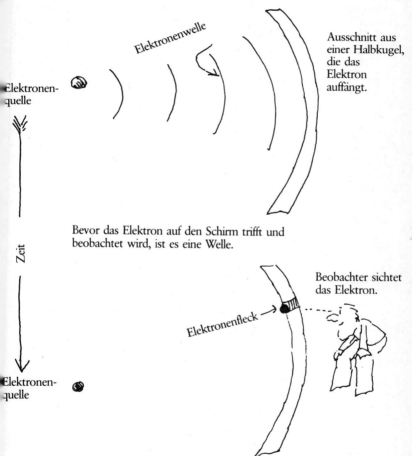

Einsteins Gedankenexperiment.

Es war der Kollaps der Welle, der Einstein am meisten störte. Er stellte sich vor, daß die Welle in derselben Weise auf den Schirm traf wie Meeresbrandung auf einen Strand. Der zweiten Deutung zufolge kommt es zu einer eigenartigen Fernwirkung, die verhindert, daß die Brandungswelle den Strand gleichzeitig an zwei oder mehr Punkten trifft. Infolgedessen bricht die gesamte Welle in sich zusammen wie der in die Flasche verschwindende Geist und berührt den Strand nur an einem einzigen Punkt. Verständlicherweise befürwortete Einstein die erste der beiden Auffassungen.

Der Unterschied zwischen beiden Deutungen war für das physikalische Verständnis der Realität von grundlegender Bedeutung. Obwohl sich aus ihm möglicherweise keine experimentellen Konsequenzen ergaben, so waren doch immerhin weitreichende Auswirkungen absehbar. Die erste Deutung unterstellt unbekannte, mechanische Einflußfaktoren, die als *verborgene Variablen* bezeichnet werden. Die zweite Deutung bestreitet, nicht nur die Möglichkeit, sondern auch die Notwendigkeit, solche Faktoren einzuführen.

Die Bohr-Einstein-Debatte: es war, als befänden sich die linke und die rechte Hälfte des kosmischen Gehirns miteinander im Dialog.

Diese beiden Anschauungen waren trotz ihrer Formulierung in der Terminologie der modernen Quantenmechanik nichts anderes als der Gegensatz zwischen Kontinuität und Diskontinuität, über den schon die alten Griechen debattiert hatten. Die Kontinuitätsanhänger behaupteten, das Ganze sei die Summe seiner Teile und scheinbare Diskontinuitäten ließen sich mit einer kontinuierlichen Bewegung, einem gleichmäßigen mathematischen Übergang von einem Punkt zum nächsten erklären. In dieser Hinsicht war Einstein mit Aristoteles einer Meinung. Ihre Deutung unterstrich erneut das Kausalitätsprinzip, die Kontinuität des Universums und seine Determiniertheit.

Die zweite Auffassung, die von Bohr vorgetragen wurde und Zenos Zustimmung gefunden hätte, bestreitet all dies. Es ist nicht nötig, den Zusammenbruch der Welle zu erklären. Die Welle ist nicht die letzte Wirklichkeit. Das Teilchen ist nicht die letzte Wirklichkeit. Realität ist nicht die letzte Wirklichkeit. Es gibt vielmehr eine einzige ungeteilte Ganzheit, die uns paradox erscheint, sobald wir als Beobachter versuchen, sie zu analysieren. Wir können gar nicht anders, als das Universum durch unseren Versuch, Dinge aus-

einanderzunehmen, zu stören. Für Bohr gab es keine Welle, die zusammenbrach, solange man die Welle nicht beobachtete, und dann wäre ein Zusammenbrechen nicht festzustellen. Für ihn war Analyse eine Beobachtung, und eine Beobachtung war ein grundlegend diskontinuierliches Ereignis. Es konnte mit keinem früheren Geschehnis verknüpft werden. Die Verbindung mit der Vergangenheit war keine Wirklichkeit.

Obgleich Bohrs Standpunkt unklar und schwer zu präzisieren war, lieferte er dennoch das Fundament dessen, was heute als die *Kopenhagener Deutung der Quantenmechanik* bezeichnet wird. Diese Interpretation ist die offiziell akzeptierte, und sie bietet uns das Bild einer Wirklichkeit, die merkwürdiger ist als wir sie uns vorstellen können. Unser Gehirn ist erfüllt von Erinnerungen, von einem Bedürfnis nach Sicherheit. Deshalb hegen wir den natürlichen, angeborenen Wunsch nach einer Stetigkeit in allen Dingen. Doch all dies wird uns mit Heisenbergs Unschärferelation verweigert. Alle physikalischen Vorgänge sind von einer Art, daß wir uns von ihnen keinerlei Vorstellung zu machen vermögen. Sämtliche physikalischen Vorgänge sind mit den Eigenschaften mechanischer Modelle unvereinbar.

Das heißt nicht, daß wir unsere Maschinen am besten vergessen sollten. Ganz im Gegenteil. Unsere mechanischen Modelle funktionieren bei großen Objekten wegen der geringen Größe des Planckschen Wirkungsquantums hervorragend. Die Gabe Gottes ist ein winziges h. Wir müssen jedoch im Gedächtnis behalten, daß wir die Künstler im Spiel des Universums sind. Wäre h um einiges größer, so würde uns das daraus entstehende Chaos überwältigen. Mit einer derart kleinen Wirkungseinheit verfügen wir über genau den richtigen Freiheitsspielraum, um fast alles zu erschaffen, was wir wollen. Das einzige, was noch immer erforscht wird, sind die uns gesteckten Grenzen.

Die Dinge sind nur eine annähernde Beschreibung der Wirklichkeit. Die Grenzen unserer Beschreibung werden in Heisenbergs Unbestimmtheitsrelation aufgedeckt. Bohr nannte seine Idee das Komplementaritätsprinzip. Der Wellen-Teilchen-Dualismus und die mit ihm verbundenen Bilder, etwa das Zusammenbrechen der Welle und das Springen des Teilchens, waren das Resultat des fundamentalen Aufeinandertreffens zweier gegensätzlicher Denkkonstruktionen der äußeren Wirklichkeit.

Bohrs Komplementaritätsprinzip, das einer ausführlichen Darstellung bedarf, wird im folgenden Kapitel behandelt. Einstein hat diese Auffassung nie übernommen, sondern hielt an der Idee eines geordneten Universums fest. Gott würfelt nicht, das war seine Überzeugung, und in späteren Jahren spielte Einstein den Advocatus Diaboli gegen Bohrs grundsätzliche Auffassung von der Diskontinuität physikalischer Vorgänge.

Bohrs Ideen lieferten ein neues Bild der Welt. Und er übertrug den Gedanken der Komplementarität auch auf den Bereich der biologischen Naturwissenschaften. Er war überzeugt, daß es keinen echten Widerspruch gab zwischen Human- und Naturwissenschaften. Der scheinbare Konflikt war nichts anderes als eine komplexe Form des Wellen-Teilchen-Dualismus. So gab es beispielsweise in der Anthropologie zwei Formen des Verhaltens: instinktgebundenes und vernunftgeleitetes Handeln. Instinkt ließ sich als unvermittelte Diskontinuität ohne Geschichte auffassen. Demgegenüber war die Vernunft ein Vorgang, der auf Logik und Kontinuität aufbaute. Bei der Erforschung von Naturvölkern muß sich der Beobachter der Störungen bewußt sein, die er in diese Gesellschaften hineinbringt, wenn er herausfinden möchte, was bei ihnen als «vernünftig» gilt.

In den restlichen Kapiteln möchte ich den Gegensatz zwischen den Bildern von Bohr und von Einstein noch eingehender verfolgen. Der Widerstand, den jede Auffassung der anderen entgegensetzte, führte in vieler Hinsicht zu einem neuen Denken. Es gab Naturwissenschaftler, die überraschende Parallelen zwischen vielen Zugängen zum Leben fanden, die bislang als höchst verschiedenartig gegolten hatten. Trotzdem ist die Debatte zwischen Bohr und Einstein bis heute nicht zum Stillstand gekommen, obwohl beide inzwischen tot sind. Es ist durchaus denkbar, daß der Streit um Kontinuität und Diskontinuität niemals beendet werden wird.

III
Gibt es da draußen ein «Draußen»?

8. Kapitel
Komplemente des kosmischen Hauses

Widerspreche ich mir selbst?
Na gut, dann widerspreche ich mir eben,
ich bin groß,
ich enthalte Mannigfaltigkeiten.

Walt Whitman

Der Schöpfungsakt: Beobachtung

Was meinen wir, wenn wir von «Realität» sprechen? Normalerweise meinen wir damit die sinnlich erfahrbare Welt. Die Welt «da draußen» besteht aus Dingen, die wir sehen, hören, riechen, schmecken und fühlen können – wirkliche, feste, materielle Objekte unseres alltäglichen Daseins. Für uns ist es eine ausgemachte Sache, daß diese Dinge in derselben sinnlich wahrnehmbaren Form auch dann existieren würden, wenn wir nicht da wären und sie beobachteten. Unsere Beobachtungen bestätigen einfach eine bereits existierende Realität.

Aber das ist nicht dasselbe, was wir von der Quantenmechanik erfahren. Diese markiert offensichtlich eine dramatische Abkehr von unserem Erbe der klassischen Mechanik. Es ist die Position der später so bezeichneten Kopenhagener Schule oder des Bohrschen Komplementaritätsprinzips. Nach dem Komplementaritätsprinzip gibt es keine Wirklichkeit, solange diese nicht wahrgenommen wird. Unsere Wahrnehmungen von der Wirklichkeit werden folglich etwas widersprüchlich, dualistisch und paradox erscheinen. Die augenblickliche Erfahrung der Wirklichkeit des Jetzt hat überhaupt nichts Paradoxes an sich. Erst wenn wir als Beobachter versuchen, eine Geschichte unserer Wahrnehmungen zu konstruieren, nimmt diese Realität paradoxe Züge an.

Enrico Fermi
Werner Heisenberg
Wolfgang Pauli

Die ersten neuen Physiker tun sich zusammen, nachdem Bohr sein Komplementaritätsprinzip verkündet hat (Como 1927).

Der Grund für diese paradoxe Erscheinung der Wirklichkeit – zumindest der atomaren Wirklichkeit, wie sie von Physikern beobachtet wird – ist darin zu suchen, daß es keine klare Trennlinie gibt zwischen uns und der Realität, die wir als etwas außerhalb von uns Befindliches beobachten. Was Realität ist, hängt vielmehr von unseren Entscheidungen ab, was und in welcher Weise wir beobachten. Diese Entscheidungen beruhen ihrerseits auf unserem Denken, genauer gesagt auf dem Inhalt unserer Gedanken. Und diese beruhen wiederum auf unseren Erwartungen, unserem Bedürfnis nach Kontinuität.

Sowohl die Wellen- als auch die Teilchenbeschreibung der Natur sind Spuren dieses Wunsches nach Kontinuität. Sie repräsentieren unsere gelungensten Versuche, die physikalische Wirklichkeit als Bilder zu verstehen; es sind mechanische Konstruktionen des menschlichen Denkens, die auf einem Kontinuitätsprinzip beruhen. Sobald wir irgendetwas im atomaren Maßstab beobachten, zerstören wir diese Kontinuität. Diese Zerstörung hat zwei Konsequenzen: sie erzeugt 1. ein Bild von atomarer Materie in unseren Köpfen und zeigt 2. zugleich die Unvollständigkeit dieses Bildes an. Die Unvollständigkeit dieses Bildes ist das Resultat unserer Gedanken, der Unfähigkeit, dieses Bild über die Zeit hinweg aufrechtzuerhalten.

Diese Probleme der menschlichen Beobachtung bezeichne ich als die *Konstruktion der Wirklichkeit durch Denkakte*. Das sind die Schöpfungsakte. Nun wird allerdings ein Großteil dessen, was wir beobachten, durch die Beobachtung überhaupt *nicht* zerstört oder beeinflußt. Die Wirkungen einer Beobachtung von Elefanten und Tennisbällen lassen sich durchaus vernachlässigen, wenn man diese Objekte mit normalem Licht betrachtet. Hier spielt die Unschärferelation nur eine ganz unbedeutende Rolle. Sowohl Ort als auch Geschwindigkeit sind in jeder praktischen Hinsicht simultan beobachtbar. Daraus dürfen wir jedoch nicht umstandslos den Schluß ziehen, daß unsere Beobachtungen sich auch dann nicht auf das Universum auswirken werden, wenn wir Elektronen beobachten. Da sich Elektronen überdies innerhalb wie außerhalb von uns befinden, ist zumindest denkbar, daß unsere Beobachtungen von uns selbst für unser eigenes menschliches Verhalten eine wichtige Rolle spielen.

Sämtliche folgenden Beispiele und Analogien betreffen eine Welt der Beobachtung, die den meisten von uns nicht vertraut ist. Deshalb habe ich für die Beispiele alltägliche, bekannte Gegenstände gewählt. Der Leser darf jedoch nicht vergessen, daß die Gedanken und Schlußfolgerungen über das Verhalten dieser Gegenstände stets im Hinblick auf die Quantenmechanik vorgestellt werden. Normale Objekte fallen in den sicheren Bereich von Bohrs Korrespondenzprinzip; zur Beschreibung der Bewegung solcher Objekte ist die klassische Mechanik völlig angemessen.

Wenn wir uns hingegen dafür entscheiden, alles, was wir sehen, im Rahmen der neuen Physik zu betrachten, dann können wir sagen, daß die Konstruktion der Wirklichkeit bis zu einem gewissen Grad das ist, was wir in jedem bewußten Augenblick unseres Lebens tun. Wir vollbringen diese Konstruktion, indem wir unter den zahlreichen Alternativen, die fortwährend unserem Denken angeboten werden, eine Auswahl treffen. Wenn wir uns also auf der Quantenebene der Realität dafür entscheiden, zu «sehen», was wir sehen, dann wird die Wirklichkeit zugleich paradox und sinnvoll. Es sind unsere Akte der Beobachtung, was wir als unsere alltägliche Welt erfahren.

In dieser Weise über die Welt nachzudenken ist dem westlichen Bewußtsein neu. Es begann, als die Physiker die Entdeckung machten, daß ihre Akte einer Beobachtung der atomaren Welt zu einer Dualität, einer doppelten oder paradoxen Sehweise führten. Wir werden der Frage nachgehen, wie es kommt, daß der Vorgang einer Beobachtung der Welt dieses Paradox zugleich einführt und auflöst. Und wir werden unsere Untersuchung mit einer Analogie beginnen, die ich als den «paradoxen Würfel» bezeichne. Diese allgemein bekannte Analogie war auch den Malern Victor Vaserely und Maurits Escher vertraut.

Sodann werde ich das Denken der Physiker näher beleuchten und ein «Gedankenexperiment» anstellen, das den Dualismus der Wirklichkeit verdeutlicht. Das Experiment mit der Bezeichnung «Komplemente des kosmischen Hauses» zeigt uns, daß sich alle Materie auf zwei komplementäre, einander widersprechende Weisen verhält: einmal erscheint sie als Teilchen mit genau angebbarem Ort im Raum, und einmal erscheint sie als Wellen ohne genau bestimmbaren Ort. In welcher Weise die Materie uns erscheint, hängt von unserer Wahl ab; Realität ist eine «Sache» der Wahl.

Nachdem wir uns klar gemacht haben, daß die Realität, wie wir sie erfahren, eine Realität ist, die wir aus dualistischen oder komplementären «Mengen» ausgewählt haben, werden wir uns der Frage zuwenden, in welcher Weise wir durch unsere Wahl zu Opfern werden. Zu ihrer Beantwortung mag uns die Analogie dienen, die ich «die Wahl des Magiers» nenne. Sie wird uns einen weiteren Aspekt des Paradoxons enthüllen: wie auch immer wir wählen mögen, die Wahl ist bereits von vornherein getroffen. Mit anderen Worten, es wird für uns so scheinen, als hätten wir nie eine echte Wahl.

Drei Akte der Beobachtung: ein Teilchen wird geboren, wiedergeboren und abermals wiedergeboren.

Danach werden wir erneut das Denken der Physiker untersuchen, indem wir wiederum ein «Gedankenexperiment» anstellen. Wir wollen sehen, warum es den Anschein hat, als sei die Wahl für eine atomare Welt schon vorher getroffen worden, obwohl wir erkennen, daß wir selbst es waren, die sich für sie entschieden haben. Ich nenne dies den «Fall des verschwindenden Beobachters».

Schließlich werden wir uns erneut dem scheinbar magischen Vorgang der Konstruktion der Wirklichkeit aufgrund von getroffenen Wahlen zuwenden, indem wir als Analogie «Newcombs Paradoxon» untersuchen. Wir werden – vielleicht zum ersten Mal – eine Lösung dieses amüsanten Paradoxons eines allmächtigen «Wesens» gegenüber der objektiven Wirklichkeit in der Logik der Quantenmechanik anbieten. Die Lösung liegt darin, daß nach dem Bohrschen Komplementaritätsprinzip Wirklichkeit erst existiert, nachdem wir sie gewählt haben.

Alle diese aufgeführten Beispiele sollen uns das Verständnis dafür erleichtern, wie es möglich ist, daß uns das Universum einmal als zutiefst paradox, chaotisch und undeterminiert und einmal als logisch, geordnet und völlig determiniert erscheint.

Der paradoxe Würfel

Die Physiker haben entdeckt, daß unser Universum den Gesetzen der Quantenphysik unterliegt. Nach diesen Gesetzen ist das physikalische Universum in einem fundamentalen Sinne paradox. Es scheint sich aus Tatsachen und zugleich aus deren Gegenteil zusammenzusetzen.

Dennoch sieht es nicht so aus, als ob wir diese Widersprüche beobachten. Warum nicht? Wenn wir etwas beobachten, dann sehen wir entweder die Tatsache oder ihr Gegenteil, niemals jedoch beides gleichzeitig. Ohne unsere Beobachtungen geht das Universum munter seinen magischen, paradoxen Weg, bei dem sich Tatsachen und ihr Gegenteil miteinander vermengen. Diese Vermengung ist notwendig; ohne sie wäre eine «wirkliche» Welt niemals möglich. Der Beobachter verhält sich in seiner Rolle wie Alexander der Große vor dem Gordischen Knoten: er entscheidet sich einfach dafür, ihn durchzuhauen, statt sich von seinen unentwirrbaren, provozierenden Verschlingungen lähmen zu lassen.

In welcher Form geht ein «Akt der Beobachtung» vor sich? Betrachten wir die Abbildung mit dem paradoxen Würfel. Welche Würfelfläche ist für uns die vordere? Vielleicht ist es im ersten Augenblick die obere Fläche, als würden wir den Würfel von unten betrachten. Beim nochmaligen Hinsehen kann man jedoch auch den Eindruck gewinnen, als blicke man von oben auf den Würfel hinab, so daß die Fläche rechts unten als die vordere erscheint. Als Beobachter hat der Leser die Wahl, wie er den Würfel sehen möchte. Es ist sein eigener Akt der Beobachtung, der das Paradoxon auflöst. Und ebenso verhält es sich in der Quantenphysik, wo alle Paradoxa im Hinblick auf das physikalische Universum durch den Akt des Beobachtens aufgelöst werden.

Es gibt jedoch noch eine andere Möglichkeit, die Realität zu betrachten. Sehen wir uns die Abbildung noch einmal an. Unser Eindruck von einem Würfel ist eine Illusion. Tatsächlich handelt es sich um achte Punkte und zwölf Verbindungslinien, die zusammen ein abstraktes Muster bilden. Wer in dieser Abstraktion einen Würfel sieht, ist gezwungen, eine Entscheidung zu treffen: welches ist die vordere und welches die hintere Seite? Nimmt man sie jedoch als abstraktes Muster, so ist eine Wahl zwischen diesen Alternativen gar nicht erst möglich.

Als reines Linienmuster betrachtet, befinden sich das obere und das untere Quadrat der Abbildung sozusagen gleichzeitig vorn oder hinten. Himmt man die Abbildung hingegen als Würfel wahr, so ist es der Beobachter, der die Erfahrung erzeugt, daß diese zweidimensionale Gestalt eine Vorder- und eine Rückseite hat. Es ist der Akt der Beobachtung, der beim Betrachter den Eindruck hinterläßt,

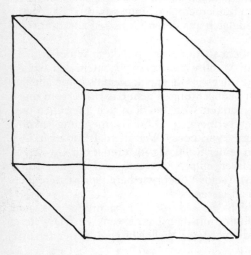

Der paradoxe Würfel.

daß «es» ein Würfel ist. Den «Würfel» als abstraktes Muster aus acht Punkten und zwölf Verbindungslinien zu sehen ist ein Komplement dazu, «ihn» als Würfel mit einer Vorder- und einer Rückseite zu sehen. Es ist erst dann ein paradoxer Würfel, wenn wir als Beobachter, deren Denken so konditioniert ist, daß alles von uns Wahrgenommene etwas Festes sein muß, darauf beharren, daß «es» ein fester Würfel ist. Und in diesem Fall scheint der Würfel aus einer Perspektive in die andere zu «springen» und uns quasi zum Narren zu halten.

Zwei Künstler, Maurits Escher und Victor Vaserely, machen sich diese Konditionierung der Wahrnehmung zunutze, um uns mit ähnlich paradoxen Ansichten der Wirklichkeit zu konfrontieren. Auf einem Ausschnitt einer Graphik von Escher ist ein Mann auf einer Bank zu sehen. Vor ihm auf den Bodenfliesen liegt eine leicht zerknitterte Zeichnung unseres paradoxen Würfels. Aber schauen wir uns den «Würfel» genauer an, den der Mann in den Händen hält, vor allem seine Seitenstreben. Deren paradoxe Lage im Raum ist für das Denken des Mannes nicht weniger verwirrend als die materielle Wirklichkeit für das Denken des Quantenphysikers.

Obgleich der paradoxe Würfel lediglich eine Analogie der abstrakten Welt der Quantenphysik ist, macht er doch deutlich, daß

Ausschnitt aus «Belvedere» von Maurits Escher.

unseren Akten der Beobachtung eine Duplizität oder ein Dualismus innewohnt. Durch die Quantenphysik haben die Physiker entdeckt, daß sich die Welt genau wie der paradoxe Würfel auf komplementäre Weisen erfassen läßt. Diese Erfahrung der Wirklichkeit wird in der Physik als *Komplementaritätsprinzip* bezeichnet. Komplementarität bezieht sich auf einen Dualismus, beispielsweise wie in den Komplementärfarben Rot und Grün. Das Komplementaritätsprinzip erinnert uns daran, daß die Röte eines Gegenstandes unsichtbar bleibt, während wir seine Grüne beobachten und umgekehrt. So würde uns in diesem Beispiel alles, was zugleich rot und grün wäre, grau erscheinen.

In ähnlicher Weise besitzt auch das physikalische Universum eine komplementäre Natur. Diese ist als der *Wellen-Teilchen-Dualismus* bekannt. Im folgenden Abschnitt werden wir das Denken eines Physikers verfolgen, der ein «Gedankenexperiment» anstellt. Gedankenexperimente sind im Geiste durchgespielte Versuche, deren Ausgang bereits bekannt ist. Sie werden im allgemeinen vor jedem wirklichen Experiment durchgeführt. Bei dem folgenden «Experiment» hat es der Physiker mit dem Phänomen der Komplementarität zu tun.

Wellen-Teilchen-Dualismus und Komplementaritätsprinzip

Die Physiker haben entdeckt, daß unser physikalisches Universum oder «kosmisches Haus» uns wie der paradoxe Würfel erscheint: es gibt zwei verschiedene Möglichkeiten, es zu beobachten. Wir können die Welt als Teilchen oder aber als Wellen wahrnehmen. Beide Weisen der Betrachtung sind einander komplementär; anders ausgedrückt, wir können das Universum nicht gleichzeitig auf beide Weisen wahrnehmen. Ich nenne diese Weisen «Komplemente des kosmischen Hauses».

Angesichts dieses Wellen-Teilchen-Dualismus neigen einige Physiker dazu, das Verhalten der physikalischen Welt als Teilchen in Zweifel zu ziehen und dem Wellenaspekt als der besseren Beschreibung den Vorzug zu geben. Viele Physiker sind anderer Meinung; dafür sind unsere Erfahrungen mit dem Teilchenaspekt der Materie zu überzeugend. Wenn man sich jedoch an diesen «festen» Augenschein hält, dem zufolge die Welt aus fester, materieller «Substanz» besteht, so führt dies zu einem ganz ähnlichen Paradoxon wie in unserem Beispiel mit dem «Würfel».

Was meinen wir eigentlich, wenn wir von der «Teilchennatur der physikalischen Wirklichkeit» sprechen? Halten wir für einen Augenblick inne und nehmen irgendeinen in der Nähe befindlichen Gegenstand in die Hand. Ich habe beispielsweise nach einem Bleistift gegriffen. Meine Überzeugung von seiner Festigkeit stellt sich ein, wenn ich ihn zwischen meinen Fingern halte. Es gibt mir ein sicheres Gefühl des Wissens: der Bleistift ist hier. Dieser Gegenstand ist keineswegs schwer dingfest zu machen. Man kann sich darauf verlassen, daß er das ist, was er ist, nämlich ein Bleistift. Nach einer Weile wird mir diese Art von Festigkeit langweilig. Ich fange an, mit ihm herumzuspielen. Vielleicht breche ich ihn entzwei, um herauszufinden, aus was er hergestellt ist. Mein inneres Gefühl sagt mir, daß er aus weiterer «Substanz» besteht. Diese innere Substanz möchte ich sehen. Ich habe das Bedürfnis nach größerer Sicherheit, Verläßlich-

«MEH» von V. Vaserely zeigt eine Mischung aus paradoxen und komplementären visuellen Wirklichkeiten.

keit und Gewißheit. Ich suche nach dem eigentlichen «Stoff» des Bleistifts schlechthin. Ich fahre also fort in seiner Zerstörung, stets auf der Suche nach noch mehr Sicherheit, nach den Grundbausteinen, aus denen seine «Bleistiftnatur» zusammengesetzt ist. Meine Finger sind jedoch für die winzigen Bruchstücke, zu denen ich gelange, zu grob. Auch meine Meßinstrumente müssen feiner werden; ich brauche feinere Greifzangen als meine Finger. Das Problem ist, daß diese Zangen aus einem ähnlichen Stoff bestehen wie der von mir untersuchte.

Dennoch fahre ich unverdrossen in meiner Erforschung des Bleistifts fort. Ich stecke ihn in einen Ofen und reduziere ihn auf Bleistiftatome. Mit Hilfe der Wärme befreie ich die Atome aus ihrer gegenseitigen Bindung, so daß ich sie besser betrachten kann. Sodann ermögliche ich den Bleistiftatomen, den Ofen «auf ihrem eigenen Dampf» durch eine winzige Öffnung zu verlassen. Jetzt arbeite ich nicht mehr mit Zangen oder Pinzetten, sondern mit einem schwarzen Schirm, der eine ganz kleine Öffnung enthält. Die Atome entströmen dem Ofen, und die meisten davon treffen auf dem Schirm auf. Aber immer wieder gelangt das eine oder andere von ihnen durch die Öffnung des Schirms, und diese versuche ich mit einem zweiten Schirm aufzufangen. Mein zweiter Schirm ist mit einer dünnen Schicht einer empfindlichen Emulsion überzogen, wie die Innenseite eines Fernsehbildschirms. Jedesmal, wenn ein Atom auf diesen Schirm auftrifft, hinterläßt es einen kleinen Punkt. Der Punkt sagt mir, daß sich dort tatsächlich ein Atom befindet.

Aber jetzt geschieht etwas Eigenartiges. Nachdem das Atom die Öffnung des ersten Schirms passiert hat, bewegt es sich nicht in seiner bisherigen Richtung weiter. Natürlich verfalle ich auf den Gedanken, daß das Loch wahrscheinlich viel zu groß ist. Der Durchmesser des Atoms ist im Vergleich dazu so winzig, daß es die Öffnung an irgendeiner Stelle passieren und anschließend irgendwo auf dem zweiten Schirm auftreffen kann. Also verkleinere ich die Öffnung. Auf diese Weise werden nur die Atome die Öffnung passieren, die sich auf der geraden Verbindungslinie zwischen dem Loch im Ofen und dem des ersten Schirms bewegen und diese Bahn geradlinig weiterverfolgen, bis sie auf den zweiten Schirm auftreffen.

Doch damit habe ich meine Schwierigkeiten nur noch vergrößert. Je kleiner ich den Durchmesser der Öffnung wähle, desto größer werden die Abweichungen. Die Atome, welche die Öffnung passieren, hinterlassen auf dem zweiten Schirm Punkte, die von der geraden Verbindungslinie zwischen den beiden Öffnungen noch weiter entfernt sind als zuvor. Je mehr ich versuche, das Atom in das

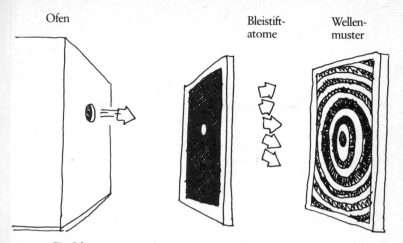

Ein Ofen erzeugt einzelne Bleistiftatome, die einen schwarzen Schirm passieren und ein ringförmiges Interferenzmuster auf dem weißen Schirm erzeugen.

ständig verkleinerte Loch des ersten Schirms zu zwängen, desto weniger kann ich seiner habhaft werden.

Ich überlege mir, daß mir das Universum irgendetwas sagen will. Während ich über dieser Botschaft vor mich hin brüte, lasse ich geistesabwesend den Ofen weiterbrennen. In dieser Zeit entströmen ihm fortwährend Atome, wandern zum ersten Schirm, passieren zum Teil dessen Öffnung und werden vom zweiten Schirm aufgefangen. Millionenfach hinterlassen sie hier ihre Spur.

Plötzlich fällt mir ein, daß mein Ofen noch angeschaltet ist. Ich wende mich wieder meinem Experiment zu und schalte ihn ab. Erst im nachhinein werfe ich einen Blick auf den zweiten Schirm und falle beinahe vom Stuhl, als ich das Muster sehe, das all diese Atome, all diese unabhängigen Teilchen aus Bleistiftmaterie auf ihm hinterlassen haben. Anstelle eines winzigen, unscharfen Flecks, eines Abbildes der Öffnung im ersten Schirm finde ich ein ästhetisches Muster aus konzentrisch angeordneten Ringen, deren Achse von der geraden Verbindungslinie zwischen den beiden Öffnungen des Ofens und des ersten Schirms gebildet wird.

Ich gelange zu dem Schluß, daß ein solches Bild unmöglich durch unabhängige Teilchen, die sich individuell verhalten, erzeugt worden sein kann. Es muß eine Verschwörung unter den Atomen gegeben haben. Ich teste meine Hypothese, indem ich den Ofen erneut anschalte und beobachte, wie sich das Muster abermals entwickelt. Eines nach dem anderen erscheinen die Atome als Punkte auf meinem Schirm, jeder Punkt hat einen zufälligen Ort. Dennoch scheinen sie auf irgendeine Weise zu wissen, wo sie auftreffen müssen, um die Ringe zu bilden. Warum trifft keines der Atome zwischen den Ringen auf, so daß sich am Ende kein Muster mehr ausmachen läßt? Aus irgendeinem Grund tun sie gerade das nicht.

Ich erinnere mich daran, daß ich ähnliche Muster schon einmal als Kind gesehen habe. An warmen Sommertagen in Chicago, kurz nach einem unvermittelten Regenguß, saß ich gern im Freien auf dem Boden und ließ kleine Steine in die vom Regen gebildeten Pfützen fallen. Jeder Stein, der in einen solchen winzigkleinen Teich

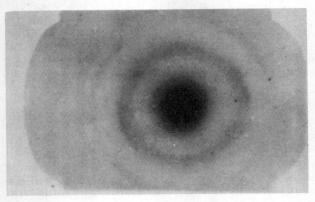

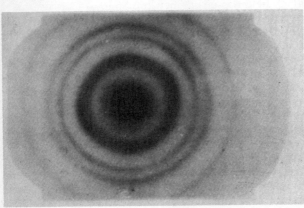

Zwei der frühesten Photographien der Interferenzmuster von Elektronenwellen (1927).

fiel, bildete immer größer werdende kreisförmige Wellenmuster. Manchmal warf ich auch zwei Steine gleichzeitig und war überrascht von dem Ergebnis. Die beiden Wellenmuster behielten ihre eigene Form nicht bei, sondern überlagerten einander und erzeugten ein völlig neuartiges Muster.

Irgendwie müssen die Bleistiftatome Wellen hervorbringen, überlege ich. Offenbar wird jedes Atom durch Zauberei aus einem festen Teilchen in eine sich ausbreitende Welle verwandelt, wie der Frosch in einen Märchenprinzen. Das würde das Ringmuster auf dem zweiten Schirm erklären. Es kam durch Überlagerung der Wellen zustande.

An dieser Stelle ist die Bemerkung angebracht, daß sich diese Wellenmuster erst beobachten lassen, wenn man nach ihnen sucht. Schließlich hinterläßt das einzelne Atom immer nur einen einzigen Punkt auf dem Schirm. Erst das Gesamtbild aller auftreffenden Atome sagt uns, daß noch etwas anderes vor sich geht. Diese «Wellenmuster» sind komplementäre Bilder zu den einzelnen «Teilchenpunkten».

Betrachten wir noch einmal die Abbildung des paradoxen «Würfels». Jeder einzelne «Treffer», den wir erhalten, wenn wir die Abbildung als einen Festkörper wahrnehmen, gleicht der Beobachtung einer einzelnen, punktförmigen Spur eines Atoms. Nach mehreren «Treffern» des Würfels sehen wir in der Abbildung nur noch ein abstraktes Muster. Und in dieser Form lassen sich die zuvor als Würfelflächen wahrgenommenen Muster gar nicht mehr als «Flächen» voneinander unterscheiden. Wir sehen nur noch das komplette «Wellenbild». Ebenso verhält es sich mit dem ringförmigen «Wellenmuster» der einzelnen atomaren «Treffer».

Natürlich gibt es zahlreiche weitere, höchst alltägliche Beispiele, mit denen sich eine Komplementarität veranschaulichen läßt. Denken wir z. B. an die Redewendung: «Er sieht den Wald vor lauter Bäumen nicht» oder an die Rechte des einzelnen gegenüber den Rechten des Staates. Entscheidend für uns ist, daß das Gesamtmuster *nicht* zufällig ist; es zeigt eine Ordnung – d. h. ein Interferenzmuster, das unmöglich zustande kommt, wenn es allein durch einen zufällig verteilten Strom unabhängiger heißer Teilchen erzeugt wird. Dennoch *sind* die Partikel voneinander unabhängig. Die Materie verhält sich einfach nicht in Übereinstimmung mit den normalen Vorstellungen, die wir uns von ihr machen.

Dieser Wellen-Teilchen-Dualismus tritt bei jeder Art von Materie auf, sogar beim Licht. Es gibt keine Ausnahmen. Bohr würde sicherlich zustimmen, daß auch wir selbst ein Teil des Dualismus in

Welleninterferenzmuster.

der Natur sind. Denn die Natur ist dualistisch, sie verhält sich nach dem Komplementaritätsprinzip. Ein Physiker würde es etwa so formulieren: die allgemeinsten pyhsikalischen Eigenschaften eines Systems müssen in Form der Komplementärmengen dieses Systems ausgedrückt werden. Diese Mengen sind als gegenseitige Komplemente miteinander verbunden, und je mehr wir ein System unter dem Aspekt nur eines dieser Komplemente definieren oder erfassen, desto weniger wissen wir von seinem zweiten Komplement.[1]

Die Entdeckung des Komplementaritätsprinzips bezeichnete eine Veränderung in unserem Denken. Es lehrte uns, daß wir unserer sinnlichen Alltagserfahrung nicht trauen können, wenn wir die Wirklichkeit in ihrer Gesamtheit erfassen wollen. Zu allem, was wir erfahren, gibt es immer einen verborgenen, komplementären Aspekt.

Aber diese verborgene Seite ist nicht wirklich gegenwärtig. Wenn beispielsweise eine geworfene Münze «Kopf» zeigt, so ist die verborgene und komplementäre Seite nicht wirklich, solange sie nicht sichtbar gemacht wird. Unser Handeln in der Welt ist stets ein Kompromiß zwischen zwei solchen Gegensätzen. Je mehr wir eine bestimmte Seite der Realität erfassen, desto weniger zeigt sich uns die andere Seite. Bei alltäglichen Gegenständen läßt sich dieser Kompromiß leicht verschmerzen. Bei Objekten in der Größenordnung von Atomen fordert der Kompromiß hingegen hohe Opfer. Als wir versucht haben, die genaue Lage eines Bleistiftatoms mit Hilfe einer Öffnung in einem Schirm zu bestimmen, haben wir alle Hoffnung fahren lassen müssen, zugleich auch die künftige Bewegungsrichtung dieses Atoms bestimmen zu können. Wir waren nicht imstande, mit seiner Lage zugleich auch seinen Impuls zu erfassen.

Durch die Verkleinerung der Öffnung im ersten Schirm bewirken wir, daß sich das Interferenzmuster auf unserem zweiten Schirm noch weiter ausbreitet. Je kleiner wir die Öffnung machen, desto größer wird das Interferenzmuster. Wenn wir diese Erfahrung unter dem Aspekt des Verhaltens atomarer Teilchen deuten, stehen wir vor dem Problem, daß wir die Bewegungsrichtung des einzelnen Atoms nicht feststellen können. Deuten wir den Vorgang als Wellenerscheinung, so betrachten wir die Beugung von Wellen, die sich daraus ergibt, daß wir die atomaren Wellen eine enge Öffnung passieren lassen. Am Ende erfährt das Muster eine so große Ausdehnung, daß wir nicht mehr sicher angeben können, was wir beobachten.

Wenn wir die Öffnung wieder erweitern, wird die Lokalisierung der einzelnen Atome, die sie passieren, noch unbestimmter. Aber der Kompromiß zahlt sich aus. Wir beobachten, daß sich das

Interferenzmuster zusammenzieht, es «strafft» sich, und die konzentrischen Ringe schließen sich enger zusammen. Je größer wir die Öffnung machen, desto stärker schrumpfen die Ringe. Jetzt können wir die Wellenlänge der Atome bestimmen, welche die Öffnung passieren. Aus der de Broglie-Gleichung wissen wir, daß zwischen dem Impuls mv und der Wellenlänge λ ein Zusammenhang besteht: $mv = h/\lambda$. Indem wir also die Wellenlänge der Atome feststellen, bestimmen wir auch ihren Impuls.

Eine fortgesetzte Erweiterung der Öffnung führt am Ende zum vollständigen Verlust jeglicher Information über den Ort des Atoms, während es diese passiert. Wir können einfach nicht mehr genau angeben, an welcher Stelle das Atom die Öffnung durchquert. Andererseits haben wir auch hier wieder einen Gewinn zu verzeichnen. Die Interferenzmuster auf dem zweiten Schirm haben sich so stark zusammengezogen, daß die Grenzlinien zwischen den einzelnen Ringen verschwunden sind. Statt dessen haben wir jetzt ein scharf umrandetes Schattenbild der weiten Öffnung auf dem Schirm. Jedes Atom gelangt auf einer geradlinigen Strecke ans Ziel. Der Impuls jedes einzelnen Atoms läßt sich genau bestimmen. Indem wir die Größe der Öffnung im mittleren Schirm geändert haben, haben wir die Wirklichkeit des Atoms geändert. Das Atom hatte auf seinem Weg keine exakte Lage, bis wir diese gemessen haben, und dasselbe gilt für seinen Impuls. Welche der beiden Größen wir bestimmen, hängt von der Weite der Öffnung ab.

Ist der Impuls verborgen, während wir die Lage des Atoms bestimmen? Ist die Lage des Atoms verborgen, wenn wir seinen Impuls messen? Nicht in der normalen Bedeutung des Wortes. Beide Merkmale, Impuls und Lage, sind in der Natur *potentiell* gegenwärtig, nicht jedoch wirklich, solange kein Versuch zu ihrer Messung unternommen wird. Es hängt von der Art des von uns gewählten Kompromisses ab, ob wir den Wellenaspekt der Wirklichkeit (Impuls) oder ihren Teilchenaspekt (Lage) zu Gesicht bekommen. Und mit einer Öffnung mittlerer Größe nehmen wir von beiden Aspekten ein Stückchen wahr.

In einem gewissen Sinne verlieren wir eigentlich überhaupt nie Informationen, wir bestimmen lediglich deren spezifische Form, d.h., wir ändern die potentielle Wirklichkeit, indem wir sie zur tatsächlichen machen. Was bei unseren Akten der Beobachtung verborgen bleibt, ist potentiell dennoch vorhanden. Während beispielsweise der Impuls verborgen schien, mußte er jedoch potentiell da sein, um das Interferenzmuster hervorzubringen. Dieses Muster konnte nur durch die Überlagerung von Wellen zustandekommen, nicht durch Teilchen, die miteinander kollidierten. Obwohl also die Erkenntnis von Wellen in diesem Experiment verlorenging, blieb ein Teil dieser Erkenntnis bewahrt, und zwar in einem völlig komplementären Bild einer Welle, wie es sich in der de Broglie-Gleichung ausdrückt: $mv = h/\lambda$.

Heisenberg erörterte diese potentielle Wirklichkeit im Zusammenhang mit seiner Unschärferelation. Er bezeichnete sie als *dritte* oder *intermediäre Wirklichkeit*. Er schrieb:

> *«Die Auffassung, daß Ereignisse nicht auf eine genau angebbare Weise determiniert sind, sondern daß die Möglichkeit oder ‹Tendenz› für das Eintreten eines Ereignisses einen bestimmten Realitätscharakter hat – eine bestimmte intermediäre Wirklichkeit, irgendwo in der Mitte zwischen der stofflichen Realität der Materie und der geistigen Realität der Idee oder der Vorstellung – diese Auffassung spielt in der aristotelischen Philosophie eine entscheidende Rolle. In der modernen Quantentheorie nimmt dieser Gedanke eine neue Gestalt an; er wird ... als Wahrscheinlichkeit formuliert und ... Naturgesetzen unterworfen.»*[2]

Diese potentielle Wirklichkeit steht uns je nach unserer Wahl zur Verfügung. Die Erfahrungen, die wir als «Wirklichkeit» bezeichnen, hängen davon ab, wie wir bei dieser Wahl vorgehen. Jede Handlung, die wir ausführen, ist eine Wahl, selbst wenn wir uns dieser Tatsache nicht bewußt sind. Daß wir von dieser Wahl kein Bewußtsein haben, schafft für uns auf der Ebene der Elektronen und Atome die Illusion einer mechanischen Wirklichkeit. Auf diese Weise hat es den Anschein, als seien wir bloße Opfer der Launen eines «höheren Wesens». Wir erscheinen als Opfer eines Schicksals, das wir nicht bestimmt haben.

Die Wahl des Magiers

In einer Welt, die vom Schicksal regiert wird, ist keine Wahl möglich. Ein menschliches Wesen muß wie jedes andere Ding, ob tot oder lebendig, einem vorgebahnten, vorbestimmten Weg folgen. Es gibt keinen Spielraum für ein Handeln, das dem eigenen Willen unterworfen wäre. Wir können zwar die Überzeugung hegen, unsere jüngsten Handlungen seien unserer freien Entscheidung entsprungen, aber in einer plötzlichen Einsicht wird uns vielleicht klar, daß wir in keinem Fall eine andere Wahl getroffen hätten. Oder stellen wir uns vor, wir werfen einen Blick zurück in unsere Vergangenheit und wünschen uns, wir hätten uns hie und da anders entschieden. Wenn wir genauer hinschauen, entdecken wir zweifellos irgendeinen Grund, etwas Einleuchtendes, das uns damals davon überzeugte, daß unsere Entscheidung die richtige war. Mit anderen Worten, wir haben uns damals vernünftig und folgerichtig verhalten.

Viele Menschen glauben an eine Vorherbestimmtheit oder ein Schicksal. Kommt es zu einer unvorhergesehenen Situation, dann sagen diese Leute wahrscheinlich so etwas Ähnliches wie «Ich hab's ja gleich gewußt» oder «so ein Pech» oder «Spinne am Morgen, Kummer und Sorgen». Andererseits gibt es vermutlich ebensoviele Menschen, die davon überzeugt sind, daß sie alles völlig unter Kontrolle haben. Einem Kind, das gerade vom Raufbold der Straße verhauen wurde, sagen sie etwa: «Es war deine eigene Schuld. Du hast ihn sicher provoziert.»

Welche Sicht der Welt ist die richtige? Zum Glück sind beide Sehweisen zugleich falsch und richtig. Wir sind in einem die Schöpfer unserer Wirklichkeit und die Opfer unserer Schöpfung – wie wir im folgenden Beispiel sehen werden.

In den 60er Jahren arbeitete ich neben meinem Beruf als theoretischer Physiker als Bühnenzauberer. Und ich war häufig verblüfft über den Umstand, daß genau wie in der Quantenmechanik alle gute Zauberei paradox ist. So wird z.B. eine Jungfrau in zwei Teile gesägt und bleibt trotzdem unversehrt. Ein Mann im hinteren Teil eines Raumes scheint im nächsten Augenblick ganz vorn zu stehen. Eine Spielkarte, die als As vorgezeigt wird, erweist sich beim erneuten Zeigen als König usw.

Eines der vielen von mir verwendeten magischen Geheimnisse nannte sich «die Wahl des Magiers». Ein Zuschauer wurde aufgefordert, einen unter mehreren Gegenständen – Karten, Münzen etc. – auszuwählen. Er glaubte, eine freie Wahl zu haben, und war im allgemeinen stets verblüfft festzustellen, daß ich scheinbar in die Zukunft blicken und seine Wahl vorhersagen konnte, bevor er sie überhaupt getroffen hatte. Der Grad seiner Verblüffung hing vermutlich davon ab, wie weit er daran glaubte, daß sein Leben seinem freien Willen oder aber einem Schicksal unterworfen war. Um den Leser nicht länger im Ungewissen zu lassen, will ich verraten, daß ich natürlich in keinem einzigen Fall wußte, welche Wahl der Zuschauer treffen würde. Aber ich hatte von vornherein für jede mögliche Wahl eine Vorhersage präpariert. Mit anderen Worten, ich hatte alle Möglichkeiten abgedeckt. In ganz ähnlicher Weise ist unser Universum vorbereitet.

Stellen wir uns für einen Augenblick Gott als einen Zauberkünstler auf der Bühne vor. Wie die Zuschauer, die bereit sind, sich täuschen zu lassen und dennoch versuchen, hinter seine Taschenspielertricks zu kommen, sind wir sein stets bereites Publikum, das erwartungsvoll jedem neuen Trick entgegensieht. Manchmal glauben wir, den Großen Zauberer bei seinem Tun erwischen zu können. Doch der Zauberer namens Gott hat für alle Möglichkeiten vorgesorgt und einen speziellen Catch-22 im Ärmel, der verhindert, daß wir das Geheimnis enträtseln. In dem folgenden Szenario sollen Sie die Möglichkeit haben, eine Wirklichkeit auszuwählen; zugleich werden Sie entdecken, daß Sie tatsächlich überhaupt keine Wahl hatten.

Stellen Sie sich vor, Sie sitzen im Wohnzimmer eines berühmten Zauberkünstlers. Der Magier betritt das Zimmer und ordnet seinen Umhang, während er Ihnen gegenüber Platz nimmt. Er greift in eine kleine mitgeführte Tasche und legt ein Platzdeckchen aus steifem, grünem Filz auf den Tisch. Sodann zieht er einen kräftigen Briefumschlag aus der Tasche, den er auf das Deckchen legt. Er öffnet den Umschlag und entnimmt ihm drei große Karten mit der Beschriftung A, B und C, die er Ihnen in dieser Reihenfolge vorlegt.

Dann vernehmen Sie seine Erläuterungen: «Vor Ihnen liegen drei Karten. Sie können eine davon auswählen, aber welche Wahl Sie auch treffen, sie war mir schon vorher bekannt, und ich habe sie niedergeschrieben. Ich möchte Sie in keiner Weise beeinflussen – Sie sind völlig frei in Ihrer Entscheidung für eine der drei Karten A, B oder C. Ihre Wahl ist mir bekannt, und ich werde Ihnen dies beweisen, indem ich Ihnen den von mir bereits niedergeschriebenen Buchstaben zeige, nachdem Sie Ihre Wahl getroffen haben. Wählen Sie jetzt!»

Argwöhnisch versuchen Sie, sich vorzustellen, was er wohl denkt, daß Sie denken. Vielleicht kommt Ihnen in den Sinn, daß die meisten sich für die Karte B entscheiden, weil sie in der Mitte liegt. Ihre Gedanken nehmen möglicherweise diesen Verlauf: «Ich werde ihn überlisten und die Karte A wählen, die links von der Karte B liegt. Er kann es sowieso nicht wissen – also ist es eigentlich gleichgültig. Ich wähle die Karte A.» Sie verkünden Ihre Wahl: «Ich habe die Karte A gewählt.»

«Aha», sagt der Zauberkünstler, «das habe ich gewußt! Öffnen Sie den Umschlag, der vor Ihnen liegt.» Er schiebt Ihnen denselben Umschlag zu, dem er zuvor die drei Karten entnommen hat. Sie schauen hinein und finden eine vierte Karte. Die eine Seite ist leer, auf der anderen steht in der markigen Handschrift des Magiers: «Sie haben die Karte A gewählt.» Ungläubig untersuchen Sie den Umschlag. Er ist leer.

Ihr Gehirn beginnt rasend zu arbeiten. «Wie hat er das gemacht?» überlegen Sie. «Hat er es geraten? War es Zufall?» Sie blicken forschend in das Gesicht des Zauberers. Seine ruhige, überzeugte Haltung sagt Ihnen, daß es kein Zufall war. Er wirkt sehr sicher, und außerdem haben Sie von anderen gehört, die diesen Trick mit angesehen haben, daß er sich dabei niemals irrt. Trotzdem ist er nur ein Mensch. Es muß ein Trick sein.

An diesem Punkt fängt der Betroffene im allgemeinen an, die Erinnerung an das soeben Geschehene Stück für Stück durchzugehen, scheidet überflüssige von wichtigen Überlegungen, um einer Kausalbeziehung auf die Spur zu kommen, die das Paradox auflösen könnte. Sie könnten vielleicht denken: «Irgendwie war ich *gezwungen*, die Karte A zu wählen. Es muß ein subtiler Zwang zu dieser Wahl bestanden haben. Ich hatte gar keine freie Entscheidung, obwohl es so aussah.»

Damit nicht zufrieden, suchen Sie möglicherweise nach weiteren Erklärungen für die erzwungene Wahl. «Vielleicht war ich hypnotisiert. Natürlich, und dann hatte ich auch keinen freien Willen.» Nachdem Sie das Paradox mit dieser Erklärung aufgelöst haben, suchen Sie vielleicht nach einer weiteren Kausalbeziehung.

Dabei stellen Sie etwa folgende Überlegungen an: «Vielleicht verfüge ich nicht über genügend Daten. Ich möchte den Trick noch einmal sehen. Vielleicht gibt es versteckte Variablen, die sich *meiner* Kontrolle entziehen, aber nicht der des cleveren Zauberers. Wenn ich ihn noch einmal sehe, werde ich hinter den ganzen Trick kommen.» Wiederum versucht Ihr Gehirn, das Paradox durch das Auffinden einer Kausalbeziehung zu lösen. Die Ursachen wären in diesem Fall die versteckten Variablen, und die Wirkung wäre Ihre Wahl der Karte A.

Sie sehen den Magier an und sagen «das möchte ich noch einmal sehen. Würden Sie es nochmals vorführen?» «Ja», ist seine Antwort, «aber die Sache hat einen Haken.» «Und was für einen Haken?» fragen Sie. «Der Haken ist der, daß Sie vergessen müssen, daß Sie den Trick jemals in Ihrem Leben gesehen haben!» «Aber das nützt nichts», wenden Sie ein, «denn wenn ich mich nicht daran erinnern soll, was Sie mir gerade gezeigt haben, wie kann ich dann herausfinden, wie der Trick geht?» Und da liegt der Hase im Pfeffer.

Wenn Sie sich nämlich den Trick noch einmal ohne diese zusätzliche Bedingung vorführen lassen könnten, würden Sie tatsächlich die Lösung sehen, die darin liegt, daß der Zauberer für jede mögliche Wahl eine versteckte Vorhersage gemacht hat. Hätten Sie beispielsweise die Karte B gewählt, dann hätte er Sie aufgefordert, unter dem Platzdeckchen nachzuschauen, und dort hätten Sie eine Karte mit der Aufschrift – in der markigen Handschrift des Zauberers – gefunden: «Sie haben die Karte B gewählt.» Und ähnlich wäre es Ihnen ergangen, wenn Sie sich für die Karte C entschieden hätten. In diesem Fall hätte er Sie gebeten, unter Ihrem Stuhl nachzuschauen oder an irgendeiner anderen auffälligen Stelle im Zimmer, und dort hätten Sie ebenfalls eine Karte entdeckt, diesmal mit der Aufschrift: «Sie haben die Karte C gewählt.»

Aber der Magier besteht auf seinem Catch-22. Also müssen Sie, wenn auch widerstrebend, darin einwilligen. Es gelingt Ihnen irgendwie, zu vergessen, daß Sie soeben den Trick schon einmal gesehen haben, und er führt ihn erneut vor. Dieses Mal wählen Sie die Karte B. Er bittet Sie, unter dem Platzdeckchen nachzuschauen, und verblüfft finden Sie dort eine Karte, auf der Sie die Worte lesen: «Sie haben die Karte B gewählt.» Doch obwohl Sie vergessen haben, daß Ihnen der Trick schon einmal vorgeführt wurde, fühlen Sie sich ein wenig unbehaglich dabei. Sie möchten den Zauberer gern bei seinem Spiel entlarven.

Dieser Trick zeigt uns, daß wir als Zuschauer zwar scheinbar überhaupt keine freie Wahl, wohl aber einen freien Willen hatten. Aber welche Wahl wir auch treffen mochten, immer hätten wir feststellen müssen, daß sie vorhergesagt wurde.

Quantenphysikern, die atomare Phänomene untersuchen, erscheint das Universum in vieler Hinsicht wie dieses Beispiel der «Wahl des Magiers», insbesondere mit dem zusätzlichen Catch-22 des Taschenspielers. Wenn Physiker eine Reihe von Beobachtungen machen, stellen sie fest, daß sie das Ergebnis der von ihnen getroffenen Wahlen nicht vorhersagen können, obwohl diese Wahlen eine Kausalbeziehung zur Voraussetzung haben. Nehmen wir beispielsweise an, sie wollten die Lage eines bewegten atomaren Teilchens bestimmen. Aus seiner Geschichte, die sie etwa als eine Spur auf einem Film beobachtet haben, ziehen sie möglicherweise den Schluß, daß damit auch seine Zukunft vorherbestimmt ist. Wenn sie jedoch die angeblich vorherbestimmte Bahn genauer untersuchen, erleben sie zwangsläufig eine Überraschung. Denn ihre letzte Beobachtung des Teilchens hat dessen Bewegung so stark geändert, daß die nächste Position auf seiner Bahn lediglich mit einer bestimmten Wahrscheinlichkeit vorhergesagt werden kann. Gleich dem mitspielenden Zuschauer in der «Wahl des Magiers» stellen die Physiker fest, daß sie jedesmal, wenn sie das Teilchen beobachten und aus seiner vergangenen Position die zukünftige vorherbestimmen wollen, angeschmiert sind.

Mit anderen Worten, wir kommen niemals hinter Gottes verstecktes Geheimnis. Unsere Forderung, uns den Trick noch einmal zu zeigen, gleicht der fortwährenden experimentellen Erforschung der Natur durch den Physiker. Immer, wenn der Physiker eine Frage stellt, gibt Gott eine Antwort. Aber die Physiker sind mit der Antwort nicht zufrieden. Sie sind ganz einfach beunruhigt über die magische Show Gottes. Und sie haben alle Ursache zur Beunruhigung, da sie einen Grund für ein derart launisches Verhalten wissen wollen. Wenn sie sich die Aufzeichnung der bisherigen Bahn des Teilchens ansahen, dann schien schließlich auch seine künftige Bewegungsrichtung prognostizierbar. Ihre Gedanken an verborgene, ausschlaggebende Faktoren überschlagen sich. «Was haben wir falsch gemacht?» rufen die Physiker. Aber ihre Erschöpfung zwingt sie endlich zur Aufgabe. Ihre Gefühle grenzen an Verzweiflung. Je mehr sie nach bestimmenden Größen Ausschau halten, desto mehr entschlüpfen ihnen diese Faktoren. Schließlich resignieren sie – sie können das Universum nicht manipulieren, sie können es nicht beherrschen, sie sind nichts als die Opfer des Universums.

Mit der Rolle eines Opfers können wir uns alle identifizieren. Opfer sind nicht dafür verantwortlich, was ihnen widerfährt. Es waren «die anderen», die ihnen etwas angetan haben. Opfer haben keinen Einfluß darauf, was in ihrem Leben geschieht. Wenn wir uns den Sachverhalt hingegen genau genug ansehen, wird häufig ein Muster der früheren Erlebnisse der Opfer sichtbar. Es wird deutlich, daß die Opfer so liegen müssen, wie sie sich – vielleicht unabsichtlich – «gebettet» haben.

Dennoch scheinen sich die Opfer ihrer eigenen Handlungen nicht bewußt zu sein. Im Nachhinein beklagen sie ihre früheren Entscheidungen: «Wenn wir nur damals schon gesehen hätten, was wir heute sehen!» Vielleicht sind auch Ihnen solche Klagen vertraut, mir sind sie jedenfalls nicht neu. Aber genau das ist der Punkt. Wir konnten damals einfach nicht das sehen, was wir jetzt sehen. Unsere früheren Taten erscheinen genau wie die Bahn des Elementarteilchens oder der Trick des Magiers erst in der Rückschau als prognostizierbar.

Warum können wir nicht in die Zukunft blicken? Warum erscheint uns die Welt als vorhersagbar, wenn wir zurückschauen? Die Antwort auf beide Fragen lautet: weil wir uns nie als die sehen können, die wir jetzt sind. Wie oft haben Sie sich schon gefragt, warum Ihre besten Freunde diese oder jene Dummheiten angestellt haben? Es fällt erstaunlich leicht, die Bredouille des anderen zu sehen. Wir machen alle eine recht gute Figur als «Dr. Allwissend» und geben gute Ratschläge an Leute mit Liebeskummer, unsere Freunde, sogar an Staatsmänner, Schiedsrichter und Präsidenten. Wir wissen alle genau, was bei uns im Land schief läuft, warum unsere Lieblingsathleten gerade ein Formtief haben und wie die Welt zu retten ist. Wir können all die anderen ganz genau sehen.

Wenn es hingegen um uns selbst geht, dann machen wir uns bemerkenswert unsichtbar. Wir haben nicht gelernt, uns selbst so zu sehen wie andere uns oder wie wir die anderen sehen. Wann immer wir beobachten, ist unser Anteil an dieser Beobachtung scheinbar auf ein Minimum beschränkt. Oder aber, je nach der Befindlichkeit unseres Ichs, das Gegenteil tritt ein, und unser Anteil an dem Vorgang wird unverhältnismäßig stark übertrieben. Während wir beobachten, trennen «wir» uns von dem, was wir beobachten. Im eigentlichen Akt der Beobachtung erscheint die objektive, «wirkliche» Welt, und der subjektive Beobachter verschwindet. Wir wissen nicht, wie wir uns selbst beobachten sollen. Im folgenden Beispiel, dem Fall des «verschwindenden Beobachters», wollen wir untersuchen, wie wir die Welt beobachten, während wir unsere Erkundung der Natur der «Wirklichkeit» fortsetzen.

Der verschwindende Beobachter

Die Quantenphysik hat uns gelehrt, daß wir, die Beobachter der Realität, zugleich an dieser teilhaben. Mit anderen Worten, «Beobachtung» ist kein passives Hauptwort; «beobachten» ist kein intransitives Verb. Dennoch hat uns unsere klassische, westliche Erziehung darauf konditioniert, objektiv zu denken, die Welt als etwas Präexistentes zu sehen.

In einem präexistenten Weltspiel ist kein Raum für Spieler. Gleich einer Computermaschine, die endlos arbeitet, ihre Pflicht tut und vorher aufgestellten Regeln folgt, kann das Spiel nichts anderes als fortdauern. Und alles, was wir können, ist beobachten, niemals jedoch die Wähltasten betätigen. Wir sind einfach passive, nahezu nichtexistente Beobachter dieses von einem Dritten gewählten Weltspiels.

Objektivität verlangt ihren Preis; wir sind uns der eigenen Wahrnehmung nicht mehr bewußt. Aber Objektivität ist nur eine Illusion. Denken wir noch einmal an den paradoxen Würfel. Sie haben sich für eine Vorder- oder Rückseite entschieden, und es erschien der Würfel, aber Sie haben die Wahrnehmung dafür verloren, daß Sie selbst ihn gewählt haben. Anders ausgedrückt, als der Würfel erschien, sind Sie verschwunden. Im selben Augenblick, in dem der Würfel sich zeigte, haben Sie die Erscheinung des Würfels aus Ihrem Kopf nach außen projiziert. Es war ein Akt unvermittelter Schöpfung: «Das ist ein Würfel!» Dieser Akt einer Wahl trennte Sie von «ihm». Das Bild, das Sie sich in Ihrem Kopf von dem Würfel gemacht hatten, wurde zum wirklichen Würfel «da draußen». Das alles ging sehr, sehr schnell vor sich – in dem Augenblick, als Sie in dem Muster einen Würfel «sahen». Und vermutlich genausoschnell sahen Sie in ihm wieder ein abstraktes Muster – oder Sie dachten an etwas anderes. Ihr Denken ließ sich nicht völlig täuschen. Dennoch haben Sie, und sei es auch nur für einen Augenblick, den Würfel «da draußen» als ein festes, dreidimensionales Objekt erschaffen.

Aber nehmen wir einmal an, Sie könnten den Würfel niemals in seiner komplementären Verkleidung als eine abstrakte, zweidimensionale Anordnung von Punkten und Linien sehen. Angenommen, Sie wären darauf konditioniert, ihn ein für allemal als eine feste Form anzusehen. Ich bin überzeugt, daß unsere Sicht der Welt einer solchen vorkonditionierten Sicht des «Würfels» analog ist. Mit derart konditionierten Augen gesehen, springt der Würfel immerfort von einem «Zustand» in den anderen, ohne irgendwelche Zwischenpositionen einzunehmen. Je mehr Sie ihn als einen Festkörper sehen, desto weniger fühlen Sie sich verantwortlich für sein Hin und Her. Er springt je nach Lust und Laune, scheinbar in einer zufälligen Abfolge. Nach einiger Zeit versuchen Sie vielleicht, sich auf diese Sprünge einen Reim zu machen, ihren verborgenen Mechanismus aufzuspüren und damit die «Sache» nur noch schlimmer zu machen – weil Sie selbst nicht mehr existent sind. Sie sind zu einem passiven Beobachtungspunkt geworden.

Um dieses Phänomen zu verstehen, gehen wir noch einen Schritt weiter. Schauen Sie auf Ihre Hand. Befühlen Sie Ihren Daumen. Jedesmal, wenn Sie das Vorhandensein Ihres Daumens spüren, objektivieren Sie Ihre Erfahrung. Ihr Daumen ist ein Ding, ein Teil Ihres Körpers. Sie fühlen Ihren Daumen «da draußen». Ihr Daumen ist nicht dasselbe wie Sie, nicht wahr? Denken Sie an andere Teile Ihres Körpers. Jeder Gedanke bringt eine Empfindung zu diesem Teil. Und jede Empfindung bringt Sie zum Verschwinden. Sie sind nicht dasselbe wie Ihre Empfindung, oder? Jede Beobachtung entfernt Sie von den Teilen Ihres Körpers und befördert Sie mehr und mehr in sich selbst hinein, bis Sie ganz verschwunden sind.

Trotzdem *sind* Sie da. Alles, was Sie sehen, hören, schmekken, riechen und berühren, ist den Bildern ihres Denkens von allem unterworfen, was Sie sehen, hören, schmecken, riechen und berühren. Die Wirklichkeit wird aus den gedanklichen Vorstellungen konstruiert, die Sie sich von ihr machen.

Wenden wir uns nun wieder der Realität von Atomphysikern zu, die in einem Gedankenexperiment versuchen, Bleistiftatome aufzufangen. Sie sehen den Bleistift als atomare Teilchen, winzige Materiepunkte, etwa wie extrem verkleinerte Stahlkügelchen oder Tennisbälle. Für Sie und vermutlich für die meisten von uns ist Wirklichkeit etwas Festes. Aber die kleinen Bälle verhalten sich nicht wie Bälle, sie werden in ihrer Bahn gebeugt oder abgelenkt und breiten sich wie Wellen aus, erzeugen Interferenzmuster, wenn man sie insgesamt betrachtet, und individuelle Punktmarkierungen, wenn man sie einzeln untersucht. Wenn die Physiker dieses letztere Bild als Wirklichkeit akzeptieren und das erstere als einen «noch zu erklärenden Teil» der Wirklichkeit, dann werden sie das Opfer ihres präkonditionierten Denkens: Wirklichkeit, das sind Materieteilchen, und diese Teilchen verhalten sich auf eine nicht vorhersagbare Weise, sie springen in der Gegend herum, ohne jeden Bezug zu der Bahn, die sie bisher verfolgt haben, ganz ähnlich wie Menschenwesen.

Gibt es ein anderes Bild für die Physiker oder eigentlich für uns alle? Ich glaube schon. Wir müssen die komplementäre Seite sehen. Wir müssen uns unserer Rolle bei alledem bewußt sein. Das ist allerdings keine leichte Aufgabe. Es fällt uns schwer, unsere Denkschablonen aufzugeben. Wir wählen in jedem Augenblick aktiv die Wirklichkeit der Welt, und im selben Augenblick haben wir keine Wahrnehmung dafür, daß wir das tun. Doch das Bewußtmachen dieser schlichten Wahrheit kann uns in den Stand versetzen, auch die komplementäre Seite der Welt zu sehen. Und sobald wir diese komplementäre Seite in den Blick bekommen, werden unsere alten Vorurteile sich wie die Seiten des «Würfels» auflösen. Die Schranken, die Geist und Materie voneinander trennen, werden fallen. Gott und Mensch werden sich versöhnen.

In den alten griechischen Schulen von Ionien und Elea führte das tiefste Wesen aller Dinge, die «physis», wovon auch das Wort «Physik» abgeleitet ist, zur Versöhnung von Sein und Werden, Beharren und Verändern. Das folgende Beispiel, «Newcombs Paradoxon», versetzt den alten Konflikt zwischen einem göttlichen Wesen gegenüber einer objektiven Wirklichkeit in unsere Gegenwart. Die neue «physis» ist freilich die Quanten-«Physik». Wir *sind* notwendig. Wir *werden* benötigt. Wir brauchen lediglich unsere Denkweisen zu ändern.

Newcombs Paradoxon

Für alle, die es geschafft haben, die Lehren der Quantenphysik zu akzeptieren, ist das Paradoxe ein alter Freund. Viele theoretische Physiker machen sich ein Vergnügen daraus, mit Paradoxen zu spielen oder selbst welche auszudenken, die uns zeigen, auf welche Weise unsere Vorurteile uns in Schwierigkeiten bringen. Es ist mir nicht bekannt, ob William Newcomb gerade daran gedacht hat, als er das folgende Paradoxon konstruierte. Ich weiß jedoch sicher, daß Dr. Newcomb ein guter theoretischer Physiker ist.

Ich begegnete Bill Newcomb erstmals 1961, als ich den Sommer am Lawrence Livermore Laboratory verbringen wollte, wo er am Problem einer friedlichen Nutzung der Kernkraft arbeitete. Da ich meine Doktorarbeit zu diesem Thema schreiben wollte, verbrachte ich viele Nachmittage mit ihm im Gespräch. Es muß bei einer dieser zahlreichen Gelegenheiten gewesen sein, als er mir dieses kleine Problem vorgelegt hat.[4]

Auf die Lösung kam ich allerdings erst 1977, und an dieser Lösung möchte ich Sie teilhaben lassen. Sie wirft ein Licht auf die Frage, in welcher Weise das Denken der Quantenphysiker das Dilemma zwischen «freiem Willen» und «Vorherbestimmtheit» löst. Versetzen wir uns also noch einmal in das Wohnzimmer unseres alten Bekannten, des Magiers. Diesmal schrumpfen wir jedoch zuvor auf die Größe atomarer Teilchen zusammen.

Wiederum betritt der Zauberer den Raum und setzt sich Ihnen gegenüber. Diesmal leitet er seinen Trick mit folgenden Worten ein: «Ich bin ein erleuchtetes Wesen und vermag hier und jetzt in die Zukunft zu blicken. Ich habe ein Geschenk für Sie. Ich werde Sie sehr reich machen, wenn Sie an meine Kräfte glauben.» Damit stellt er zwei kleine Geldkassetten vor Ihnen auf, von denen die eine mit «L» und die andere mit «R» beschriftet ist. «In die Kassette ‹L›», fährt er fort, «habe ich 1000 Dollar gelegt; dieser Betrag ist Ihnen auf jeden Fall sicher. Die Kassette ‹R› enthält entweder eine Million Dollar (in großen Scheinen natürlich), oder sie enthält gar nichts. Sie haben zwei Wahlmöglichkeiten. Entweder wählen Sie nur die Kassette ‹R›, oder Sie wählen alle beiden Kassetten.» Zunächst sind Sie erstaunt. Wahrscheinlich haben Sie erwartet, zwischen den beiden Kassetten wählen zu können. Doch dann sehen Sie, daß dies überhaupt keinen Sinn ergeben würde, weil Ihnen ja 1000 Dollar in jedem Fall zugesagt wurden. Sie überlegen, wo der Haken an der Sache ist. Der Magier erläutert: «Sie müssen an *mich* glauben, wenn Sie die Million wollen. Vergessen Sie nicht, daß die Zukunft offen vor mir liegt. Ich weiß schon jetzt, was Sie wählen werden. Entscheiden Sie sich für die Kassette ‹R›, so werde ich Ihre Wahl belohnen, und Sie finden eine Million Dollar darin. Sind Sie jedoch gierig und greifen nach allen beiden Kassetten, dann ist die Kassette ‹R› leer, und Sie müssen sich mit den 1000 Dollar aus Kassette ‹L› begnügen.»

«Belvedere» von Maurits Escher (vgl. den Ausschnitt auf S. 155). Komplemente und Paradoxa des «Kosmischen Hauses».

Er ist sehr bestimmt, und außerdem haben Sie wie bei seinem früheren Trick «die Wahl des Magiers» von anderen gehört, daß er sein Versprechen grundsätzlich einhält. Und da sitzt er nun, ohne die Kassetten zu berühren. Entweder ist Kassette «R» voller Geld, oder sie ist leer oder ... was?

Ihre Gedanken nehmen vielleicht den folgenden Verlauf: «Dieses Wesen kann tatsächlich vollbringen, was es behauptet. Er weiß im voraus, wie ich mich entscheide. In diesem Fall habe ich keine freie Wahl. Aber wie kann er wirklich wissen, was ich wählen werde? Wenn ich ihm vertraue, nehme ich die Kassette ‹R› und bekomme eine Million. Aber da er die Kassetten nicht anrührt, muß er alles Nötige schon vorher getan haben. Entweder enthält die Kassette das Geld, oder sie ist leer. Dann ist es sowieso egal – ich wähle beide Kassetten und bekomme eine Million *und* 1000 Dollar. Aber er weiß, daß ich das denke, und deshalb hat er die zweite Kassette leer gelassen.» Nachdem Sie über dieses Paradoxon eine Weile gegrübelt haben, gelangen Sie zu dem Schluß, daß Sie sich für die Kassette «R» entscheiden müssen, wenn Sie den Magier beim Wort nehmen wollen. Abermals bestimmt das Schicksal und nicht Ihr freier Wille.

Sie können sich aber auch sagen, «dieses Wesen ist ein Wesen wie jedes andere auch. Er betreibt irgendeine Taschenspielerei. Ob er in die Kassette ‹R› Geld getan hat oder nicht, jetzt kann er daran nichts mehr ändern. Ich wähle beide Kassetten, denn entweder ist die Million drin, dann bekomme ich noch 1000 Dollar dazu, oder die Kassette ‹R› ist leer, dann ist sie es auch, wenn ich sie allein wähle, und somit habe ich nichts dabei verloren.» Wenn wir also nicht an die übernatürlichen Fähigkeiten unseres Gegenübers glauben, wählen wir beide Kassetten. Damit ist die Herrschaft des freien Willens wiederhergestellt. Wie würden Sie sich entscheiden?

Die Antwort lautet, wählen Sie die Kassette «R», wenn Sie die Million haben möchten. Ihre Belohnung beruht nicht auf der Allmacht oder auf der Fähigkeit des Magiers, in die Zukunft zu schauen. Für unser westliches, präkonditioniertes Denken sieht es nur so aus. Da wir von der Größe atomarer Teilchen sind, befinden wir uns im Land der Paradoxa, wo die Kassette eine Million Dollar enthält und zugleich leer ist. Unser Akt der Beobachtung erzeugt die Alternativen – Geld oder kein Geld –, je nachdem, welche Wahl wir treffen. Die Entscheidung für beide Kassetten bewirkt, daß die Kassette «R» leer ist, die alternative Wahl füllt sie mit einer Million Dollar. Ganz wie bei Vorder- und Rückseite des paradoxen Würfels schaffen unsere Entscheidungen die alternativen Möglichkeiten als Wirklichkeiten.

Das Komplementaritätsprinzip: eine Zusammenfassung

Das Quantum ist winzigklein. Die Welt, in der wir leben, beruht auf den Bildern, die wir uns gedanklich von ihr machen. Wegen der geringen Größe des Quantums erscheinen diese Bilder völlig konsistent und kontinuierlich, logisch mit unserer Vergangenheit verknüpft und als eine sinnvolle Basis für unsere Zukunft. Aus unserem klassischen Erbe haben sich zwei in der Natur vorkommende Bilder der Natur herauskristallisiert. Es sind die Beschreibungen der Wirklichkeit als Wellen und als Teilchen.

Die Physiker haben versucht, jede Erfahrung im Rahmen dieser Bilder zu deuten, und sind dabei gescheitert. Das Scheitern erklärte sich aus der unvorhergesehenen und zwangsläufigen, durch den Beobachter verursachten Störung, sobald er es mit der Welt der Atome zu tun hatte. Die Welt erschien auf einmal paradox und unstetig, weil wir mit diesen Bildern arbeiten wollten und dabei unsere eigene Existenz in der Welt außer acht gelassen haben.

Beide Modelle – die Ausschaltung der eigenen Gegenwart und das Wellen-Teilchen-Bild – eignen sich erfolgreich für die Anwendung auf mechanische, alltägliche Gegenstände. Der Grund für diesen Erfolg ist die winzige Größe des Quantums. Dennoch ist diese Größe eine endliche Zahl nicht Null. Mit anderen Worten, letztlich und grundsätzlich beeinflussen wir das Universum. Unsere Existenz macht sich auf der Ebene der Atome nachhaltig und auf der alltäglichen, makroskopischen Ebene fast überhaupt nicht bemerkbar. Bei unseren Versuchen, uns als außerhalb der Wirklichkeit stehend zu betrachten, und bei unserem Beharren auf Wellen und Teilchen als zureichenden Beschreibungen der Wirklichkeit sind wir gezwungen, das Universum als etwas Paradoxes und Dualistisches zu sehen, das aus komplementären Eigenschaften besteht.

Obgleich diese Überlegungen vernünftig erscheinen und von der Mehrheit der physikalischen Gemeinschaft mehr oder weniger akzeptiert wurden, haben sie doch etwas ziemlich Verwirrendes an sich. Und darauf bezog sich Einstein, als er sagte, «Gott würfelt nicht mit dem Universum». Irgendwie mußte dem Denken Einsteins die Wirklichkeit etwas Wirkliches sein. Es mußte da draußen ein «Dadraußen» geben. Die Vorstellung, daß die von der Wirklichkeit angenommene Gestalt von der Laune des Beobachters abhing, widerstrebte Einstein. Und noch mehr widerstrebte es ihm, daß es nicht in der Macht des Beobachters stand, sein Schicksal selbst zu bestimmen.

In einem Versuch, Bohrs Deutung zu widerlegen und das

Prinzip der Kontinuität zu untermauern, veröffentlichten Albert Einstein und zwei seiner Mitarbeiter 1935 einen ebenso durchdachten wie umstrittenen Aufsatz. Sein Gegenstand war etwas, das später als das *ERP-Paradoxon* bezeichnet wurde. Seine Hauptthese lautete, die Quantenmechanik sei nicht das letzte Wort darüber, was Wirklichkeit eigentlich ist. Allerdings bot der Aufsatz keinen Vorschlag dafür an, was an der Quantenmechanik ergänzt oder ersetzt werden müßte. Er führte jedoch zu einem neuartigen und unerwarteten Zusammenhang, der zwischen sämtlichen materiellen Objekten besteht.

9. Kapitel
Das fehlende Universum

*Nichts ist von größerer Bedeutung an der
Quantenmechanik als dies: sie hat die Vorstellung von
der Welt als etwas zerstört, das sich «da draußen» befindet. Das
Universum wird niemals wieder dasselbe sein.*

John A. Wheeler

Der Advocatus Diaboli

Einstein hatte sich zunächst durch Bohrs Nachweis geschlagen geben müssen, daß ein kontinuierliches, mechanisches Bild der physikalischen Wirklichkeit aufgrund von Heisenbergs Unschärferelation unmöglich war. Nach diesem Prinzip ließen sich Lage und Impuls eines bewegten Objekts im Universum niemals zugleich präzis bestimmen. Dennoch gab Einstein nie endgültig auf. Während der Jahre nach Bohrs Formulierung des Komplementaritätsprinzips, das besagte, daß sich unsere Vorstellung vom Universum aus komplementären und widersprüchlichen Bildern der Wirklichkeit zusammensetzen muß, versuchte Einstein den Beweis dafür zu erbringen, daß die Sätze der Quantenmechanik in dieser Sache nicht das letzte Wort hatten.

  Er verfolgte Bohr mit einer Serie von Gedankenexperimenten, die allesamt dessen Deutung auf die Probe stellten. Doch Bohr verteidigte die Quantenmechanik erfolgreich, indem er sich letztlich immer wieder auf sein Komplementaritätsprinzip berief. Einstein war zwar geschlagen, aber trotzdem nicht überzeugt. Für ihn mußte das Problem in der Theorie selbst liegen. Irgendwie war die Quantenmechanik keine zureichende Theorie, sie mußte unvollständig sein. 1935 versuchte Einstein, darzulegen, was nach seiner Meinung fehlte. Diese Darlegung wurde als das *EPR-Paradoxon* bekannt.

Das EPR-Paradoxon

Am 15. Mai dieses Jahres wurde auf den Boden, auf dem die Physik bislang gestanden hatte, ein Fehdehandschuh geworfen, und zwar in Form einer Frage. Die Frage erschien auf den Seiten einer angesehenen physikalischen Fachzeitschrift, *The Physical Review*, in einem Aufsatz mit der Überschrift «Can Quantum-mechanical Description of Physical Reality Be Considered Complete?» («Kann die quantenmechanische Beschreibung der physikalischen Wirklichkeit als vollständig gelten?»).[1] Die Autoren waren Albert Einstein, Boris Podolsky und Nathan Rosen (abgekürzt EPR). Sie hatten gemeinsam am berühmten Institute for Advanced Study an der Princeton-Universität gearbeitet, seit Einstein 1932 aus Berlin emigriert war, um den Nazis nicht in die Hände zu fallen.

Einstein war zu dieser Zeit 56 Jahre alt. Er hatte die Muße, diesem Problem nachzugehen, obgleich damals nur wenige Physiker sich von Fragen dieser Art neue Entdeckungen versprachen. Ob es nun an ihrer Weltanschauung oder gar ihren Glaubensvorstellungen lag oder nicht, jedenfalls waren die Physiker mehr daran interessiert, mit den neuen Formen der Mathematik und den neuartigen Beziehungen zu spielen, welche die Quantenmechanik auf die physikalische Wirklichkeit anwandte. Sie hatten wenig Zeit für solche Fragen, wie sie von den drei Physikern gestellt wurden. Der EPR-Aufsatz blieb nahezu unbeachtet.

Der Aufsatz warf einfach eine Streitfrage auf – eine Frage, die bis zum heutigen Tag noch nicht befriedigend beantwortet wurde. Er begann mit einer einfachen Prüfung der Wirklichkeit eines Objekts. Diese Prüfung sollte in Form einer Bedingung erfolgen, wie sie in der Physik immer wieder vorkommen. Man unterscheidet dabei zwei Formen: *notwendige* und *hinreichende Bedingungen*. Von der ersteren sprechen wir, wenn diese erfüllt sein muß, damit einer zweiten Bedingung genügt werden kann. Kinder stellen bekanntlich ihren Müttern immer wieder notwendige Bedingungen: «Ich gehe erst ins Bett, wenn du mir eine Geschichte vorliest» ist ein Beispiel hierfür. Die Mutter mag dem Kind noch soviel buntes Zuckerzeug anbieten, um es ins Bett zu bekommen – ohne eine Geschichte wird sie es nicht schaffen.

Eine hinreichende Bedingung muß weniger hohen Anforderungen genügen. Sie ist eine Mindestbedingung. Obwohl es beispielsweise nicht notwendig ein Filet Stroganoff sein muß, mit dem man den eigenen Hunger stillen kann, ist es immerhin für diesen Zweck hinreichend. Das EPR-Paradoxon begann mit dieser hinreichenden Bedingung für die Wirklichkeit jeder physikalischen Größe: «*Eine hinreichende Bedingung für die Wirklichkeit einer physikalischen Größe ist die Möglichkeit, sie zuverlässig zu prognostizieren, ohne (sie) zu stören.*»[2] Die Autoren interessierten sich für die Wahrscheinlichkeitsdeutung, der reale Objekte durch die Quantenmechanik unterworfen wurden, insbesondere für die Größen Lage und Impuls eines Objekts. Selbstverständlich ist die sichere Vorhersage des Wertes einer physikalischen Größe kein Problem, solange wir es mit großen Objekten zu tun haben. Wir können mit absoluter Sicherheit die Aussage machen, daß eine auf dem Tisch liegende Münze ihre Lage beibehalten wird, sofern sich keine äußeren Einwirkungen bemerkbar machen. Unsere Fähigkeit zu einer Voraussage dieser Art ist deshalb eine *hinreichende* Bedingung für die Wirklichkeit einer Münze, die beispielsweise «Kopf» zeigt.

Es muß jedoch keine *notwendige* Bedingung sein. Wenn wir die Münze in die Luft werfen, können wir nicht mehr mit Bestimmtheit prognostizieren, daß sie eine Seite «Kopf» hat – selbst wenn wir den Flug der Münze nicht weiter beeinflussen, nachdem wir sie hochgeworfen haben. Nichtsdestoweniger hat die Münze zwei Seiten. Sie ist wirklich, trotz unserer Unfähigkeit, zuverlässig auszusagen, daß sie einen «Kopf» hat, die als reales Merkmal zu ihrer Eigenschaft als Münze gehört.

Klassische, alltägliche Gegenstände weisen nicht die Merkwürdigkeiten der Quantenphysik auf, einfach weil das Plancksche Wirkungsquantum h so klein ist. Für klassische Objekte ist die hin-

reichende Bedingung ihrer Wirklichkeit offenbar nicht auch eine notwendige. Dasselbe muß jedoch nicht auch von den Objekten der Quantenwelt gelten.

Lage und Impuls eines jeden Objekts sind offenbar wirkliche Größen. Beide lassen sich praktisch zuverlässig für jedes makroskopische Objekt der klassischen Größenordnung vorhersagen. Aber im Fall der Atome und Elektronen bestreitet die Unschärferelation die Wirklichkeit dieser beiden Größen. Es ist unmöglich, den Impuls eines Objekts absolut sicher zu bestimmen, sofern dessen Lage mit absoluter Sicherheit ermittelt wird. Somit können wir aus der Definition einer hinreichenden Bedingung nach EPR den Schluß ziehen, daß eine der beiden Größen im physikalischen Sinn nicht wirklich sein kann. Welche von beiden das ist, hängt von unserer Wahl ab. Sobald wir eine der beiden Größen messen, wird die Realität der anderen bestritten.

Selbst Bohr würde dem zustimmen. Einstein wollte jedoch auf eine geistreiche Schlußfolgerung hinaus, die zeigen sollte, daß die Quantenmechanik, wenn man sie als der Weisheit letzten Schluß über unsere Wirklichkeit ansah, zu einem Widerspruch führte. Einstein und seine Mitarbeiter wollten mit der Quantenphysik zeigen, daß es möglich ist, entweder die Lage oder den Impuls eines Objekts vorherzusagen, ohne dieses zu stören. Mit anderen Worten, nachdem das Objekt jeglichen Einflüssen entzogen ist, die der Beobachter darauf ausüben kann, läßt sich eine der beiden physikalischen Größen präzise bestimmen. Doch die Wahl hängt vom Beobachter und nicht vom Objekt ab. Nach den drei Autoren muß das Objekt *beide* Größen als Merkmale gehabt haben, bevor die Prognose erfolgte. Der Beobachter trifft lediglich die Entscheidung darüber, welche Größe er voraussagt.

Immerhin stimmten die Autoren zu, daß es unmöglich ist, Lage und Impuls gleichzeitig zu bestimmen, weil damit die Unschärferelation außer Geltung gesetzt würde. So weit wollten sie nicht gehen.

Der Grund für diese ziemlich paradoxe Situation hat etwas mit der Art und Weise zu tun, wie der Beobachter seine Voraussage macht: er macht sie nicht, indem er das Objekt selbst, sondern indem er ein anderes Objekt stört, das zuvor auf das erste Objekt aufgetroffen war. Der Beobachter erfährt etwas über das erste Objekt, indem er das zweite Objekt beobachtet. Er kann das, weil zwischen den beiden Objekten eine sogenannte *Korrelation* besteht.

Betrachten wir beispielsweise das Billardspiel. Wenn eine Kugel in Richtung auf eine zweite gestoßen wird, ist es möglich, das

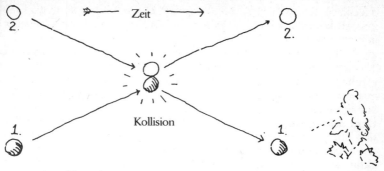

Eine klassische Darstellung einer Korrelation zwischen zwei Teilchen: der Beobachter beobachtet, daß das eine Teilchen Lage und Puls des anderen Teilchens vorhersagt.

Verhalten der zweiten Kugel allein dadurch zu prognostizieren, daß man nur die erste beobachtet. Da diese Objekte von großer oder «klassischer» Ausdehnung sind, kann man sowohl die Lage als auch den Impuls einer Kugel zur selben Zeit und mit sehr hoher Genauigkeit bestimmen. Durch sorgfältiges Messen von Lage und Impuls der ersten Kugel vor und nach dem Auftreffen auf die zweite Kugel lassen sich Lage und Impuls der letzteren voraussagen. Sobald der Zusammenprall zwischen beiden Kugeln erfolgt ist, sind sie korreliert. Anders ausgedrückt, was ab jetzt mit jeder der beiden Kugeln geschieht, hängt davon ab, was bei ihrer vorausgegangenen Interaktion geschehen ist. Wenn wir also eine von beiden beobachten, dann zeigt sich, daß wir eine Voraussage darüber machen können, was wir an der anderen Kugel beobachten werden.

Nachdem die Kugeln sich wieder deutlich voneinander getrennt haben, kann nichts mehr von dem, was wir vielleicht noch mit der einen Kugel anstellen mögen, das Verhalten der anderen beeinflussen oder ändern. Wir halten das für selbstverständlich, denn genau das meinen wir, wenn wir sagen, daß sich die Kugeln voneinander getrennt haben. Die Korrelation, die zwischen beiden Kugeln besteht, ist einzig das Resultat ihrer vorherigen Interaktion und läßt sich durch nichts verändern, das wir danach noch tun mögen.

Die von mir geschilderte Korrelation zwischen den beiden Billardkugeln ist eine klassische mechanische oder Newtonsche Beziehung. Sie leitet sich aus Newtons Bewegungsgesetzen ab. Folglich ist sie ein Hinweis auf die Vollständigkeit dieser Gesetze im Hinblick auf die Wirklichkeit des Zusammenpralls. Ließe sich die klassische

Mechanik mit den Gesetzen Newtons nur unvollständig beschreiben, so könnten wir die Wirklichkeit der Kugel, die wir nicht beobachtet haben, nicht bestimmen. Trotzdem wissen wir aufgrund des zweiten Newtonschen Gesetzes vom Vorhandensein dieser Kugel. Nachdem sie sich mit konstanter Geschwindigkeit fortbewegt hatte, erfuhr die erste Kugel eine unerwartete Beschleunigung. Nach dem zweiten Bewegungsgesetz bedeutet das, daß eine zusätzliche Kraft auf sie eingewirkt hat, eine Kraft, die von der zweiten Kugel ausging. Dem dritten Gesetz Newtons folgend – das als das Gesetz von Aktion und Reaktion bekannt ist – können wir die Bewegung der zweiten Kugel prognostizieren, indem wir die erste beobachten. Die Reaktion der zweiten Kugel war gleich der Aktion der ersten.

Aber die Quantenmechanik ist eine gänzlich andere Sache. Ihren Gesetzen zufolge können wir nicht gleichzeitig sowohl die Lage als auch den Impuls einer der Billardkugeln mit absoluter Sicherheit angeben. Dennoch gilt diese Theorie als lückenlose Be-

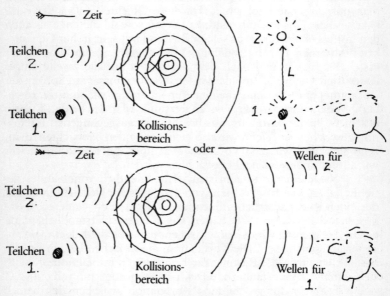

Quantenmechanisches Bild einer Korrelation zwischen zwei Teilchen: der Beobachter stellt fest, daß die Lage eines Teilchens die Lage eines zweiten Teilchens prognostiziert – oder er beobachtet, daß die Wellenlänge eines Teilchens die Wellenlänge eines zweiten Teilchens prognostiziert. Er kann jedoch nicht beide Größen gleichzeitig vorherbestimmen.

schreibung dieser mißlichen Situation. Wenn sie eine vollständige Theorie der Wirklichkeit ist, dann kann es keine Möglichkeit geben, beide Größen zu prognostizieren, ohne das Objekt zu stören, das diese als Merkmale aufweist. Mit anderen Worten, die Möglichkeit ist ausgeschlossen, daß die unbeobachtete und deshalb unbeeinflußte zweite Kugel sowohl eine Lage als auch einen Impuls hat, solange wir diese zweite Kugel nicht unmittelbar beobachten. Keine die erste Kugel betreffende Beobachtung kann die «Wirklichkeit» der zweiten Kugel stören, sofern beide Kugeln voneinander getrennt sind. Deshalb können die physikalischen Eigenschaften der zweiten Kugel – Lage und Impuls oder irgendein Mittelding zwischen beiden – nicht durch eine Beobachtung der ersten Kugel bestimmt werden. Es wäre unter keinen Umständen möglich, daß die zweite Kugel gleichzeitig eine bestimmte Lage und einen Impuls hat.

Einstein und seine Mitarbeiter hatten die Möglichkeit entdeckt, daß die zweite Kugel einen Impuls und eine Lage hatte, die sich trotzdem nicht gleichzeitig vorhersagen ließen. Somit gelangten sie zu dem Schluß, daß die Quantenmechanik unvollständig sein mußte, da sie einem Objekt diese physikalischen Größen zusprach, ohne sein Verhalten vorhersagen zu können.

Um zu verstehen, wie die Quantenmechanik eine solch paradoxe Situation hervorbringen konnte, erdachten die drei Autoren eine raffinierte Möglichkeit, zwei Objekte miteinander zu korrelieren: sie konstruierten eine Wellenfunktion, die einen Zusammenhang zwischen beiden Objekten herstellte. Obgleich diese Wellenfunktion die Unschärferelation nicht verletzte, hatte sie etwas Mysteriöses an sich. Sie enthielt zwei Typen von Informationen, da sie einem Beobachter eine zuverlässige Bestimmung der relativen Entfernung zwischen zwei Objekten und zugleich der Summe ihrer Impulse ermöglichte.

Zur besseren Veranschaulichung dieser physikalischen Situation stellen wir uns einen Schwarm von Elektronen vor, die auf einen beweglichen Schirm auftreffen, der zwei lange, schmale Querspalte hat. Diese Spalte sind extrem schmal, aber der Abstand zwischen beiden ist bekannt. Mit anderen Worten, wenn zwei Teilchen je einen der beiden Spalte passieren, haben sie in diesem Augenblick einen eindeutig bestimmbaren Abstand voneinander. Nun ist es ohne weiteres möglich, den Impuls des Schirms vor und nach dem Passieren der Elektronen zu messen. Zwar verhindert die extreme Enge des Spalts eine Aussage über die Einzelimpulse der Elektronen, aber indem wir die Impulsänderung des Schirms messen, können wir den Gesamtimpuls bestimmen, der dem Elektronenpaar in dem Augenblick verliehen wird, in dem es die beiden Spalte passiert.

Nun waren nach der Quantenphysik *beide* physikalischen Größen – Impuls und relativer Abstand – wirklich; es war möglich, beide zugleich zu bestimmen. Doch Lage und Impuls des *einzelnen* Elektrons waren noch unbestimmt. Die Lage eines einzelnen Elektrons, das den Spalt passierte, war unbestimmt, weil die exakte Lage des Schirms zum Zeitpunkt des Passierens unbestimmt war, und der Impuls eines einzelnen Elektrons war unbestimmt, weil der Aufprall auf den Schirm von beiden Teilchen gleichzeitig erfolgte. Nach der Quantenmechanik hieß dies, daß weder die Lage noch der Impuls eines der beiden Elektronen aus einem Elektronenpaar physikalisch wirklich waren.

Warum diesen physikalischen Größen eine Wirklichkeit abgesprochen wurde, lag an der speziellen Art, in der Einstein und seine Mitarbeiter die Wellenfunktion konstruiert hatten. Somit wissen wir zwar etwas über die Teilchen als Paar, aber nichts, wenn wir sie einzeln betrachten. Es ist, als seien wir sehr gut mit einem Ehepaar bekannt, ohne je die Möglichkeit zu haben, die Partner einzeln anzutreffen und etwas darüber zu erfahren, wie jeder als einzelner die Welt sieht.

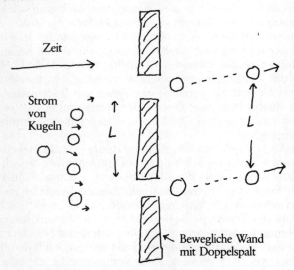

Eine klassische Darstellung der EPR-Korrelation zwischen Teilchen: zwei Kugeln passieren die Wand, halten denselben Abstand zwischen sich und erhalten durch die Wand beide denselben Puls.

Nach dieser Konstruktion bestand folglich ein Zusammenhang zwischen den beiden Teilchen. Allerdings war es keine mechanische Korrelation im klassischen Sinne. Denn angenommen, die beiden Elektronen sind unzweifelhaft voneinander getrennt, und ein Beobachter mißt die Position des einen von ihnen. Aufgrund seiner bisherigen Kenntnis des relativen Abstands beider Elektronen kann er die physikalische Lage des zweiten, unbeobachteten Elektrons absolut sicher feststellen. Somit hat das zweite Elektron die Eigenschaft der Lage, da es möglich ist, diese zu bestimmen, ohne das Elektron zu stören.

Doch halt – dasselbe gilt auch für seinen Impuls. Aus der Messung des Impulses des ersten Elektrons ergibt sich sofort der Impuls seines Partners, da die Summe beider Impulse aus dem zuvor gemessenen Impuls des Schirms errechnet werden kann. Ist $a + b = 10$ und $b = 3$, dann wissen wir sofort, daß $a = 7$ sein muß. Somit ist nach der EPR-Definition einer hinreichenden Bedingung auch der Impuls der zweiten Partikel eine reale Größe, da wir sie vorhersagen können, ohne das Teilchen zu stören.

Vielleicht kann eine Analogie das Problem noch besser verdeutlichen. Angenommen, Sie stehen vor einer Theaterkasse nach einer Eintrittskarte Schlange und halten eine Zehn-Dollar-Note in der Hand. Diese wird Ihnen von zwei identisch aussehenden Dieben entrissen. Sie können nicht genau sagen, welcher von beiden nun genau das Geld genommen hat, oder ob es vielleicht sogar beide gleichzeitig waren. Sie erkennen, daß beide exakt dieselbe Kleidung trugen, ohne daß Sie diese jedoch genau beschreiben könnten.

Später werden die Diebe festgenommen und in getrennte Gefängnisse eingesperrt. Jetzt kommt das Merkwürdige an der Geschichte. Sie gehen zu einem der beiden Gefängnisse und verlangen von dem dort einsitzenden Dieb Ihr Geld zurück. Er gibt Ihnen vier Dollar. Sodann bitten Sie den Gefängnisdirektor des anderen Gefängnisses, vom zweiten Dieb den Rest Ihres geraubten Geldes zu fordern, und dieser erhält daraufhin die restlichen sechs Dollar. Als Sie den Direktor um eine Personenbeschreibung des Häftlings bitten, stellt sich heraus, daß dieser nicht mehr identisch wie der erste Dieb gekleidet ist. Auf Befragen erklärt der zweite Dieb, er habe einen Teil der Kleidung unterwegs «verloren» oder ausgewechselt.

Bis jetzt klingt alles völlig einleuchtend. Kurz darauf wird die Stadt jedoch von einer Welle krimineller Delikte heimgesucht. Jeder Besucher einer öffentlichen Veranstaltung mit einem Eintrittspreis von zehn Dollar fällt zwei identisch gekleideten Dieben zum Opfer. Zum Glück werden die Diebe stets danach gefaßt, nur ist das Ergebnis ihrer Verhaftung etwas ungewöhnlich. Einige Leute bekommen ihr Geld zurück, andere nicht. Und einige erhalten mehr zurück als ihnen geraubt worden war. Immer dann, wenn nicht genau zehn Dollar zurückgezahlt werden, stellt sich heraus, daß die beiden Diebe exakt dieselbe Kleidung tragen. Wenn man sie darüber befragt, was mit dem Geld passiert ist, geben sie keine verständlichen Antworten.

Andererseits zeigt sich, daß stets dann, wenn genau zehn Dollar zurückgezahlt werden, die beiden Diebe unterschiedliche Kleidung tragen. Tatsächlich ist nicht einmal eindeutig erkennbar, daß die beiden als Team gearbeitet hatten. Immer jedoch rücken sie zusammen genau zehn Dollar heraus – vorausgesetzt, daß sie nicht dieselbe Kleidung tragen. Andernfalls zahlten sie, wie gesagt, entweder weniger oder mehr als zehn Dollar zurück. Und schließlich stellt man fest, daß keine zwei identisch gekleideten Paare sich gleichen, so daß zwar jeweils die Partner, nicht jedoch die Paare identisch angezogen sind.

In dieser Analogie entspricht die identische Kleidung der beiden Diebe der Lagebestimmung des Elektronenpaars. Die Höhe des bei den Dieben gefundenen Geldbetrags entspricht dem Gesamtimpuls der beiden Elektronen. Das Beispiel zeigt eine Korrelation zwischen den Dieben. Wenn man sie festnahm und erst ihre Kleidung ermittelte und nicht nach dem Geld fragte, dann zeigte sich in jedem Fall, daß beide identisch gekleidet waren. Forderte man hingegen als

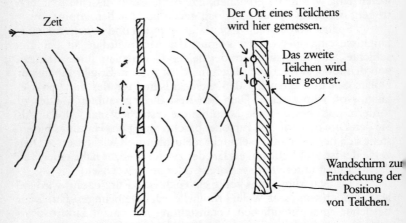

Ein quantenmechanisches Bild der Korrelation zwischen Teilchen: das EPR-Paradoxon.

erstes das Geld zurück, so erhielt man genau zehn Dollar von jedem erwischten Diebespaar. Unter diesen Umständen war das Paar jedoch unterschiedlich angezogen. Die Korrelation ging demnach dahin, daß jedes Paar entweder zusammen zehn Dollar hatte, sofern man als erstes nach dem Geld fragte, oder aber identisch gekleidet war, sofern zunächst die Kleidung festgestellt wurde. Was man an den Dieben beobachtete, hing von der Reihenfolge ab, in der man diese Eigenschaften ermittelte – Geld oder Kleidung.

Welchen Schluß können wir aus unserer Analogie ziehen? Hat das zweite Elektron wirklich gleichzeitig eine Lage und einen Impuls? Lautet die Antwort «ja», dann können wir auf der Basis der Quantenmechanik offensichtlich unmöglich beide Eigenschaften zugleich prognostizieren.

Die Sache wird noch merkwürdige, wenn wir annehmen, daß die Quantenphysik eine vollständige Theorie ist. Dann würde die Wirklichkeit des zweiten Elektrons – die notwendigen Eigenschaften einer Lage und eines Impulses – von unserer Wahl abhängen, welches Merkmal wir beim ersten Elektron als erstes erheben wollen. Das ist ganz besonders seltsam, weil es bedeuten würde, daß sich die Teilchen gegenseitig beeinflussen, ohne miteinander in Verbindung zu stehen.

Einstein und seine Mitarbeiter versuchten auf diese Weise, der Quantenmechanik die Herrschaftsbefugnis über die physikalische Wirklichkeitsdeutung streitig zu machen. Die Vollständigkeit

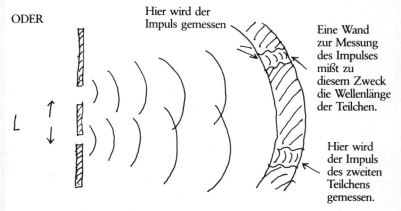

Die Teilchen erhalten durch die Wand denselben Puls, behalten jedoch nicht ihren festen Abstand L voneinander.

der Quantentheorie würde bedeuten, daß Objekte, die miteinander interagiert hatten, einander auch dann noch beeinflussen konnten, wenn sie deutlich voneinander getrennt waren. Diese Möglichkeit war ein Haar in der Suppe von Einsteins spezieller Relativitätstheorie. Dieser Einwand der drei Autoren wurde später die Bedingung der «Einstein-Separierbarkeit».

Um uns einen Begriff davon zu machen, welche Bedeutung die Annahme einer Vollständigkeit der Quantenmechanik hatte, wie sie von Einstein und seinen Mitarbeitern beschrieben wurde, werden wir im folgenden Kapitel erörtern, wie die Quantentheorie Einsteins spezielle Relativitätstheorie stürzen konnte. Indem wir die spzielle Relativitätstheorie verwerfen, verwerfen wir jedoch nicht einfach eine Theorie unter anderen. Wir verlassen damit zugleich die notwendige Basis für jedes logische und kausale Verständnis der physikalischen Wirklichkeit. Und das ist in der Tat eine schwerwiegende Angelegenheit.

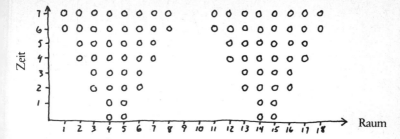

Punkte der Unbestimmtheit. Die Punkte zeigen schematisch, wie sich die beiden Teilchen in Zeit und Raum ausbreiten, nachdem sie die «Einsteinverknüpfung» erlebt haben. Trotz der Unbestimmtheit von Puls und Lage der Teilchen sind sie miteinander verknüpft.

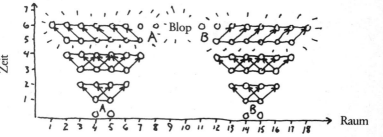

Hier sind die «Pulspunkte» mit Pfeilen verbunden, die den potentiellen Puls eines jeden Teilchens angeben. Die Entdeckung von «A» mit einem nach links gerichteten Puls erschafft «B» mit einem nach rechts gerichteten Puls.

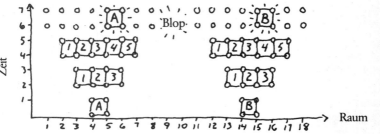

Hier sind die «Lagepunkte» untereinander verbunden und für jede potentielle Position mit einer Ziffer versehen. Die Entdeckung von «A» in einer bestimmten bezifferten Position auf der linken Seite erschafft «B» in der entsprechenden Position rechts.

10. Kapitel
Schneller als ein beschleunigtes Photon

It's all a dream.
Light passing by on a screen.

The Moody Blues

Dinge, die in der Nacht losgehen

Die Lichtgeschwindigkeit spielt in der modernen Physik eine besondere Rolle. Sie ist die Obergrenze, die höchste gegenwärtig bekannte Geschwindigkeit in unserem Universum. Die gesamte Materie, Licht und elektromagnetische Strahlung sind zwangsläufig auf Geschwindigkeiten beschränkt, die die Lichtgeschwindigkeit nie überschreiten.

Wenn ich beispielsweise die Energie eines Balls erhöhe, indem ich ihm jedesmal, wenn er an mir vorbeifliegt, mit der Faust einen Schlag versetze (wie einem «Tetherball», der an einer Leine von einem Pfosten herabhängt), so erfährt er eine Beschleunigung. Jede Beschleunigung eines Objekts kostet Energie. Im Fall gewöhnlicher «Tetherbälle», Fußbälle oder auch Gewehrkugeln wird die Energie stets in eine Erhöhung der Geschwindigkeit umgesetzt, sofern sich das Objekt nicht mit annähernder Lichtgeschwindigkeit fortbewegt. Denn falls es dies doch tun sollte, setzt ein höchst merkwürdiger Vorgang ein: wird einem solchen Objekt weiter Energie zugeführt, so erhöht sich nicht mehr seine Geschwindigkeit, sondern seine Masse! Wie Einstein es ausgedrückt hat: «Überlichtgeschwindigkeiten haben ... keine Existenzmöglichkeit»,[1] da es bereits unendlich viel Energie erfordert, einen Körper auf Lichtgeschwindigkeit zu beschleunigen.

Was wäre aber, wenn es Teilchen gäbe, die sich schneller als mit Lichtgeschwindigkeit fortbewegen?[22] Dann bräuchte man diese Partikeln nicht erst auf Überlichtgeschwindigkeit zu beschleunigen. Der Gedanke an derartige Teilchen hat die Physiker lange Zeit sehr fasziniert.[3] Man bezeichnet sie als *Tachyonen*, nach dem altgriechischen Wort *tachys* («schnell»). Die Begriffe *Tachometer* (ein Instrument zur Messung der Geschwindigkeit) und *Tachykardie* (stark beschleunigter Herzschlag) sind aus derselben griechischen Wurzel abgeleitet.

Wenn es diese Tachyonen gäbe, so würden sie unsere Welt von Ursache und Wirkung auf den Kopf stellen. Das hängt mit der Einsteinschen Relativitätstheorie zusammen. Betrachten wir ein einfaches Beispiel. Angenommen, ein Gewehr wird auf ein bestimmtes Ziel abgefeuert, während wir in einem Überschallflugzeug sitzen, das etwa mit derselben Geschwindigkeit wie die Kugel fliegt. Nehmen wir sogar an, wir würden neben der Kugel herfliegen und diese vom Fenster aus beobachten. Von unserem Standort aus hätte es den Anschein, als stände die Kugel still. Natürlich würde in diesem Fall das Ziel der Kugel entgegenrasen. Ist es möglich, so schnell zu fliegen, daß die Kugel nicht nur vor dem Fenster stehenbleibt, sondern sich sogar rückwärts bewegt?

Wenn Sie Wildwestfilme mögen, haben Sie schon häufig beobachtet, wie die Räder der Pferdewagen sich rückwärts zu drehen scheinen, was besonders dann vorkommt, wenn diese Wagen sich langsam fortbewegen. Das liegt daran, daß die Geschwindigkeit, mit der der Film im Projektor abläuft, größer ist als die Geschwindigkeit der rotierenden Räder. Und dennoch bewegt sich der Wagen vorwärts. Es hat also den Anschein, daß wir an der Gewehrkugel so schnell vorbeifliegen können, wie wir wollen, sie wird weiterhin auf ihr Ziel zufliegen, selbst wenn es von uns aus so aussieht, als fliege sie rückwärts.

Die Relativitätstheorie bestätigt diese anscheinend offensichtliche Beobachtung. Könnte man die Kugel jedoch schneller als mit Lichtgeschwindigkeit fliegen lassen, so würde sich etwas höchst Merkwürdiges ereignen. Nehmen wir beispielsweise an, die Kugel fliege mit zweifacher Lichtgeschwindigkeit. Solange wir uns im Flugzeug mit weniger als der halben Lichtgeschwindigkeit fortbewegen, werden wir nichts Besonders beobachten. Sobald wir jedoch die halbe Lichtgeschwindigkeit erreichen, werden wir gleichzeitig das Abfeuern der Kugel und ihr Auftreffen im Ziel sehen! Aber es kommt noch verrückter: sobald wir unser Tempo noch mehr beschleunigen, erleben wir den ganzen Ablauf rückwärts; das Ziel wird explodieren und die Kugel samt dem Pulverdampf in den Gewehrlauf zurücksenden, in den sie sauber hineinschlüpft, hinein in die Patrone und dann ins Magazin – ganz so, als ließe man einen Film rückwärts ablaufen.

Da die Relativitätstheorie die Resultate bestimmter Beobachtungen erfolgreich prognostiziert hat, verlassen wir uns mittlerweile auf sie. Deshalb würden wir auch zu dem Schluß kommen, daß Tachyonen aufgrund des obigen Beispiels nicht existieren können. Denn unser Beispiel veranschaulicht etwas, das wir als *Verletzung des Kausalprinzips* bezeichnen: die Ursache folgt auf die Wirkung.[4]

Verletzungen des Kausalprinzips sind in einem geordneten und Gesetzen unterworfenen Universum Schwerverbrechen. Eine Beschleunigung über die Lichtgeschwindigkeit hinaus wird von be-

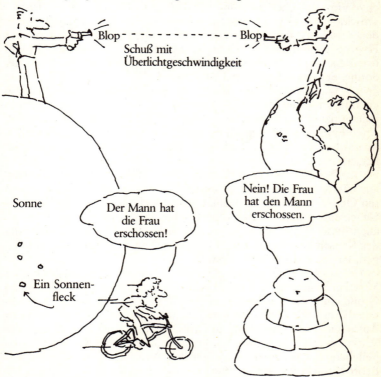

Eine Verletzung der Kausalität: ein durch ein Tachyon verursachter Widerspruch der Tatsachen.

stimmten Beobachtern immer als eine solche Verletzung wahrgenommen. Sie werden die Ereignisse, die sich auf dem Weg des beschleunigten Objekts ereignen, in umgekehrter Reihenfolge sehen. Natürlich erlebt nicht jeder Beobachter dieses «Affentheater». Wenn wir alle dieselbe Verletzung des Kausalitätsprinzips sähen, würden wir uns keine Gedanken darüber machen, sondern einfach die Wirkung als Ursache und die Ursache als Wirkung bezeichnen. Filme rückwärts laufen zu lassen ist durchaus sinnvoll, solange man sie niemals vorwärts laufen läßt.

Wir sehen aber nicht alle dasselbe. Die Welt kann bizarr erscheinen, wenn sie von Beobachtern betrachtet wird, die sich mit einem Bruchteil, z.B. einem Millionstel, der Lichtgeschwindigkeit fortbewegen, nämlich mit 1080 km/h. Wenn beispielsweise ein Tachyon in westlicher Richtung mit mehr als millionenfacher Lichtgeschwindigkeit fliegen würde, so hätte es für Beobachter auf der Erde den Anschein, als fliege es zur Sonne, während die Passagiere eines Flugzeugs mit der Geschwindigkeit von 1080 km/h den Gesichtseindruck hätten, als bewege sich das Tachyon nach Osten, weg von der Sonne. Schatten fliegender Untertassen!

Was wäre nun die Wahrheit? Wo beginnt die Bahn des Tachyons, im Osten oder im Westen? Werden Verletzungen des Kausalitätsprinzips zugelassen, dann löst sich die Welt der Wahrheit in einen Eintopf der Aberglauben auf. Einstein hat das zweifellos intuitiv gespürt, obgleich er Tachyonen nie als etwas Wirkliches angesehen hat.

Das brauchte er auch nicht. Seine Theorie der speziellen Relativität befreite die Naturwissenschaft von solchen nicht geheuren Objekten. An der Kausalität ändert sich nichts, solange sich die Gegenstände nicht mit Lichtgeschwindigkeit fortbewegen. Denn in allen diesen Fällen wäre niemand jemals imstande, eine Verletzung des Kausalitätsprinzips zu beobachten. Dinge, die nach Westen fliegen, fliegen immer nach Westen.

Doch die Quantenmechanik, das hatten Einstein und seine Mitarbeiter gezeigt, ließ zu, daß die Beobachtung der physikalischen Größe eines Paars zuvor korrelierter Teilchen ein ähnliches Erscheinen dieser Größe beim zweiten Teilchen «erschuf». Dieses plötzliche Auftreten einer physikalischen Größe beim zweiten Objekt wäre die Wirkung einer Messung der entsprechenden Größe beim ersten Teilchen. Da das zweite Teilchen den Wert, der ihm aufgrund der Beobachtung der ersten Partikel zugeschrieben wurde, nicht im voraus besitzen konnte, mußte die Wirklichkeit des zweiten Teilchens von der gemessenen Wirklichkeit des ersten abhängen.

Das bedeutete, daß «etwas» vom Ort der Messung des ersten Teilchens zum Ort des zweiten wandern mußte, und dieses «Etwas» konnte auch unmöglich ein Langweiler sein. Nichts in der Quantenphysik hemmte seinen Lauf, was es auch immer sein mochte. Sie implizierte vielmehr, daß dieses «Etwas» sich durchaus mit Lichtgeschwindigkeit oder sogar noch schneller fortbewegen konnte. Es war jedoch kein Licht, was sich da bewegte. Licht ließ sich innerhalb der Theorie erklären und war auch in ihr mit aufgenommen. Das «Etwas» lag jenseits solcher Erklärungen.

Die beiden zuvor korrelierten Objekte konnten Lichtjahre voneinander entfernt sein. Sie konnten sich in getrennten Galaxien aufhalten. Sobald jedoch eines der beiden einer Beobachtung unterworfen wurde, würde das andere sogleich einen entsprechenden Wert für die Größe erhalten, die – welche es auch immer sein mochte – gerade beobachtet worden war.

In ihrem Bemühen, die Quantenmechanik in Zweifel zu ziehen, hatten die drei Autoren eine weitere ihrer Seltsamkeiten zutage gefördert: den überraschenden Zusammenhang zwischen Objekten, die zuvor einmal miteinander in Berührung gekommen waren. Die Quantenmechanik besagte, daß dieser vergangene Kontakt es ermöglicht, daß die Objekte auf diese besondere Weise korreliert sind, auch wenn sie danach auf lange Zeit hinaus in keine physikalische Berührung mehr miteinander kommen. Es gab sozusagen «Kausalitätszeitbomben», die jeden Augenblick ohne erkennbaren Grund hochgehen konnten. Es war außerdem unmöglich, eine solche Bombe vorsätzlich hochgehen zu lassen. Es gab nicht einmal die Möglichkeit, nachträglich zu erkennen, wenn man dies unwissentlich getan hatte, sofern beide Objekte keinen Kontakt mehr miteinander hatten. Man konnte nur eines tun: etwas beobachten. War dieses «Etwas» mit einem zweiten Objekt «quantenverknüpft», so würde das zweite Objekt die Wirkung der Beobachtung «spüren». Es war wie in der legendären Geschichte der «korsischen Brüder», die selbst in der Trennung voneinander stets von den Liebesgeschichten des anderen wußten, da beide früher einmal siamesische Zwillinge gewesen waren.

Obgleich Einstein vielleicht Einwände dagegen gehabt hätte, habe ich diese «Quantenverknüpfung» zwischen zwei in der Vergangenheit korrelierten Teilchen «Einsteinverknüpfung» genannt. Erinnern wir uns daran, daß Einstein in dem besagten Aufsatz versucht hatte, eine solche Verknüpfung aufzulösen, indem er auf ihren Widersinn hinwies. Ihm gebührt die «Ehre», weil er als erster darauf hingewiesen hat, daß die Quantenmechanik selbst eine derart verzwickte Verknüpfung mit sich bringen konnte. Aber der Umstand, daß eine Beobachtung von A ein Ergebnis bei B produzieren konnte, selbst wenn A und B Lichtjahre voneinander entfernt waren, war nicht das eigentliche Problem.

Das wirkliche Problem der Einsteinverknüpfung ist, daß A und B möglicherweise gleichzeitig auftreten. In Erinnerung an unsere Reise in die Welt der Tachyonen und der Relativität würde das bedeuten, daß für manche Beobachter von A und B, die sich auf einem anderen Standort befinden, A die Ursache von B sein kann. Die Ereignisse könnten jedoch ebensogut in umgekehrter Reihenfolge wahrgenommen werden. Manche Beobachter sehen vielleicht B als die Ursache von A. Gleichzeitig, aber an unterschiedlichen Orten eintretende Ereignisse können von bewegten Beobachtern in entgegengesetzter zeitlicher Folge gesehen werden. Somit konnten solche Ereignisse unmöglich kausal miteinander verknüpft sein, mindestens nicht in einem herkömmlichen Sinne von Kausalität.

Wenn die Quantenmechanik jedoch eine vollständige Theorie der Wirklichkeit war, dann mußte sie auch einen ganz besonderen Zusammenhang zwischen den Beobachtern von Ereignissen herstellen. Es war nicht einmal erforderlich, daß zwei Objekte diesen Zusammenhang aufwiesen. Der Zusammenhang, den ich hier meine, hatte mit der Beziehung zwischen allen Beobachtungen zu tun, die gleichzeitig erfolgen. Die letzteren bezeichnete man als *synchrone Beobachtungen*.

Nach den Axiomen der Quantenmechanik war es möglich, eine Beziehung zu erkennen, die sich im Raum erstreckte und einen großen Bereich möglicher Orte für die Beobachtung eines Ereignisses abdeckte. Um jedoch über diesen synchronen Zusammenhang sprechen zu können, benötigen wir eine Sprache, ein Bild von Begriffen.

Qwiffs, Ströme und Blops

Es bereitet große Schwierigkeiten, für diesen synchronen Zusammenhang in der Quantenmechanik eine Sprache zu entwickeln. Noch immer haben wir es mit den Wellen und Teilchen unserer klassischen Erfahrung zu tun. Trotzdem bin ich überzeugt, daß ein Versuch uns weiterhelfen kann. Beginnen wir noch einmal beim Bild einer Wellenfunktion, wie es zuerst von de Broglie beschrieben und später von Schrödinger weiterentwickelt worden ist.

Obwohl es fast unmöglich ist, sich von diesen Vorgängen ein Bild zu machen, wollen wir doch versuchen, uns eine Wellenfunktion der Quantenmechanik vorzustellen. Diese Funktion werde ich als ein «Qwiff» (Quanten-Wellen-Funktion) bezeichnen. Wir können uns ein solches Qwiff als etwas denken, das sich im Raum ausbreitet wie die Wellenkräuselungen auf einem Teich. Den Vorgang der Beobachtung eines Qwiffs nenne ich einen «Blop». Wir können demnach aussagen, daß Qwiffs «fließen» und daß sie «bloppen», d. h. zerplatzen. Qwiffs fließen wie auf und nieder gehende Wasserwellen, die sich ausbreiten, und Qwiffs zerplatzen wie Luftblasen im Wasser, die an die Oberfläche gelangen. Der Leser muß sich jedoch vorstellen, daß ein Qwiffblop gleichbedeutend ist mit der Zerstörung eines Qwiffstroms. Mit anderen Worten, wenn ein Qwiff platzt, verschwindet es zugleich. Wenn zwischen zwei Teilchen eine Korrelation besteht, kann man sich diese als elastisches Qwiff vorstellen, das beide miteinander verbindet. Die Beobachtung des einen Teilchens läßt das Qwiff platzen und beeinflußt damit zugleich das andere Teilchen. Obgleich das von mir gezeichnete Bild mechanischer Natur ist, enspricht es nicht dem einfachen Schema von Aktion und Reaktion. Ein Qwiff ist die Wellenfunktion eines Quantums, die bestenfalls die Wahrscheinlichkeit einer Beobachtung beschreibt, nicht jedoch die tatsächliche Beobachtung. Es ist kein wirkliches «Ding», es kann für uns jedoch ganz zweckmäßig sein, es so darzustellen.

Der nächste Schritt in unserem Bemühen um ein Verständnis synchroner Zusammenhänge ist der Hinweis, daß Qwiffströme durch eine mathematische, kontinuierliche Beschreibung determiniert sind. Diese Beschreibung ist die Schrödingergleichung. Da diese Gleichung beschreibt, wie das Qwiff fließt, beschreibt sie auch, wie das Qwiff sich kontinuierlich verändert. Wir befinden uns in der merkwürdigen Situation, mit Sicherheit zu wissen, in welcher Weise sich die Wahrscheinlichkeit der Dinge ändert.

Die Schrödingergleichung kann uns allerdings nicht sagen, was wir tatsächlich beobachten. Sie sagt nichts darüber aus, wo oder wann ein Qwiff platzen wird. Es gibt keine kontinuierliche mathematische Möglichkeit, einen Qwiffblop zu beschreiben. Jeder Blop ist eine plötzliche Zerstörung, ein Bruch mit der Vergangenheit, eine Verletzung des Gesetzes von Ursache und Wirkung. Betrachten wir ein einfaches Beispiel: die Quantenmechanik des Kinderliedes, das mit den Versen beginnt «Weißt du, wieviel Sternlein stehen an dem blauen Himmelszelt? ...»

Das unbeobachtete Qwiff strömt in einem endlosen Wellenmuster in vollkommen logischer Weise durch die Raumzeit. So hat beispielsweise das Qwiff, welches das Verhalten eines Photons beschreibt, das von einem vier Lichtjahre von der Erde entfernten Stern ausgesandt wurde, ein höchst einfaches Bewegungsmuster. Es ist das einer Kugelnwelle, bei der von einem Zentrum endlose Wellenkräuselungen in alle Richtungen ausgehen, die ein ähnliches Bild bieten wie die Schalen einer Zwiebel. Eine zweidimensionale Variante wären etwa die Wellenkräuselungen auf einem Teich, in den man einen Stein geworfen hat.

Ein Beobachter A auf der Erde könnte z.B. über die Möglichkeit nachdenken, ob an einem bestimmten Ort im Raum ein Stern existiert. Wir stellen uns vor, daß der Stern bislang unentdeckt ist, um Hilfe ruft und gefunden werden will. Er sendet ein einzelnes

Qwiffs, Ströme und Blops: die Vorstellung des Unvorstellbaren. Wir sehen das Bewußtsein eines jungen Menschen und das von Qwiffs erfüllte Universum.

Photonenqwiff aus, das sich im gesamten Weltall ausbreitet. Jeder Punkt auf seiner Wellenoberfläche ist ein möglicher Punkt der Entdeckung. Es gibt jedoch keine Intelligenz im Universum, die das weiß. So wird die Wellenoberfläche immer größer und schwächt sich gleichzeitig ab. Wenn sie sich noch weiter ausdehnt wie ein Ballon, stößt sie vielleicht auf intelligente Wesen.

Plötzlich, auf der Erde, platzt irgend etwas im Kopf unseres Beobachters. Für einen extrem kurzen Augenblick «sieht» er das Licht des Sterns. Und im selben Augenblick wird das Qwiff drastisch verändert, als hätte jemand einen Ballon angepiekst. Man sagt, das Photon ist angekommen. Eine Intelligenz ist auf der Szene erschienen, Erkenntnis ist auf den Plan getreten. Die Erkenntnis wurde verändert. Das einzelne Photonenqwiff, das sich in einer Kugel mit

Soeben hat er das Qwiff platzen lassen.

einem Radius von vier Lichtjahren ausgebreitet hat, ist auf der Netzhaut des Beobachters zu einem einzigen atomaren Ereignis in sich zusammengestürzt. Dieses Ereignis – der Zusammenbruch der Wellenfunktion – ist eine Veränderung, die für einen einzigen Augenblick das gesamte Universum beeinflußt.

Inzwischen hat möglicherweise ein zweiter Beobachter B ebenfalls nach dem Licht des Sterns gesucht. Angenommen, B wartet auf den Lichtblitz auf einem anderen Planeten, der zufällig ebenfalls vier Lichtjahre von dem Stern entfernt ist, jedoch auf der entgegengesetzten Seite von A. B würde das Schauspiel entgehen, da A das Qwiff zum Platzen gebracht hat. In dem Augenblick, als A das Licht sah, veränderte er die Wahrscheinlichkeit im gesamten All.

Wir sehen das Ergebnis: das Photon eines Sterns ist auf seiner Netzhaut gelandet.

Kurz vor As Entdeckung hatten A und B dieselben Chancen, den Stern zu sichten. In dieser von Qwiffs bevölkerten Welt befand sich das Photon potentiell an beiden Orten – gleichzeitig in der Nähe von A und in der Nähe von B. Tatsächlich befand es sich potentiell und gleichzeitig auf jedem Punkt der kugelförmigen Wellenoberfläche des Qwiffs. Und dann sah A das Licht.

Dies veränderte nicht nur die Wirklichkeit von A, sondern sofort und unmittelbar auch die von B. Es liegt zwar nahe zu sagen, A sei bei dieser Veränderung die Ursache und B die Wirkung, doch mit derselben Logik ist die Aussage möglich, die Nichtbeobachtung des Photons durch B habe bewirkt, daß A das Photon gesehen hat. Wieso? Weil in demselben Augenblick, als B *wußte*, daß es bei ihm kein Photon gab, B die Wahrscheinlichkeit seines Auftretens zu Null gemacht hat. Deshalb waren sowohl B als auch A für den Zusammenbruch des Qwiffs verantwortlich.

Das plötzliche Platzen des Qwiffs scheint dem allgemeinen Kausalitätsprinzip zu widersprechen. Wegen des gleichzeitigen Eintretens der Ereignisse bei A und B können wir nicht angeben, wer von wem oder was von was abhängt. Es ist, als warteten die menschlichen Gehirne allesamt wie gierige, hungrige Kinder darauf, jedes Qwiff, das in ihre Reichweite gelangt, sofort zu verschlingen. Das Problem dabei ist, daß der erste Fresser für die anderen nichts mehr übrigläßt – oder aber er beschert einem anderen durch seinen Akt des Nichterkennens ein Fest der Erkenntnis.

In meiner ungezügelten Phantasie stelle ich mir Gott inmitten des Weltalls vor, wie er Quantenfeste der Erkenntnis bereitet, magische und wohlschmeckende zukünftige Leckereien in Form von prächtigen Qwiffs. Die Qwiffs breiten sich schneller als das Licht im Universum aus und bewegen sich vorwärts und rückwärts in der Zeit. Und Gott ruft wie eine gute jiddische Mame, «eßt, eßt, Kinderlech. Es gibt köstliche Leckereien, echte Perlen.» Doch leider sind wir Zuhörer, die höchst beklommen daran denken, was sich ereignen könnte. Wir blicken auf all die Herrlichkeiten und seufzen. Wir fürchten uns, über die Späße des Erhabenen zu lachen. Wir haben Angst, daß die neue Nahrung unseren Magen verdirbt statt uns zu laben.

Was noch schlimmer ist, Gottes Qwiffs werden von jedem Erkenntnisvermögen, und sei es auch noch so primitiv, zum Platzen gebracht. Auf diese Weise werden großartige Perlen der Weisheit von verwirrten Geistern verschlungen und in unheimliche Wirklichkeiten verwandelt, z. B. in schlechte Kriegsfilme über die Nazis, den Hungertod unzähliger Leidender und in unendliche Gefühllosigkeit.

Gottes zeitlose Späße werden immer wieder als Parabeln, Bibellegenden und mystische Erkenntnisse erzählt. Aber leider werden sie hoffnungslos von unvernünftigen Köpfen entstellt.

Doch nicht alle Köpfe sind unverständig. Die Naturwissenschaft entsteht. Und dann treten Planck und Einstein auf und mit ihnen all die anderen in der vergangenen und der noch vor uns liegenden Geschichte. Eine Ordnung wird entdeckt. Aber wer erschafft diese Ordnung?

Es besteht also von einem bestimmten und vielleicht kosmischen Standpunkt aus ein Zusammenhang zwischen den beiden Beobachtern A und B, die davon jedoch nichts wissen müssen. Vor den von A und B angestellten Beobachtungen war das Qwiff ein unzerstörtes Ganzes, das sich in einem riesigen Raum nach allen Seiten erstreckte. Vor der Beobachtung dieses einzelnen Photons durch A gab es keine objektive Trennung zwischen A und B. Zu dieser kam es erst, als das Photon beobachtet wurde.

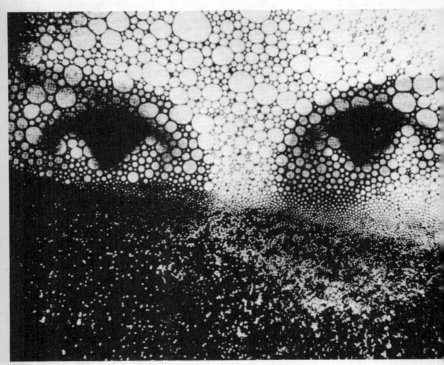

Gott erschafft alle Qwiffströme, und Sie sind der Urheber aller Qwiffblops.

Natürlich würde einen Augenblick später ein weiteres Photonenqwiff die beiden Beobachter erreichen. Und vielleicht ist es wiederum A, der das Licht sieht. Doch das Qwiff hat keine Präferenzen für einen der beiden. Es ist genauso wahrscheinlich, daß B das Photon sichtet. Und wenn das der Fall ist, ändert er für einen kurzen Augenblick die Wirklichkeit von A. Dann kommt das dritte Photon, das vierte usw. Jedes Photonenqwiff wird von einander gegenüberliegenden Seiten im weiten räumlichen All verändert. In dieser kontinuierlichen Abfolge von Beobachtungen wird die riesige Ausdehnung des Weltraums von A und B wahrgenommen.

Indem er das Universum beobachtet, zerstört jeder Beobachter dessen Ganzheit. Indem er Beobachtungen anstellt, wird jeder Beobachter von der übrigen Schöpfung getrennt. Bei diesem Vorgang erlangt er zwar Erkenntnis, zahlt jedoch auch einen Preis dafür. Er wird zunehmend allein und isoliert. Vielleicht ist das gemeint mit dem Baum der Erkenntnis im Garten Eden. Der erste Biß in den Apfel ist süß, kommt jedoch teuer zu stehen. Unsere Augen sind uns geöffnet worden, und wir gewahren, daß wir allein sind.

11. Kapitel
Das Aufbrechen des unzerstörten Ganzen

*«Sein oder Nichtsein»,
das ist nicht die Frage;
es ist die Antwort.*

Fred Alan Wolf

Wenn zwei zu einem werden

Meine erste richtige Begegnung mit der Quantenphysik erfolgte 1958. Ich studierte damals an der Universität von Kalifornien in Los Angeles, und wollte Diplom-Physiker werden. Eines der für unseren Kurs erforderlichen Lehrbücher war David Bohms *Quantum Theory*.[1] Für ein Collegelehrbuch ist es ein sehr ungewöhnliches Buch. Wer schon einmal mit Lehrbüchern der Physik zu tun hatte weiß, daß diese in der Regel trocken sind und vor hieroglyphenartigen Formeln nur so strotzen, die offenbar von Maschinen statt von Menschen erzeugt worden sind.

Bohms Buch bildete hier eine Ausnahme: es enthielt mehr Text als Formeln. Es befaßte sich mit Fragen zu Themen, die auf den ersten Blick nichts mit Physik zu tun hatten. «Die unsichtbare Einheit der Welt», «Die Notwendigkeit einer nichtmechanischen Beschreibung» der Natur, «Die Unschärferelation und bestimmte Aspekte unserer Denkvorgänge» und «Das Paradoxon von Einstein, Rosen und Podolsky» waren einige der von Bohm behandelten Themen, die auch auf mein eigenes Denken einen starken Einfluß ausgeübt haben.

1973 hatte ich die Möglichkeit, als Forschungsstipendiat zwei Jahre an der physikalischen Fakultät des Birkbeck College (Universität London) zu verbringen. In diesen beiden Jahren von 1973 bis

1975 habe ich mit Professor Bohm mehrere Gespräche geführt; er war damals der Leiter der Abteilung für theoretische Physik.

Bohm bezeichnete die synchrone, das Kausalitätsprinzip verletzende Quantenbeziehung als «Nichtlokalität». In einem Aufsatz, den er später zusammen mit Basil Hiley in Birkbeck verfaßt hatte, schrieb er:

> «*Die mit der Quantentheorie implizierte grundsätzlich neuartige Eigenschaft ist die Nichtlokalität; d. h., daß ein System sich nicht in Teile zerlegen läßt, deren fundamentale Eigenschaften nicht vom ... gesamten System (abhängen) ... Das führt zu dem radikal neuen Begriff der unzerstörten Ganzheit des gesamten Universums.*»²

Die Quantenmechanik reizt zu derartigen Gedankengängen. Den Physikern ist zu Bewußtsein gekommen, daß das mechanistische Bild der Welt nicht das einzige sein kann. Aber noch immer bleibt die alte Frage unbeantwortet: «In welcher Weise können wir die Welt erkennen?» Wenn Elemente der Wirklichkeit wie die Lage eines Objekts oder sein Weg durch Raum und Zeit je nach der gewählten Art der Beobachtung zum Verschwinden gebracht werden können, dann bleibt uns nicht mehr viel übrig. Jede Wirklichkeit über die materielle Welt ruht auf einem Fundament, das reich ist an Beispielen für ein derart paradoxes Verhalten.

Selbst das, was wir mit «Raum» und «Zeit» meinen, muß neu durchdacht werden. «Unzerstörte Ganzheit» meint genau dasselbe, was es für die alten Griechen bedeutet hat. Man kann sie nicht zerlegen, nicht analysieren. Denn wenn wir das tun, finden wir am Ende etwas, das im ursprünglichen Ganzen nicht enthalten war, sondern durch den Akt des Analysierens erzeugt wurde. Ist das gesamte Universum so beschaffen, dann muß auch die Erfahrung von Raum und Zeit fortwährend durch Akte der Beobachtung erzeugt werden.

Wenn wir uns irgendwie dem Ganzen nähern könnten, ohne es zu zerstören, was würden wir dann finden? Könnten wir Signale senden und empfangen? Selbst der Begriff des Signals ist zutiefst mit einem unserer am meisten geheiligten Vorurteile verknüpft, dem des Raums. Bohm und Hiley bemerken hierzu:

> «*Wir verweisen insbesondere darauf, daß in der Relativitätstheorie der Begriff des Signals entscheidend für eine Bestimmung dessen ist, was wir mit der Trennbarkeit verschiedener Raumregionen meinen. Allgemein gesagt, wenn zwei Regionen*

A und B getrennt sind, so wird angenommen, daß sie über Signale miteinander verbunden werden können. Wenn es umgekehrt keine klare Trennung zwischen beiden Systemen gibt, ist ein Signal, das beide verbindet, kaum oder gar nicht von Bedeutung. Somit impliziert die Möglichkeit von Signalen eine Trennung, und eine Trennung impliziert die Möglichkeit einer Verbindung durch ein Signal.»[3]

Wenn das gesamte Universum eine einzige, untrennbare Einheit ist, sind Signale wenig sinnvoll. Soweit sich aus der Quantenmechanik eine blitzschnelle Kommunikation zwischen sämtlichen Raumpunkten der Oberfläche eines Qwiffs ergibt, kann man *nicht* davon sprechen, daß diese Punkte voneinander getrennt sind. Sie sind allesamt nur ein einziger Punkt!

Sofern man sie als getrennte Punkte im Raum (und in der Zeit) bezeichnen kann, können Signale zwischen ihnen ausgetauscht werden. Damit sind unsere beiden Beobachter aus dem vorangegangenen Beispiel sowohl voneinander getrennt (sie können einander mit normalen Mitteln und langsamer als mit Lichtgeschwindigkeit Signale übermitteln) als auch nicht getrennt (die Beobachtung durch A beeinflußt sofort die Wirklichkeit von A *und* B).

Es ist vermutlich schwierig zu verstehen, wie zwei ganz verschiedene Raumregionen gleichzeitig getrennt und nicht getrennt sein können. Um uns diesen Sachverhalt deutlicher zu machen, wollen wir zu unserem Beispiel des paradoxen Würfels zurückkehren. Wir erinnern uns, daß es möglich war, die Abbildung auf zwei komplementäre Weisen wahrzunehmen; als Würfel mit springenden Seitenflächen oder als ein abstraktes Muster aus Linien und Schnittpunkten.

Nehmen wir jetzt an, wir hätten zwei dieser Würfel im Raum. Die Würfel sollen absolut unabhängig voneinander sein. Stellen wir uns außerdem zwei Beobachter vor, die jeweils einen dieser getrennten Würfel beobachten. Da weder zwischen den Würfeln noch zwischen den Beobachtern ein erkennbarer Zusammenhang besteht, wird ein Vergleich beider Beobachtungsreihen nur eine geringe Übereinstimmung zwischen ihnen ergeben. Angenommen, der erste Beobachter sieht als erstes das untere Quadrat als Vorderseite, danach das obere, und ein drittes Mal sieht er vielleicht nur ein abstraktes Muster. Bezeichnen wir diese Beobachtungen in ihrer Reihenfolge als U, O und M, so mag sich vielleicht folgende Beobachtungsreihe ergeben: MOOUUOMUOOUOUOUOU.

Auch der zweite Beobachter wird bei seinem «Würfel» eine

Serie unterschiedlicher Beobachtungen machen, die etwa so aussieht: OUOUOUMMUUOMOOUUU. Indem wir beide Beobachtungsreihen miteinander vergleichen, können wir feststellen, ob zwischen ihnen eine Ähnlichkeit, eine Korrelation besteht. Da wir die Entscheidungen der Beobachter für diese oder jene Wahrnehmung nicht steuern können, ist natürlich keine «Überschneidung» zwischen den Beobachtungsreihen zu erwarten. Zweifellos werden wir einzelne Übereinstimmungen konstatieren können, diese sind jedoch nicht systematischer Art.

Wenn wir jetzt hingegen annehmen, daß die beiden Würfel in der Vergangenheit miteinander in Kontakt gekommen und seitdem korreliert sind, haben wir eine dem EPR-Paradox ähnliche Situation. In seiner Erklärung des Zusammenhangs griff Bohm auf eine ähnliche Korrelation zurück, nämlich die zwischen zwei Partikeln mit einem «Spin».[4] Die beobachteten Richtungen des Dralls der Teilchen hatten sich als miteinander korreliert erwiesen. Die beiden korrelier-

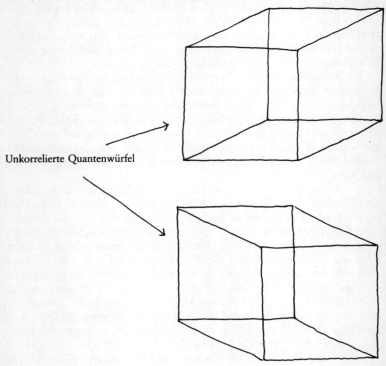

Unkorrelierte Quantenwürfel

ten Würfel werden wie zuvor von zwei Beobachtern einer Reihe von Beobachtungen unterzogen. Wiederum gibt es keine Möglichkeit der Einflußnahme auf die Entscheidungen der beiden, ob sie in der Abbildung einen Würfel (von unten oder von oben) oder ein abstraktes Muster sehen wollen. Obwohl jedoch jeder Beobachter für sich entscheidet, zeigt sich jetzt eine auffallende Ähnlichkeit zwischen beiden Beobachtungsreihen, von denen wir annehmen, daß sie im ersten Fall so: OUUOUUOUUOMMUUOOUUOOUUOOM und im zweiten so: OUUOUUOUUOMMUUOOUUOOUUOOM aussehen. Genauer gesagt, beide sehen das Bild in ganz derselben

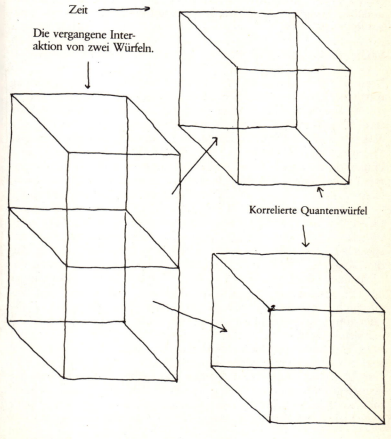

Zeit ⟶

Die vergangene Interaktion von zwei Würfeln.

Korrelierte Quantenwürfel

Weise. Trotzdem hat keiner von beiden das Gefühl, der andere habe ihn in seinen Entscheidungen beeinflußt.

Die Abfolge der Beobachtungen ist rein zufällig und unterliegt offenbar der Laune der Beobachter. Keiner von ihnen kann beispielsweise bei einer Einzelbeobachtung ein bestimmtes Bild «erzwingen». Erst beim Vergleich beider Reihen zeigt sich die überwältigende Übereinstimmung. Es ist, als sähe jeder von beiden dieselbe Sache. Die beiden Beobachter existieren, als hätten sie zusammen nur ein Gehirn und als beobachtete dieses nur einen einzigen Würfel.

Es sind jedoch zwei Würfel und zwei getrennte Köpfe da. Ihr «Einssein» zeigte sich erst, nachdem sie ihre Aufzeichnungen miteinander verglichen und jeder die Beobachtungsreihe des anderen beobachtet hatte.

Ich bin diese ganze Welt

Diese «Quantenverknüpfung» zwischen sämtlichen Dingen vermag möglicherweise zu einem besseren Verständnis darüber zu verhelfen, wie menschliche Wesen überhaupt zu einer Erkenntnis imstande sind. Zwei beliebige Punkte in Zeit und Raum sind stets zugleich getrennt und nicht getrennt. Einsteins Lichtgeschwindigkeit setzt der Trennbarkeit von Orten und Zeiten eine klare Obergrenze. Sind Punkte durch Signale miteinander verbunden, die sich langsamer als mit Lichtgeschwindigkeit fortbewegen, so sind sie getrennt. Erreichen sie die Lichtgeschwindigkeit, verlieren Signale ihre Bedeutung. Letztlich besagt Einsteins Theorie nichts anderes, als daß einem Lichtteilchen weder Raum noch Zeit «erscheinen». Dieser der Intuition zuwiderlaufende Schluß leitet sich unmittelbar aus Einsteins spezieller Relativitätstheorie ab. Er beruht auf der Beobachtung, daß die Lichtgeschwindigkeit eine Konstante ist. Jeder Beobachter, der Licht beobachtet, das sich von einer Quelle zu einem Empfänger bewegt, erhält für dessen Geschwindigkeit denselben Meßwert. Das gilt auch dann, wenn der Beobachter sich selbst relativ zur Quelle oder zum Empfänger bewegt und unabhängig von der Geschwindigkeit seiner Bewegung.

Während die Lichtgeschwindigkeit tatsächlich konstant ist, sind es die Meßwerte von Raum und Zeit nicht, obwohl es uns so erscheint. Das bedeutet, daß jedes vorgegebene Zeitintervall, wie festgelegt und unveränderlich es uns auch nach aller Logik vorkommen mag, von einem anderen Beobachter als länger oder kürzer gemessen werden kann. Dasselbe gilt für jede räumliche Distanz.

Dementsprechend ticken bewegte Uhren langsamer, und bewegte Meßlatten schrumpfen zusammen. Je schneller sich ein Objekt relativ zu einem Beobachter bewegt, desto langsamer tickt seine Uhr und desto kürzer wird es selbst. Die Grenze dieser ganzen Relativität ist die Lichtgeschwindigkeit. Hätte ein Photon eine Uhr, so würde diese ihren Gang so sehr verlangsamen, daß überhaupt keine Zeit verginge. Die von ihm zurückgelegte und von ihm selbst beobachtete Strecke wäre gleich null. Beide Punkte (Start und Ziel) würden dem Photon als ein «hier und jetzt» erscheinen.

Jenseits der Lichtgeschwindigkeit wäre ein Objekt oder ein Bewußtsein aller Fesseln von Raum und Zeit gänzlich ledig. Es könnte in jede – vergangene oder zukünftige – Zeit «einsteigen». Es könnte in einem einzigen Augenblick an jeden beliebigen Ort gelangen. Alle Punkte des Universums wären seine Heimat. Die Quantenmechanik gab diesem poetischen Gedanken einen Sinn. Das Weltall ist nicht lediglich eine Ansammlung voneinander getrennter Punkte. Was es ist, hängt vom Beobachter und davon ab, was dieser tut. Indem er sich mit der «Quantenganzheit» der Welt identifiziert, «wird» der Beobachter zum Beobachteten. Er ist das, was er sieht.

Kurz nach der Veröffentlichung des EPR-Aufsatzes beschäftigte sich Schrödiger eingehend mit jener Art der Wirklichkeit, wie sie von der Quantenphysik gezeichnet wurde. Ähnliche philosophischen Überlegungen hatte er schon seit längerem angestellt.

Erinnern wir uns daran, daß Schrödiger zu Niels Bohr gesagt hatte: «Wenn man um diese verdammten Quantensprünge nicht mehr herumkommt, dann bedaure ich, jemals an diesem Thema mitgearbeitet zu haben.»[5] Worauf Bohr erwiderte: «Wir anderen sind Ihnen dafür allerdings sehr dankbar, weil Ihre Arbeit sehr viel zum Fortschritt dieser Theorie beigetragen hat.»[6] Später unternahm Schrödinger einen Versuch, Quantenmechanik und Biologie miteinander in Einklang zu bringen und schrieb «Was ist das Leben?».[7] In seinen beiden längeren Abhandlungen «Meine Weltansicht»[8] zeigte er sich als Mystiker und stark beeinflußt von fernöstlichem Denken. In seinem ersten Aufsatz, den er 1925 *vor* der Entwicklung seiner Gleichung verfaßt hatte, schrieb er:

> »*Darum ist dieses dein Leben, das du lebst, auch nicht ein Stück nur des ganzen Weltgeschehens, sondern in einem bestimmten Sinn das* ganze. *Nur ist dieses Ganze nicht so beschaffen, daß es sich mit* einem *Blick überschauen läßt. – Das ist es bekanntlich, was die Brahmanen ausdrücken mit der heili-*

gen, mystischen und doch eigentlich so einfachen und klaren Formel: Tat twam asi (das bist du). – Oder auch mit Worten wie: Ich bin im Osten und im Westen, bin unten und bin oben, ich bin diese ganze Welt.»[9]

Schrödinger war in der Tat prophetisch, obgleich er selbst für die Erfüllung seiner Prophezeiung sorgte, indem er die mathematischen Mittel schuf, mit deren Hilfe die Quantenphysiker die Welt in dieser Weise zu sehen gelernt haben. Für mich ist seine Aussage «Ich bin diese ganze Welt» die erste Behauptung innerhalb der Quantendenkweise. Ich sehe darin das eine Bewußtsein, das sich selbst sieht und die Paradoxien seiner Lage akzeptiert. Daß es überhaupt etwas gibt, wird mit den Quantensprüngen in Einklang gebracht.

«Der Sämann» von Vincent van Gogh: der Beobachter wird zum Objekt der Beobachtung. TAT TVAM ASI, das bist du. ICH BIN DIESES GANZE UNIVERSUM.

Die von Schrödinger eingenommene Position der Ganzheit bezeichne ich als *Quantensolipsismus*. Dem Solipsismus zufolge ist das Selbst das einzige, was sich erkennen und bestätigen läßt. Alles andere ist ungewiß. Nach dem Quantensolipsismus hängt alles von einem selbst ab. Jeder erschafft für sich das ganze Universum. Wie gelingt ihm das? Indem er sich seines Bewußtseins bedient. Um diesen Vorgang zu verstehen, wollen wir den Aufbau unseres denken-den Bewußtseins näher untersuchen, das Qwiff.

Der Aufbau der menschlichen Vorstellung: das Qwiff

Auf die Fragen, die sich aus einer solchen um das Individuum kreisenden Weltsicht ergeben, gibt es keine leichtverständlichen Antworten, ganz im Gegenteil. Denn wenn die Welt existiert und nicht objektiv fest und bereits da ist, lange bevor ich die Bühne betrete, was ist sie dann? Die beste Antwort scheint, daß die Welt nur ein Potential ist, dessen Gegenwart davon abhängt, daß Sie oder ich sie beobachten. Es ist im Grunde genommen eine Geisterwelt, die jedesmal in eine feste Daseinsform «umspringt», wenn einer von uns sie beobachtet. Jedes der unzähligen Ereignisse der Welt ist potentiell gegenwärtig, ohne tatsächlich gesehen oder gefühlt zu werden, solange wir es nicht sehen oder fühlen.

Wenn wir dieses Bild akzeptieren (auch wenn es höchst eigen-artig ist), erscheinen viele bislang geheimnisvolle Ereignisse mit einem Mal verständlich. Ehe wir jedoch einige Beispiele betrachten, klären wir erst ein paar Grundbegriffe. Ausgehend von unserem gegenwärtigen Verständnis der klassischen Wirklichkeit, sieht es für uns so aus, als gäbe es zwei fundamental unterschiedliche Arten der Realität.

Die erste Art werde ich als das «Draußen» bezeichnen. Sie besteht aus allen Erlebnissen, Empfindungen und Ereignissen, die nach allgemeiner Meinung äußerlich vor sich gehen. Das Blatt fiel vom Baum. Der Wagen hielt vor der roten Ampel. Wenn Sie und ich uns einig sind, daß ein Ereignis oder eine Kette von Ereignissen geschah, dann meinen wir im allgemeinen damit, daß das/die Ereignis/se «da draußen» war/en. Es ist mir bewußt, daß meine Definition nicht ganz streng ist; sie ist intentional und approximativ. Denn nach ihr wäre jede Massenhalluzination eine Wirklichkeit «da draußen». Ein Großteil dieser Art Wirklichkeit ist wiederholbar und Messungen zugänglich. Wenn ein Physiker von Wirklichkeit spricht, dann meint er dieses «Draußen».

Es gibt jedoch noch eine zweite Realität, die wir alle sehr gut kennen. Es ist die Welt in unserem Bewußtsein. In dieser Welt geschieht vieles, das zu unseren alltäglichen Erfahrungen des «Draußen» einfach nicht paßt. Ich nenne diese Welt des Geistes das «Drinnen». Sie besteht aus Gedanken, Träumen und Bildern, die dem

«Don Quijote» von Gustave Doré: Don Quijote projizierte das «Drinnen» ins «Draußen» und stellte fest, daß die Welt der Phantasie mehr mit der realen Welt zu tun hatte, als er sich hätte träumen lassen.

«Draußen» ähnlich sind oder es symbolisieren. Buchstaben und Ziffern sind Symbole des «Draußen». Erschaffen wurden sie im «Drinnen». In dieser Drinnen-Welt ist Magie am Werk, ohne daß uns das groß beunruhigen würde. Häufig gibt es eine unmittelbare Verbindung oder Entsprechung zwischen Ereignissen (Gedanken, Träumen, Symbolen) im «Drinnen» und Ereignissen im «Draußen» (die wir hören, riechen, schmecken, fühlen oder sehen). Auch hier fehlt der Definition eine gewisse Strenge. Ein Schlafwandler beispielsweise wird die Ereignisse in einer Weise wahrnehmen, als träumte er. In diesem Fall würde das Schlafwandeln als eine «innere» Realität gelten. Wenn ein Psychologe von der Wirklichkeit des Geistes redet, meint er das «Drinnen».

Nun gibt es der Quantenphysik zufolge noch eine dritte Wirklichkeit, die Eigenschaften sowohl der «äußeren» als auch der «inneren» Realität aufweist. Ich stelle mir diese dritte Wirklichkeit als eine Brücke zwischen der Welt des Geistes und der Welt der Materie vor. Da sie Eigenschaften jeder der beiden Welten an sich trägt, ist es eine paradoxe und magische Realität. In ihr wird strikt das Kausalprinzip verfolgt, d. h., sie enthüllt die Gesetze von Ursache und Wirkung. Das einzige Problem besteht darin, daß es keine Objekte sind, welche diesen Gesetzen unterliegen (zumindest keine Objekte in unserem herkömmlichen Verständnis des Wortes), sondern Geister! Und diese Geister sind völlig paradoxe Wesen, die über die Fähigkeit gebieten, zu ein und derselben Zeit an zwei oder mehr, selbst an einer unendlichen Zahl von Orten zu erscheinen. Wenn man versucht, Materie mit Hilfe dieser Geister zu beschreiben, weisen sie alle Merkmale von Wellen auf. Das war der Grund, warum man sie zuerst «Materiewellen» nannte. Im modernen physikalischen Sprachgebrauch heißen sie «Wellenfunktionen» oder – in meiner Terminologie – Qwiffs. Sie heißen Funktionen, weil sie funktional sind, d. h., daß sie in ihrer Wirkungsweise von anderen Dingen abhängen. Die beiden Größen, von denen Qwiffs abhängen, sind Raum und Zeit. Qwiffs ändern sich, und zwar tun sie dies in ganz regelhafter, kausaler Weise, solange man sie nicht beobachtet. Sie haben viel Ähnlichkeit mit launischen kleinen Kobolden.

Wenn es uns irgendwie gelänge, Qwiffs zu beobachten, ohne tatsächlich eine Beobachtung vorzunehmen – da unsere Beobachtungen diese Quantenkobolde stören –, würden wir wunderbare Abenteuer erblicken. Ein Qwiff-Kobold kann sich z. B. zweiteilen, wobei der eine Kobold dem anderen alles nachmacht, während sie ihre Possen treiben. Darüber hinaus kann man sie summieren oder zählen, doch genau wie bei richtigen Geistern, durch die man hindurchsehen kann, kommt es vor, daß nach einer Addition nichts mehr von ihnen übrigbleibt!

Alles oder nichts: wie man Qwiffs addiert

Nehmen wir einmal an, wir könnten «sehen», was in der dritten Wirklichkeit vor sich geht, und vergessen wir dabei nicht, daß wir nicht wirklich etwas sehen oder beobachten, weil wir sonst nur das zu Gesicht bekämen, was wir normalerweise immer sehen. Es ist wie der «paradoxe Würfel». Die Wahrnehmung des «Würfels» als Würfel aus fester Materie entspricht unserer «normalen» Sehweise von festen Stoffen; es gibt keine Geister – lediglich eigenartige, zerplatzende Teilchen, die Quantensprünge vollführen. Den «Würfel» in der Realität dritter Art zu «sehen» hieße jedoch, ihn als Muster aus Linien und Schnittpunkten zu sehen. Es hieße gewissermaßen, eine Überlagerung der beiden gewohnten Weisen zu sehen, wie wir den Würfel in der «äußeren» Wirklichkeit wahrnehmen.

Physiker sprechen bei diesem Vorgang tatsächlich von *Überla-gerung*. Wir sind diesem Phänomen bereits in unserer Erörterung der Interferenzmuster zweier Wellen begegnet. Als de Broglie für das Elektron im Bohrschen Atommodell eine Welle in der Form einer «Schlange, die den eigenen Schwanz verschluckt» annahm, griff er ebenfalls auf diesen Vorgang zurück, und auch die Wellen Schrödingers sind ein Beispiel für die Vorstellung einer Überlagerung von Wellen, d. h. die Addition zweier oder mehrerer Wellen. Und schließlich sind wir dem Phänomen in Bohrs Auffassung von der Wellen-Teilchen-Dualität wiederbegegnet. Das Hauptmerkmal der Überlagerung besteht darin, daß die Addition von eins und eins entweder zwei oder null oder jeden Wert, der dazwischen liegt, ergeben kann!

Für uns geht es jetzt um die Addierung oder Überlagerung von zwei Qwiffs. Die beiden folgenden Abbildungen zeigen buddhaähnliche Figuren mit spitzen Hüten, die einmal aufrecht und dann wieder auf dem Kopf stehen. Wir können uns die kopfstehenden Figuren als das Gegenteil der aufrechtstehenden vorstellen. Jedesmal, wenn ein kopfstehender und ein aufrechtstehender Buddha zusammenkommen, löschen sie einander aus. Wir sprechen in diesem Fall von destruktiver Interferenz. Treffen hingegen je zwei kopfstehende oder zwei aufrechtstehende Buddhas zusammen, so verstärken sie einander, d. h., es findet eine konstruktive Interferenz statt.

In der linken Abbildung ergibt die Addition/Überlagerung der beiden Qwiffs null, während das Ergebnis in der rechten Abbildung ein doppelt so großes Qwiff ergibt wie zuvor. Wenn wir uns das nach oben zeigende Qwiff in der Abbildung als einen Gedanken, das nach unten zeigende als die Negation des Gedankens vorstellen, dann illustriert die linke Abbildung die löschende Wirkung eines negativen Gedankens, während rechts die verstärkende Wirkung deutlich gemacht wird, die sich aus der Bekräftigung des ursprüngli-

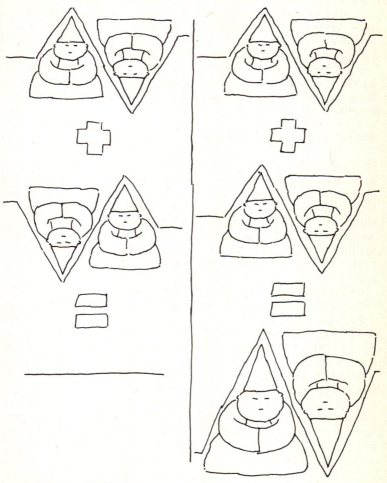

Wie man Qwiffs addiert.

chen Gedankens ergibt. Denn Gedanken verhalten sich wie Qwiffs. Da Qwiffs ebenso in unserem Denken wie in Raum und Zeit existieren, zeichnet sich für uns allmählich ab, auf welche Weise sich unsere Gedanken im physikalischen Universum konkret manifestieren. Es ist der Gedanke, der das Qwiff erschafft. Da das Qwiff unsere Erkenntnis der Welt ist, erschaffen positive Gedanken über die Welt diese als einen positiven Lebensraum. Und selbstverständlich wirken negative Gedanken in die entgegengesetzte Richtung und schaffen so eine negative Welt. Qwiffs gehorchen den Gesetzen von Ursache und Wirkung. Sie folgen einer mathematischen Beschreibung, nämlich der von Schrödinger entwickelten Gleichung.

Qwiffs haben noch eine zweite magische Eigenschaft; sie können nicht nur nach einer Addition verschwinden, sie lassen sich auch vervielfachen und können sich zu ein und demselben Zeitpunkt an zwei oder mehr Orten befinden!

An zwei Orten gleichzeitig: Qwiffs, die sich verwickeln

Das zweite Merkmal der Qwiffzauberei ist so eigenartig, daß selbst seine Entdecker sich gegen den Umstand sträubten, daß Qwiffs sich verwickeln oder vervielfachen und auf diese Weise ein Produkt hervorbringen können, das zu einem bestimmten Zeitpunkt an mehr als einem Ort auftritt. Jedes dieser Produkte kann als identische Kopie seines Verursachers auftreten. Auf welche Weise verwickeln sich Qwiffs? Indem sie miteinander in eine physikalische Interaktion eintreten. Warum verwickeln sie sich? Um etwas voneinander zu erfahren.

Schrödingers Interesse an der Qwiffmagie und das EPR-Paradox führten dazu, daß er einen ungewöhnlichen Aufsatz verfaßte, in dem er die Verwicklungen und die Vervielfachung von Qwiffs beschrieb. Wie die meisten seiner Aufsätze enthielt auch dieser eine Fülle höchst anschaulicher Metaphern. Schrödinger stellte sich die Frage, was geschieht, wenn zwei – wirkliche – Objekte miteinander in eine Wechselwirkung eintreten. Was passiert mit ihren Qwiffs? Schrödinger bezeichnete die Qwiffs als *Vertreter der Objekte*, etwa im selben Sinne, in dem ein Botschafter der Vertreter eines Landes ist. Was geschieht, wenn zwei Objekte aufeinandertreffen? So wie sich die Vertreter der USA und der Sowjetunion in dem Film «Dr. Seltsam oder wie ich lernte, die Bombe zu lieben» miteinander im Clinch befinden, so geraten auch die Vertreter dieser beiden Objekte miteinander in Verwicklung. Schrödinger hat dies so ausgedrückt:

> «Wenn zwei Systeme, deren Zustände uns durch ihre jeweiligen Vertreter bekannt sind, aufgrund bekannter, zwischen ihnen wirkender Kräfte miteinander in eine vorübergehende physikalische Interaktion eintreten, und wenn sich die Systeme nach einer Zeit der gegenseitigen Beeinflussung wieder trennen, dann können sie nicht mehr in derselben Weise wie zuvor beschrieben werden, indem man ihnen nämlich einen je eigenen Vertreter zuschreibt. Ich möchte es nicht als das einzige, sondern als das *charakteristische Kennzeichen der Quantenmechanik überhaupt* bezeichnen, das ihre völlige Abkehr von allen klassischen Denkvorstellungen eigentlich erzwingt. Durch die Wechselwirkung wurden die beiden Vertreter (oder Qwiffs) miteinander verwickelt. Wenn wir sie wieder entwirren wollen, müssen wir weitere Informationen einholen..., auch wenn wir über das ganze Geschehen alles wissen, was wir nach dem Stand unserer Erkenntnis überhaupt nur wissen können.»[10]

Was meint Schrödinger, wenn er sagt, wir müßten weitere Informationen einholen, obwohl wir «alles wissen, was wir ... überhaupt nur wissen können»? Und auf welche Weise können wir dem, was wir überhaupt nur wissen können, noch weitere Informationen hinzufügen?

Schrödingers Katze in einer Kiste

Die einzige Möglichkeit, allem, was wir überhaupt nur wissen können, weitere Informationen hinzuzufügen besteht darin, das System zu beobachten, denn unsere Handlungen stören das System. Das System hängt von den Fragen ab, die wir an es richten. Schrödinger zog einen Vergleich zwischen einem Quantensystem und einem intelligenten, aber stark ermüdeten Studenten. Auf die erste Frage, die wir diesem stellen, werden wir unweigerlich eine korrekte Antwort erhalten, doch von dieser Anstrengung wird er so müde, daß er auf die zweite Frage in jedem Fall eine unzutreffende Antwort geben wird. Dabei spielt es keine Rolle, in welcher Reihenfolge die Fragen gestellt werden.

Schrödingers Fragen an den Studenten entsprechen den Fragen, die der Physiker im Hinblick auf Lage und Impuls an die Natur richtet. Der Impuls des Systems würde unseren Erwartungen entsprechen, sofern man den Impuls als erstes mißt. In gleicher Weise entspricht die Lage des Systems unseren Erwartungen, sofern wir zuerst seine Lage messen. Doch in beiden Fällen wird die als zweite gemessene Größe niemals der Erwartung entsprechen. In dem folgenden Beispiel steht das Leben einer Katze in einem Kasten auf dem Spiel.

Denken wir uns eine geschlossene Blechkiste, die ein einzelnes radioaktives Atom enthält, dessen Halbwertszeit eine Stunde betragen soll. Das bedeutet, daß bei einer Stichprobe eines Materials, die eine große Anzahl dieser Atome enthält, von diesen nach einer Stunde nur noch die Hälfte übriggeblieben ist. Die andere Hälfte wäre «zerfallen» oder durch emittierte Strahlung in die Umwelt gesickert. Nachdem eine Stunde verstrichen ist, stehen die Chancen also 50:50, das Atom unversehrt zu finden.

Nehmen wir ferner an, die von dem einzelnen Atom ausgesandte Strahlung trifft auf eine empfindliche Photozelle, über die ein Mechanismus ausgelöst wird, der giftiges Gas in die Kiste strömen läßt. Dieses Gas tötet jedes Lebewesen, das das Pech hat, sich in dem Augenblick in der Kiste zu befinden, in dem die Strahlung auf die Photozelle trifft. Und jetzt stellen wir uns eine ahnungslose Katze vor, die wir in die Kiste stecken. (Alle Katzenliebhaber mögen mir verzeihen – das Beispiel stammt von Schrödinger). Die Frage, die uns beschäftigt, lautet: was werden wir nach einer Stunde in der Kiste finden, eine lebendige Katze oder eine tote?

Wer hat das Schicksal der Katze in der Hand? Der Quantenmechanik zufolge sind *Sie* es – sofern Sie derjenige sind, der die Kiste öffnet und die Katze findet. Zunächst sind Sie und die Katze völlig unabhängig voneinander. Während jedoch die Zeit verstreicht, zeichnen sich immer deutlicher zwei mögliche Qwiffbilder der Katze in der Kiste ab, das einer lebendigen und das einer toten Katze. Und im selben Zeitraum wird das Bild der toten Katze immer wahrscheinlicher und das der lebendigen immer unwahrscheinlicher. Nach einer Stunde sind beide Bilder gleich wahrscheinlich.

Eine tote Katze in der Kiste aufzufinden ist keine angenehme Aussicht. Während Sie darauf warten, die Kiste wieder zu öffnen, befinden sich «zwei Seelen in Ihrer Brust». Die eine ist glücklich, eine lebende Katze, die andere traurig, eine tote Katze zu entdecken. Ein leichter Fall von Schizophrenie. In gewisser Hinsicht sind aus dem einen zwei Universen geworden. Im einen befinden sich eine lebendige Katze und Sie als glücklicher Mensch, im anderen eine tote Katze und Sie als trauriger Mensch. Sie hatten anfangs mit dieser Zweiteilung des Universums nichts zu tun. Sie kam zustande, weil die Katze in der abgeschlossenen Kiste mit dem Atom in Wechselwirkung trat. Es war die Interaktion Katze-Atom, die die Zweiteilung bewirkte. Was Sie persönlich angeht, so gibt es nur ein Universum, und Sie befinden sich mittendrin!

Aber was geschieht, wenn Sie die Kiste öffnen? Und genau an dieser Stelle kommt die Quantenphysik ins Stolpern. Zwar steht außer Frage, daß Sie mit einem Blick das Schicksal der Katze erfahren, aber es ist völlig unklar, wie Sie zu dieser Erkenntnis gelangen. Es ist erstaunlicherweise nicht möglich, die simple Entdeckung im Rahmen der neuen Physik zu erklären. Es gibt keine mathematische

Schrödingers Katze geht in den Kasten. Der Beobachter wartet.

Die Katze ist im Kasten. Mit der Zeit nimmt das Qwiff der toten Katze zu.

Das Qwiff der toten und das der lebenden Katze sind gleich groß. Auch der Beobachter hat „zwei Seelen".

Die beiden Seelen und die beiden Katzenqwiffs werden der Einfachheit halber getrennt.

Das Qwiff ist geplatzt. Wir sehen eine lebende Katze.

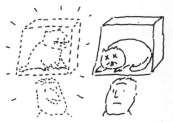

Das Qwiff ist geplatzt. Wir sehen eine tote Katze.

Die möglichen Abenteuer von Schrödingers Katze und dem Beobachter.

Möglichkeit, den Zustand der Katze vorherzusagen. Wenn Sie diesen wissen wollen, müssen Sie eingreifen und die Kiste stören. Das war es, was Schrödinger gemeint hat, als er vom Einholen weiterer Informationen sprach. Obgleich uns die mathematische Beschreibung alles sagte, was sie konnte, war sie dennoch unvollständig.

Dabei ist nach wie vor die Frage nicht beantwortet, was wir noch brauchen, um die Quantenmechanik zu einer vollständigen Theorie zu machen. Nach Bohr und Heisenberg brauchen wir überhaupt nichts. Die Theorie ist so vollständig wie möglich. Wir selbst sind für ihre Unvollständigkeit verantwortlich. Wir spielen eine entscheidende Rolle. Tun wir das wirklich?

Vielleicht wird die von uns gespielte Rolle überschätzt. Vielleicht gibt es statt dessen verborgene Variablen, die das mysteriöse Verhalten von Objekten der Quantenwelt beherrschen. Vielleicht gibt es auch noch andere Erklärungen. Im folgenden Kapitel werde ich eine Reihe unterschiedlicher Erklärungen untersuchen, die allesamt aus den Überlegungen des EPR-Paradoxons hervorgegangen sind. Die Anhänger des Kontinuitätsprinzips haben noch nicht aufgegeben.

12. Kapitel
Kein Kaninchen im Zylinder

Es mag sein, daß es so etwas wie den «strahlenden innersten Mechanismus des Universums» gar nicht gibt. Vielleicht ist es nichts Mechanisches, sondern etwas Magisches, das als Schatz auf uns wartet.

John A. Wheeler

In einer Einstellung des brillanten Films «Das Gespenst der Freiheit» von Luis Buñel wird die Französische Revolution unerwartet umgedeutet, und der Kampfruf der Revolutionäre lautet: «Nieder mit der Freiheit! Tyrannei oder Tod!» In der Tat, die Freiheit fordert einen hohen Preis. Dieses uralte Bedürfnis nach Sicherheit drängt sich immer wieder in unsere Träume von Utopia. Haben wir nicht alle das Bedürfnis nach einer Gewißheit, daß es etwas gibt, das uns beherrscht? Suchen wir nicht alle nach etwas, das erhabener ist als wir armseligen Sterblichen, nach etwas Verborgenem, das für alles verantwortlich ist?

So kann es kaum wundernehmen, wenn auch die Quantenphysiker verborgene Variablen gesucht haben, die die Quantenphysik aus der Welt der Magie in die objektive Welt billiger Tricks zurückholen würden. Gibt es eine verborgene Ordnung? Hatten Einstein, Podolsky und Rosen recht mit ihrer Annahme, daß die Quantenmechanik unvollständig ist? Und wenn sie unrecht hatten, was ist dann dieses Ding namens «Wirklichkeit»? Ist es – wie der Titel einer Schallplatte von Robin Willams: *Reality/What a Concept* (Wirklichkeit, was für eine Idee!) nahelegt – nur eine Idee, einfach etwas, das wir uns einbilden?

Bis in die Mitte der sechziger Jahre war die Antwort: niemand weiß es. Tatsächlich gab es nicht einmal jemanden, der diese Frage sinnvoll hätte stellen können. Es wurden mehrere umstrittene Theorien über «verborgene Variablen» vorgetragen,[1] insbesondere die von David Bohm und seinen späteren Mitarbeitern.[2] So geistreich sie auch sein mochten, so gering war das Interesse, das sie bei den Physikern erweckten, die sich bereits eifrig daran gemacht hatten, die Quantenmechanik auf so alltägliche Gebiete wie die Kernphysik anzuwenden. Bis John Bell kam.

John S. Bell, ein Physiker, der sich von der Universität Wisconsin beurlauben ließ, um beim SLAC (Stanford Linear Accelerator) und beim europäischen Kernforschungszentrum CERN in Genf zu arbeiten, veröffentlichte in der ersten Nummer der neuen Zeitschrift *Physics* einen Aufsatz mit dem Titel «Über das Einstein-Podolsky-Rosen-Paradoxon».[3] 30 Jahre waren vergangen, seit der EPR-Aufsatz erstmals erschienen war. Bell stellte seine Überlegungen in der Form eines Theorems vor und führte den Nachweis, daß jeder Versuch, in der Quantenmechanik nach verborgenen Variablen zu suchen, zum Scheitern verurteilt ist. Mit anderen Worten, es gibt keine verborgene Botschaft – aus. Wir leben in einer Zen-Welt, und wie bei Pinocchio gibt es keine Fäden, an denen wir hängen.

Unsere Suche nach verborgenen, lenkenden Fäden, den versteckten Befehlen, denen wir alle gehorchen müssen, ist ein Bestandteil unserer menschlichen Natur. Der erste, dem ihre Verbindung zur Quantenmechanik bewußt wurde, war Richard Feynman. Er entdeckte, daß ein atomares Teilchen selbst dann noch ein Teilchen sein konnte, wenn es imstande war, gleichzeitig zwei oder mehr Bahnen zu verfolgen.

Die Suche nach der unsichtbaren Ordnung

Als ich zum ersten Mal das Musical *Man of La Mancha* nach Cervantes' berühmtem Roman *Don Quichote* sah, war ich tief betroffen. Auch ich hegte meinen unmöglichen Traum. Auch ich war überzeugt, zu Großem bestimmt zu sein. Ich träumte davon, ein Leben zu führen, das in diesem Universum etwas zählte. Vielleicht den Nobelpreis, ein Heilmittel gegen Krebs. Es war mein Traum, das Falsche in der Welt zu korrigieren. Meine Gedanken entflohen aus der Wirklichkeit ins Reich der Phantasie.

Das tun sie noch immer. Ich suche die verborgene Ordnung des Weltalls; ich will wissen, wie Gott es anstellt. Ich bin nicht zufrieden mit den Schranken, die mir als Sterblichem gesetzt sind. Ich bescheide mich nicht wie die Möwe Jonathan. «I want to know, I want to know, my God» ruft Jesus Christ, der Superstar. Uns alle drängt es immer weiter nach Erkenntnis, während wir zu überbewußten Wesen werden.

Ich habe ein «Ich». Und was noch schlimmer ist (vielleicht auch besser), ich bin Physiker. Man hat mir beigebracht, die Welt als ein Ensemble von Einzelteilen zu «sehen», die sich nach den Gesetzen von Ursache und Wirkung gegenseitig puffen und zerren. Für mein nach Ordnung suchendes Denken muß alles einen Grund haben. Ich gehöre mit zum Spiel von richtig und falsch, gut und böse und – was besonders wichtig ist, da ich Naturwissenschaftler bin – zur Welt von Ordnung und Chaos.

Wenn meine Träume wenigstens vernünftig wären! Der Begriff der Vernunft beruht auf unserem allgemeinen und individuellen Bedürfnis nach einer Welt von Ursache und Wirkung, der Welt des objektiven Realismus. Die Phantasie an die Macht, sagen wir! Die objektive Realität ist ein Traum. Dieser Traum (manche würden vielleicht auch Alptraum sagen) hat nicht sehr lange gedauert. Wir sind gerade im Begriff, kollektiv daraus zu erwachen. Aber ist die nächste Erfahrung die wirkliche Realität? Oder ist sie einfach ein weiterer Traum, einfach eine weitere Welt unserer Träume?

«Dornröschenschlaf» von Gustave Doré. Ist das Leben nur ein Traum? Wenn ja, wer ist dann der Träumer?

Die Phantasie ist jener Antrieb, jener Traum, jene Suche nach der unsichtbaren Ordnung, von der wir alle vermuten, daß sie sich jenseits der Realität befindet, an die wir uns gewöhnt haben, die Fassade des Lebens.

Die Vorstellung von einer unsichtbaren Ordnung begleitet uns schon seit langem. Heron von Alexandria hat sich schon um 100 v. Chr. Fragen über eine solche Ordnung gestellt.[4] Vielleicht erging er sich eines Tages mit einer Freundin im Sonnenlicht an einem Kanal mit spiegelnder Wasseroberfläche. Auch die Beobachtung ihres Spiegelbildes im Wasser mag ihn zu einer Frage angeregt haben. Warum hat es den Anschein, als käme das Licht dieses Spiegelbildes tief aus dem Wasser und in genau derselben Position wie meine Freundin? In Gedanken verfolgte er den Weg der Lichtstrahlen und entdeckte eine interessante Ordnung mit weitreichenden Folgen: das Universum ist ökonomisch; die Lichtstrahlen nehmen nach der Spiegelung stets den kürzesten Weg, um das menschliche Auge zu erreichen.

1800 Jahre später vergnügte sich Pierre de Fermat damit, unser ökonomisches Medium – das Licht – auf kleinen Glassplittern spielen zu lassen.[5] Licht wird gebeugt, wenn es aus der Luft in Glas oder ein anderes Medium eintritt. Wir alle kennen den Effekt, daß ein Trinkhalm, der in ein Glas Wasser gestellt wird, an der Wasseroberfläche geknickt erscheint.

Fermat fragte sich, warum das Licht einen geknickten Weg wählte, und bald hatte er die Antwort gefunden. Licht war nicht nur ökonomisch, es war auch schnell. Licht nahm immer den schnellsten Weg zwischen seiner Quelle und dem Auge, selbst wenn es durch Schichten unterschiedlicher Medien hindurchging. Das Bild des Strohhalms im Wasserglas weist also einen Knick auf, damit uns sein Licht schnell und billig erreicht. Wie beruhigend!

Etwa zur selben Zeit, um 1650, brütete der holländische Physiker Christian Huygens über Gottes erste Schöpfungstat. Er hatte ein verbessertes Teleskop entworfen, durch das er die Saturnringe deutlich sehen konnte.[6]

Vielleicht war auch er verwundert über die Ökonomie des Lichts. Aber wenn sich das Licht wirklich ökonomisch verhielt, woher wußte es dann unterwegs, daß es seine Schritte in die richtige Richtung lenkte?

Huygens betrachtete das Licht anders als seine Vorgänger. Er stellte sich vor, daß es sich wellenförmig ausbreitete, wobei jede Wellenfront ein getreues Ebenbild der ihr vorangehenden Wellenfront war, wie die konzentrischen Wellen in einem Teich, in den man einen Stein geworfen hat. Doch Huygens sah noch mehr. Er stellte sich vor, daß jede Wellenfront aus Tausenden, ja Millionen winziger Übertragungsstationen bestand, die alle entlang der Wellenfront wie Soldaten aufgereiht waren, wobei jeder Soldat in der Schlachtreihe einen Impuls aussandte, einen kaum zu vernehmenden Schlachtruf, und daß all diese extrem leisen Schlachtrufe zusammen ein mächtigen Getöse ergeben würden.

Jeder dieser kleinen Schreie sendet eine kleine, kreisförmige Welle aus winzigen Wellenbergen und Wellentälern aus, die sich durch Raum und Zeit fortbewegen. Zusammen mit dem Schrei des Nachbarn wird dieser Schrei nur senkrecht zur Schlachtreihe verstärkt. Alle anderen Richtungen stiften Verwirrung, und die Rufe treffen unregelmäßig und ungeordnet aufeinander. Die Soldaten müssen den Weg des geringsten Zeitaufwandes gehen, den Weg entlang, auf dem die Rufe verstärkt zu vernehmen sind, den Weg, der gerade vor ihnen liegt.

Huygens ließ seiner Phantasie freien Lauf, und bis auf den heutigen Tag wird in jeder Vorlesung über Optik sein Verfahren der Wellenkonstruktion gelehrt. Um sich auszubreiten, braucht das Licht im Grunde genommen gar nichts zu «wissen». Es ist Gottseidank lediglich ein mechanischer Trick. Das Licht folgt dem Weg des geringsten Zeitaufwandes auf der jeweils kürzesten Strecke, indem es vom Start bis zum Ziel alle ihm möglichen Wege nimmt. Dies geht so vor sich, daß das Licht extrem kleine Wellen aussendet, die auf ihrem Weg in alle Richtungen hin und her hüpfen. Sichtbar wird dabei jedoch nur der Weg des geringsten Zeitaufwandes, alle anderen Bahnen gehen im Durcheinander und Rauschen unter, wenn die Wellenberge und -täler des Lichts zusammenschwappen.

Diese Vorstellung klingt höchst einleuchtend. Unser Glück, daß Licht eine Welle ist. Denn wäre es das nicht – sondern bestände letztlich doch aus Korpuskeln –, wie ließe sich dann sein Verhalten erklären? In diese Richtung gingen die Gedanken Richard Feynmans, eines amerikanischen Physikers, der in den 40er Jahren, 300 Jahre nach Huygens, an seiner Doktorarbeit saß. Feynman hatte etwas bemerkt, das an Hexerei grenzte.

Ihm war aufgefallen, daß klassische Korpuskeln genau wie Tennisbälle oder Billardkugeln einem Weg des geringsten Etwas folgen. Es zeigte sich, daß dieses Etwas die *Wirkung* war, dieselbe Größe, die im Planckschen Wirkungsquantum eine Rolle spielt. Bei jeder Wechselwirkung muß ein ganzzahliger Betrag von Wirkungseinheiten ausgetauscht werden. Feynman hatte beobachtet, daß klassische Korpuskeln im Universum einer Bahn der geringsten Wirkung folgen. Gleichgültig, in welcher Weise ein Objekt bewegt wurde, es stellte einen Energieausgleich in der Weise her, daß dabei so wenig Wirkung wie möglich aufgewendet wurde. Alle physikalischen Dinge bewegen sich möglichst sparsam, indem sie das Gleichgewicht zwischen kinetischer und potentieller Energie möglichst wenig stören.

Herons schnellster oder kürzester Weg für Lichtstrahlen, die von Fermat entdeckten schnellsten Wege für gebeugtes Licht und selbst die mikroskopisch kleinen Wellen von Huygens müssen allesamt die Bahn verborgener Ordnungen verfolgen. Das Licht folgt Befehlen. Feynman entdeckte, daß alles denselben Befehlen gehorcht, Lichtpartikeln ebenso wie Tennisbälle.

Eine physikalische Realität zu schaffen ist einfach. Dazu brauchen wir nur zu lernen, uns in der Weise zu bewegen, daß wir uns möglichst nah am Energiegleichgewicht halten. Befänden sich die Dinge allerdings im vollkommenen Gleichgewicht, würde oder könnte sich überhaupt nichts bewegen, oder aber das Universum würde total verrückt spielen.

Haben wir die verborgenen Ordnungen aufgefunden? Ist die Suche beendet? Die Welt ist eine gigantische Maschine, die von einem sparsamen, wenn auch etwas billigen Gott betrieben wird. Mit anderen Worten, ein gesetzmäßiges Universum ist ein ökonomisches, ein im Gleichgewicht befindliches Universum.

Feynman: wie findet das Teilchen den richtigen Weg heraus?

Es stellte sich heraus, daß dieses Prinzip der geringsten Wirkung sogar noch erklärungsstärker war als die Newtonschen Gesetze, da spätere Entdeckungen zeigten, daß ihm sogar die Gesetze der Elektrizität und des Magnetismus sowie das Verhalten des Lichts unterworfen waren. Und an diesem Punkt stellte Feynman seine Frage:

> «Wie findet das Teilchen den richtigen Weg?... Wir müßten alles über den Haufen werfen, was wir über Ursache und Wirkung gelernt haben, wollten wir behaupten, daß das Teilchen beschließt, den Weg einzuschlagen, der die geringste Wirkung ergibt. ‹Bericht› es die benachbarten Wege, um herauszufinden, ob sie mehr oder weniger Wirkung ergeben?»[7]

Was geschieht, wenn wir das Licht irreleiten, so daß es den falschen Weg nimmt? Können wir das überhaupt? Die Antwort lautet: ja, das können wir tatsächlich. Wenn wir das Licht in die Irre führen, können wir ein Phänomen beobachten, bei dem das Licht mit sich selbst überlagert wird, die sogenannte Difraktion oder *Beugung*. Wir erreichen das, indem wir die natürlichen Wege des Lichts versperren. Feynman sagt dazu:

> «Als wir die Wege blockierten, so daß die Photonen nicht alle Bahnen prüfen konnten, stellten wir fest, daß sie nicht mehr herausfinden konnten, welchen Weg sie nehmen sollten...»[8]

Der Gedanke mag uns seltsam erscheinen, daß Lichtpartikeln den Weg verlieren. Aber wie verhält es sich mit gewöhnlichen Materiepartikeln? Feynman fährt fort:

> «Trifft es zu, daß das Teilchen nicht einfach ‹den richtigen Weg nimmt›, sondern nach allen anderen möglichen Bahnen Ausschau hält? Und daß es, wenn wir seine Wege blockieren, (etwas Ähnliches tut wie das Licht)?... Das Rätselhafte daran ist natürlich, daß es genau das tut. Nichts anderes sagen uns die Gesetze der Quantenmechanik.»[9]

Mit anderen Worten, wir können die Materie dazu bringen, daß sie sich wie das Licht verhält. Wir können einige der natürlichen Wege blockieren, die von der Materie eingeschlagen werden, um von hier nach da zu gelangen, und auf diese Weise bewirken, daß sie Interferenzen mit sich selbst ausbildet und sich ebenso auslöscht wie dies bei Lichtwellen der Fall ist. Die Welt verfolgt alle ihr offenstehenden Wege.

Feynman hoffte herauszufinden, auf welche Weise Gott der Materie Befehle erteilte. Er stellte fest daß alle möglichen Wege, einschließlich die der geringsten Wirkung, zur Geschichte eines atomaren Teilchens beitragen. Das Teilchen folgt auf magische Weise von seiner Gegenwart in die Zukunft so vielen Wegen, wie ihm offenstehen. Diese Entdeckung sollte später Hugh Everett dazu anregen, eine bizarre quantenmechanische Theorie unendlich vieler paralleler Universen zu formulieren. Durch das Versperren des natürlichen oder mit der geringsten Wirkung verbundenen Weges war es möglich, die Effekte von Quanteninterferenzen zu beobachten. Mit Hilfe der Vorstellung einer «Summe über alle Wege», die einem Teilchen zur Verfügung stehen, konnte Feynman uns von allen Bildern im Hinblick auf Quantenwellenfunktionen abbringen.

Doch irgendwie war das nicht genug. Sich überlagernde Bahnen oder Wellen waren noch immer ein Mysterium.

Bells Theorem: einzelstehende Häuser mit einem gemeinsamen Keller

Physiker sind Menschen. Auch sie haben Ängste und Vorlieben, wie jeder andere. Ihr Bedürfnis nach Wärme und Sicherheit und ihr Streben nach Glück ist dasselbe wie bei jedem anderen auch. Dennoch scheint die Quantenmechanik all unseren überkommenen Glaubensvorstellungen im Hinblick auf Sicherheit und Vorhersagbarkeit den Teppich unter den Füßen wegzuziehen. Die Quantenphysik ist nicht «nett». Sie ist nicht einfach und unkompliziert. Deshalb sind Physiker, die noch in der alten Tradition mit den hübschen Äußerlichkeiten der klassischen Newtonschen Physik aufgewachsen sind, häufig gekränkt oder doch verwirrt darüber, daß die Quantenphysik keine Tröstungen für diejenigen bereithält, die nach einem deterministischen Universum suchen.

Die klassischen physikalischen Vorstellungen sind wie überhaupt alle physikalischen Modelle leider nicht gefeit vor den Schlingen und Pfeilen der Erfahrung. Eine Theorie mag noch so sehr durch Schönheit und Eleganz bestechen, wenn die Tatsachen ihr widersprechen, dann stimmt sie einfach nicht. Ein vor vielen Jahren von einem entfernten Stern ausgesendetes Photon ist unterwegs zu meinem Auge. Existiert es auch dann, wenn mein Auge nicht da ist und es nicht sehen kann? Das erinnert an die alte Rätselfrage: «Wenn ein

Alle möglichen Zukunften.

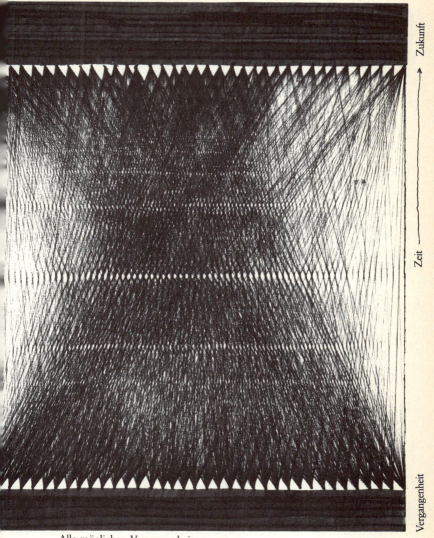

Alle möglichen Vergangenheiten.

Baum im Wald niederstürzt, und niemand ist dabei, der den Fall hören kann, gibt es dann ein Geräusch?» Die Antwort scheint auf der Hand zu liegen: natürlich existiert das Photon. Es muß ebenso dort sein wie die Schallwellen des stürzenden Baums, ob nun jemand in der Nähe ist oder nicht. Jedenfalls ist das die Antwort für den, der an die klassische Physik glaubt.

Doch leider sieht es so aus, als wäre die Quantenphysik hier anderer Meinung. Ihr zufolge tritt das Photon erst dann ins Dasein ein – nämlich als Punkt auf meiner Netzhaut –, wenn ich es sehe. Die Physiker waren mehr oder weniger «gezwungen», diese mystische Position wegen der Unschärferelation einzunehmen, die Objekten eine Existenz bestreitet, die gleichzeitig eine genau angebbare Lage und eine ebenso exakt bestimmbare Bewegungsrichtung haben. Aber nehmen wir an, die Unschärferelation sei lediglich ein Zeichen unserer Unzulänglichkeit. Nehmen wir an, daß es «draußen» eine wirkliche physikalische Welt gibt, in der wir jedoch unseligerweise alles verpfuschen, während wir uns an ihre Entdeckung machen. Vor unseren unsensiblen Methoden bleibt eine ganze Welt verschlossen. Die Quantenphysik bestreitet nicht, daß wir bei jedem Meßvorgang einen Einfluß ausüben. Ist es denkbar, daß der Quantenmechanik eine unentdeckte Ordnung zugrundeliegt?

Solcher Art mögen die Gedanken von David Bohm in den frühen 50er Jahren gewesen sein.[10] Bohm war der Wortführer all jener, die in einer Wiederbelebung der Suche nach versteckten Variablen den Einsteinschen Traum von einem Gott wieder aufgriffen, der mit dem Universum nicht würfelt. Indem er die Schrödingergleichung auf eine Form brachte, die allen Spezialisten auf dem Gebiet der statistischen Mechanik vertrauter war, konnte Bohm den entscheidenden Unterschied zwischen klassischer und Quantenmechanik bezeichnen. Dieser Unterschied tauchte in den Gleichungen als einzelner Term auf und erhielt die Bezeichnung *Quantenpotential*.

Dieses Quantenpotential wirkte auf das wirkliche, klassische Teilchen genauso wie jedes Kraftfeld gewirkt hätte. Das Potential konnte also die Bewegung des Teilchens verzögern oder beschleunigen. In dieser Hinsicht glich es dem Gravitationspotential, das auf ein bergab rollendes Auto wirkt. Zugleich gab es aber auch Unterschiede, denn das Quantenpotential beruhte auf der Verteilung einer unendlichen Anzahl möglicher Lagen des Teilchens. Trotzdem – das Teilchen hatte nur eine einzige Lage und verfolgte nur eine einzige Bahn. Es war uns jedoch praktisch unmöglich, beides exakt zu bestimmen, da wir nicht genau wußten, welche der unendlich vielen Lagen das Teilchen nun einnahm.

Obgleich der russische Physiker Vladimir Fock der Meinung war, Bohms Auffassung sei «philosophisch unhaltbar»[11], gab es keinen, der gegen Bohm und seine Anhänger überzeugende Gegenargumente vorbringen konnte. Es sollte jedoch nicht lange dauern, bis die Anhänger von Niels Bohr die Herausforderung annahmen und die Bohr-Einstein-Debatte erneut entfachten.

Im April 1957 war es so weit, als an der Universität Bristol das neunte Symposium der Colston Research Society veranstaltet wurde.[12] Bohm vertrat seine von Einstein beeinflußte Position der Unschärferelation, während Leon Rosenfeld, ein Altersgenosse Bohrs, für dessen Komplementaritätsprinzip plädierte.

Bohm vertrat den Standpunkt, daß die der Unschärferelation zugrundeliegenden Annahmen (daß es keine Theorie geben kann, die deterministischer wäre als die Quantenmechanik) im Widerspruch zu der möglichen Existenz einer verborgenen Realitätsebene standen. Darüber hinaus behauptete Bohm, es könne durchaus sein, daß wir niemals imstande sein werden, diese Realitätsebene zu entdecken. Rosenfeld seinerseits argumentierte, die Welt sei so, wie wir sie erfahren, und falls es verborgene Variablen geben sollte, so müßten diese unserer Erfahrung zugänglich sein. Um die Unmöglichkeit der Existenz von verborgenen Variablen nachzuweisen, müßte die dem Quantenprozeß eigentümliche Ganzheit, die Unteilbarkeit des Wirkungsquantums in einen beobachtbaren Prozeß überführt werden. Und gerade diese Beobachtung habe zwangsläufig eine Störung dieses Prozesses zur Folge.

Wenn wir nichts beobachten können, ohne das Beobachtete zu stören, dann mag es so aussehen, als sollten wir am besten den Gedanken aufgeben, daß die Dinge auch dann existieren, wenn wir sie nicht beobachten. Aber jetzt trat John S. Bell mit seinem eigenartigen Theorem auf den Plan. Bell wollte den Beweis dafür antreten, daß die verborgene Realitätsebene, nach der all jene Physiker suchten, die nach einer tieferen, mehr mechanischen und dem Kausalitätsprinzip unterworfenen Basis der Wirklichkeit verlangten, möglicherweise eine noch verwirrendere Ordnung aufwies. Nach Bell können reale Teilchen existieren, sie folgen jedoch höchst merkwürdigen Ordnungen, die an etwas angrenzen, was wir heute als psychische Phänomene bezeichnen.

Wie kam es zu dieser ungewöhnlichen Deutung der physikalischen Welt? Das Kernproblem bestand für John Stewart Bell in der willkürlichen Aufspaltung der Welt in Dinge und Beobachter der Dinge. Die Quantenphysik sagte eigentlich nichts darüber aus, wo diese Trennlinie gezogen werden sollte und wer was beobachtete.

Bell war der Meinung, daß eine Untersuchung des Problems verborgener Variablen hier vielleicht einige Klärungen brachte. Er war besonders fasziniert von einem Kapitel in dem Buch Max Borns *Natural Philosophy of Cause and Chance*[13], das sich mit der Physik unbestimmter Vorgänge beschäftigte, und er hatte Bohms 1952 veröffentliche Aufsätze über verborgene Variablen gelesen. Schließlich beschloß er, seine Überlegungen in den *Reviews of Modern Physics* zu veröffentlichen[14], aber infolge eines Irrtums der Herausgeber erschien sein 1964 fertiggestellter Aufsatz erst 1966.

In dieser Kritik brachte Bell seine Überzeugung zum Ausdruck, daß frühere mathematische Beweise des bedeutenden Mathematikers John von Neuman (der zu dem Schluß gelangt war, verborgene Variablen seien unmöglich, weil sie sich mit der Quantenphysik nicht vereinbaren ließen) nicht übermäßig überzeugend seien. Es gelang ihm, eine Theorie verborgener Variablen zu konstruieren, mit der Teilchen beschrieben wurden, die einen Drehimpuls wie bei einem Kinderkreisel hatten.

Paradoxerweise arbeitete er während der Niederschrift dieser Kritik an einem zweiten Aufsatz, in dem er seine eigenen Schlußfolgerungen widerlegte. Das Einstein-Podolsky-Rosen-Paradoxon war für ihn zur Obsession geworden, und es waren die Gedanken seines zweiten Aufsatzes, die als «Bells Theorem» Bekanntheit erlangten.[15] Mit ihm bewies Bell, daß es keine Theorie «lokaler» verborgener Variablen gab, mit der es möglich wäre, alle statistischen Voraussagen der Quantenphysik zu reproduzieren.

Der entscheidende Terminus dieses Aufsatzes ist das Adjektiv «lokal», womit ein genau angebbarer Ort gemeint ist, an dem ein bestimmtes Ereignis stattfindet. Eine lokale verborgene Variable ist etwas, das lediglich Dinge beeinflußt, die sich an einem bestimmten Ort befinden. Nehmen wir beispielsweise an, mich erwartet eine Flasche Sekt. Ich öffne sie mit einem lauten Knall, und der Korken schießt an die Decke. Die Stärke dieser kleinen Explosion hing vom Zustand des Schampus in der Flasche ab, die sich vor mir an einem genau umgrenzten Ort befindet. Es ist zwar richtig, daß der Abfüller eine komplette Sendung von Sektflaschen abgefertigt hat, die alle aus demselben Faß abgefüllt wurden, aber nach der Auslieferung hing der Zustand jeder Flasche ausschließlich von den Bedingungen innerhalb jeder einzelnen Flasche ab. Wenn ein Hohlkopf seine Flaschen in die Sonne stellt, bevor er sie öffnet, kann er keinen anderen dafür haftbar machen, daß es beim Öffnen eine Überschwemmung gibt. Seine Achtlosigkeit hat aber jedenfalls keinen Einfluß auf den Zustand meiner Flasche, die ich sorgfältig kühl gelegt hatte, bevor sie auf den Tisch kam. Demnach ist die Annahme lokaler Variablen durchaus sinnvoll.

Das läßt sich nun von nichtlokalen Variablen ganz und gar nicht behaupten. Sobald man eine von ihnen an einem Punkt verändert, geschieht sofort irgendwoanders ebenfalls eine Veränderung. Mit anderen Worten, diese Art von Variablen ist unser alter Bekannter, die Einstein-Verknüpfung. Bell konnte beweisen, daß verborgene Variablen, die lediglich die unmittelbare Umgebung beeinflussen, beobachtbare Ergebnisse hervorrufen, die den Voraussagen der Quantenmechanik widersprechen. Anders ausgedrückt, wenn es verborgene Variablen gäbe, die sich plausibel verhalten, dann hätte dies beobachtbare Ereignisse zur Folge, die gänzlich unplausibel sind. Und das sind sie, weil sie die «Würfeltische» der Realität ändern würden.

Damit kommen wir zum zweiten Teil von Bells Theorem, daß nämlich lokale verborgene Variablen nicht sämtliche statistischen Voraussagen der Quantenmechanik reproduzieren können. Hier ist «statistisch» der entscheidende Begriff. Wir alle sind von statistischen Vorgängen bestimmt, wir leben in einer statistischen Welt. Die Statistik sagt uns, daß Menschen im Durchschnitt nicht älter als 70 und Hunde nicht älter als 20 Jahre alt werden, sie sagt uns, bei welcher Geschwindigkeit wir am sichersten fahren, wieviel wir essen können und wie hoch unsere Prämien für die Kranken- und die Lebensversicherung sein müssen. Sie macht sogar Aussagen darüber, welche Filme oder Fernsehprogramme wir uns anschauen.

Die Statistik versetzt uns in die Lage, die einem jeden Verhalten zugrundeliegenden Gesetze aufzuspüren. Gleichgültig, ob es sich um Billardkugeln, Raumschiffe, Atome oder Menschen handelt, die Statistik beschreibt das normalerweise zu erwartende Verhalten. Wenn wir folglich etwas beobachten, das wir als *abnorm* oder als *Abweichung* bezeichnen, dann drücken wir damit aus, daß das Beobachtete außerhalb jenes Bereichs von Ereignissen liegt, deren Eintreten uns die Statistik als wahrscheinlich vorhergesagt hat.

Nehmen wir beispielsweise die in der Marktforschung berühmten Nielsen-Gebiete, mit deren Hilfe sich ermitteln läßt, welche Fernsehprogramme der Durchschnittsamerikaner einschaltet. Damit ist es möglich, durch die Befragung von gut 1000 Besitzern eines Fernsehgeräts festzustellen, was die gesamte Nation sich im Fernsehen ansieht. Wie das? Weil die Personen, die zu einem Nielsen-Gebiet gehören, «typische» Amerikaner sind, d. h., sie bilden eine repräsentative Stichprobe. Wenn an einem bestimmten Abend 700 Geräte aus dieser Stichprobe «Dallas» eingeschaltet haben, so ist zu erwarten, daß 70 Prozent der US-Bevölkerung dieselbe Sendung gesehen haben. Aber nehmen wir einmal an, die Personen, aus denen die Stichprobe besteht, hätten sich zu einer Verschwörung zusammengetan. Mit anderen Worten, sie haben verabredet, statt «Dallas» eine Verfilmung des Romans «Ich Claudius, Kaiser und Gott» im PBS zu sehen. Da es höchst unwahrscheinlich ist, daß 70 Prozent aller Zuschauer statt «Dallas» ebenfalls das Programm der PBS einschalten werden, hätten wir im Verhalten der Stichprobe durchaus eine Abweichung von der statistischen Norm vor uns.

Ganz entsprechend zeigte Bells Theorem, daß lokale verborgene Variablen genau wie die von uns unterstellte heimliche Verschwörung der Nielsen-Stichprobe zu Resultaten führen müßten, die den von der Quantenphysik vorhergesagten nicht entsprechen. Wenn es demnach verborgene Variablen gibt, so unterliegen sie mit Sicherheit keinen lokalen Gesetzen.

Deshalb können als unsichtbares Fundament einer deterministischen Welt höchstens nicht lokal begrenzte verborgene Variablen oder Parameter zugelassen werden. Wer ein ordnungsgemäßes Haus haben will, braucht als Fundament einen Keller, der allen anderen Häusern des gesamten Wohnblocks gemeinsam ist. Denn «nichtlokal» bedeutet das exakte Gegenteil von «lokal». Immer, wenn sich ein nichtlokaler Parameter ändert, beeinflußt er damit zugleich auch Objekte, die sich nicht in seiner unmittelbaren Umgebung befinden. Gäbe es beispielsweise nichtlokale verborgene Variablen, denen das Öffnen meiner Sektflasche unterworfen ist, so würden diese die Zustände sämtlicher Sektflaschen beeinflussen, die zur selben Zeit abgefüllt wurden wie meine eigene. Wenn ich also meinen Korken knallen ließe, würden auch alle diese anderen Flaschen einen Teil ihrer Kohlensäure verlieren. Und diese widerwärtige Geschmackseinbuße würde bei allen anderen Flaschen im selben Augenblick auftreten, in dem ich meine Flasche öffne. Eine deterministische Welt dieser Art würde uns zwar eine vom Kausalprinzip beherrschte Basis unserer Wirklichkeit liefern, zugleich wären wir jedoch die Opfer der Augenblickslaunen all jener, mit denen wir in der Vergangenheit zufällig in Interaktion getreten sind. Bell gelangte zu dem Schluß:

> *«In einer Theorie, in der neben der Quantenphysik noch Parameter herangezogen werden, um die Ergebnisse einzelner Messungen zu bestimmen, ohne die statistischen Voraussagen zu ändern, müßte es einen Mechanismus geben, durch den die Anordnung der einen Meßvorrichtung die Ablesung eines anderen,*

noch so weit entfernten Meßinstruments beeinflußt. Darüber hinaus müßte sich das hierfür erforderliche Signal innerhalb eines einzigen Augenblicks ausbreiten, so daß eine derartige Theorie (Einsteins Einwände im EPR-Paradoxon) nicht (widerlegen) könnte.»[16]

Offensichtlich ist der Preis für eine deterministische Welt zu hoch. Wir haben hauptsächlich nach verborgenen Variablen gesucht, um uns von diesen geisterhaften Tachyonen zu befreien, die schneller als das Licht sind. Wenn wir jedoch auf einer wohlgeordneten Welt der Beobachtungen bestehen, nimmt die Unterwelt einen höchst verhexten Charakter an.

Die Regeln, denen verborgene Variablen folgen, sind weit unregelmäßiger als die Gesetze beobachteter Variablen. Je tiefer wir auf unserer Suche nach Gesetz und Ordnung dringen, desto mehr stoßen wir auf Geister und Kobolde, Monstren und Wichtel. Gibt es noch eine Hoffnung? – so klingt der Hilferuf der klassischen Realisten. Ja, es gibt sie, vorausgesetzt, jemand führt den Beweis, daß die Quantenmechanik mit falschen Voraussagen über die Welt verbunden ist. Bislang allerdings hat die Quantenphysik hervorragende Ergebnisse erbracht.[17]

Das Erkunden der Tiefen der Wirklichkeit weist viel Ähnlichkeit mit der psychologischen Erkundung unserer eigenen Seelentiefen auf. Ich denke hier vor allem an C. G. Jungs *Archetypen*, Gestalten dessen, was heute als «das kollektive Unbewußte» bezeichnet wird. Diese Gestalten sind gewissermaßen in einem tiefen Brunnen versenkt, dem «Unbewußten». Nach Jung existieren sie in jedem von uns. Aber tun sie das wirklich? Ich meine nicht. Außerdem glaube ich nicht, daß es überhaupt ein kollektives Unbewußtes gibt. Wir erschaffen es, während wir es suchen, ganz ähnlich wie Physiker «verborgene Variablen» erschaffen, wenn sie nach einer der Wirklichkeit zugrundeliegenden Ordnung suchen.

Kurz und gut, es gibt keine «verborgenen Variablen». Und warum nicht? Weil wir sie einfach nicht brauchen, um etwas zu erklären. Die Welt ist bereits paradox und fundamental unbestimmt. Weiteres Graben fördert keine anthropologischen Erkenntnisse ans Tageslicht, sondern die schöpferische Fähigkeit des Menschen, aus dem, was nicht ist, etwas zu formen, das *ist*. Da es «draußen» nichts gibt, solange wir es nicht finden, entdecken wir nichts weiter als uns selbst. Kein Wunder, daß wir überall, wohin wir blicken, auf Paradoxes stoßen.

Wir selbst sind das Nichts, das wir suchen. So wie null zugleich plus zehn und minus zehn ist, so bestehen auch wir aus komplementären Eigenschaften. Sobald wir eine letzte Ordnung oder ein letztes Chaos suchen, erschaffen wir ein Monster. Was wir suchen, existiert bereits als Produkt unserer Vorstellung oder kann aufgrund dieser Vorstellung existieren. Unsere Phantasiebilder verändern sich fortwährend. Nichts ist für sie verboten. Wenn die Quantenphysik wie bisher ein zutreffendes Bild der Wirklichkeit vermittelt, dann gibt es vermutlich nur wenig, was unmöglich wäre. Ein Physiker hat das so ausgedrückt: alles, was nicht verboten ist, ist obligatorisch.

Wir hat die verborgenen Variablen gefunden: sie ist uns!

Vor einigen Jahren besuchte ich den Physiker John Clauser in seinem Laboratorium an der Universität Kalifornien in Berkeley. Wir hatten beide an einer Reihe von Diskussionsveranstaltungen über Bells Theorem teilgenommen. Clauser war einer der ersten Physiker, die den Versuch unternahmen, die durch Bells mathematisches Theorem gesetzten Grenzen experimentell zu messen. Seine Ergebnisse bestätigten die Quantenmechanik; sofern überhaupt verborgene Variablen existieren, können sie jedenfalls nicht lokal sein. Als ich das Labor von Clauser betrat, bemerkte ich amüsiert jene Worte an seiner Tür, die ich als Überschrift für diesen Abschnitt gewählt habe. Es ist eine freie Nachschöpfung der unsterblichen Worte Pogos, einer komischen Figur Walt Kelleys: «Wir hat den Feind gefunden, und sie ist wir!»

Das Experiment Clausers sollte überprüfen, was wir mit physikalischer Realität gemeint haben – insbesondere mit Objektivität und Lokalität, was er mit OL abkürzte. Objektivität ist das, worüber wir bislang in diesem Buch gesprochen haben. Es bedeutet die Existenz eines von den Wirkungen meines Denkens unabhängigen physikalischen Universums. Das Gegenteil von Objektivität ist Subjektivität – die Welt, wie sie durch meine Augen erscheint. Farbwahrnehmungen werden z.B. bei einem Farbenblinden subjektiv beeinflußt. Dasselbe gilt für Vorlieben und Abneigungen der einzelnen Individuen.

Eine Welt ohne Objektivität und Lokalität wäre eine ganz und gar subjektive Welt. Sie würde nur aus einem einzigen Element beste-hen: aus mir. Es ist die Welt des Quanten-Solipsisten.

Diese Welt hat eine gewisse Ähnlichkeit mit dem Ausspruch Descartes' «Ich denke, also bin ich». Ein Quanten-Solipsist sagt: ich bin die einzige Realität. Alles da draußen ist in meinem Kopf. Um die

Wirklichkeit zu ändern – d. h., um aus Objekten andere Objekte zu machen – muß ich mein Denken ändern. Und die Welt erscheint mir nur in dem Maße verändert, als ich zu dieser Änderung meines Denkens imstande bin. Daß es mir nicht gelingt, unerhörte Veränderungen zustande zu bringen, z. B. vom Erdboden abzuheben oder nicht nur im Raum, sondern auch in der Zeit mühelos vorwärts und rückwärts zu reisen, liegt wahrscheinlich an meiner mangelnden Phantasie.

Eine ähnliche Denkweise wie beim Solipsismus finden wir im *Positivismus*. Dieser läßt einzig und allein die Sinneswahrnehmung als Grundlage jeder menschlichen Erkenntnis zu. Was wir wissen ist einfach das, was wir fühlen. Nehmen wir dem gegenüber noch unsere beiden Begriffe Objektivität und Lokalität hinzu. Objektivität bedeutet materielle Wirklichkeit, und Lokalität heißt, daß alles, was hier und jetzt geschieht, nur durch vergangene Ereignisse verursacht oder beeinflußt werden kann, die materiell mit dem Hier und Jetzt verknüpft sind.

Und jetzt wollen wir uns einen Brief des Philosophen Karl Popper an den Physiker John Clauser ansehen, der mit seinen Experimenten nachgewiesen hatte, daß sowohl Objektivität als auch Lokalität unmöglich waren. Clausers Experimente zeigten, daß eine Welt, die sowohl objektiv als auch lokal ist – Eigenschaften, die wir normalerweise als Grundlage unserer eigenen Welt für selbstverständlich halten –, nicht unsere Welt ist. Unsere Welt befindet sich in Übereinstimmung mit den Gesetzen der Quantenmechanik (QM), und diese bestreitet materielle Wirklichkeit und Lokalität. Clauser und Horne stellen ihre Ergebnisse in der Zusammenfassung ihres 1974 in der *Physical Review D* erschienen Aufsatzes dar:

> «*Die Physiker haben bislang übereinstimmend versucht, mikroskopisch kleine Phänomene mit Hilfe von Modellen objektiver Einheiten, möglichst noch mit genau angebbarer Struktur zu erklären. Der vorliegende Aufsatz hat sich der Frage zugewandt, ob sich der bestehende Formalismus der Quantenmechanik umgestalten oder vielleicht so uminterpretieren läßt, daß die Objektivität in der Natur wiederhergestellt wird und daß solche Modelle (ob deterministisch oder nicht) zulässig sind. Wir haben festgestellt, daß dies nicht auf eine natürliche Weise möglich ist, bei der das Prinzip der Lokalität gewahrt bleibt, ohne daß sich eine beobachtbare Veränderung der experimentellen Vorhersagen ergibt.*»[18]

Poppers Brief an Clauser datiert vom August 1974. Darin heißt es:

> «Vielen Dank für Ihren äußerst interessanten Aufsatz. Ich kann noch immer nicht glauben, daß Objektivität + Lokalität unhaltbar sein sollen. Ich glaube nicht einmal, daß Bohr damit gerechnet hätte, und das trotz der Tatsache, daß er Einsteins Plädoyer für OL verwarf. Erst jetzt, dank der Arbeiten Bells und Ihrer Gruppe, werden die Implikationen der QM deutlich; obgleich es unstreitig ist, daß Bohr sie ebenfalls gesehen hat, wenn auch verschwommener. (Trotzdem, sollte Wigner ebenfalls recht haben mit seiner Feststellung, daß die QM einen Solipsismus impliziert, dann muß die QM falsch sein, trotz Ihrer und Freedmans umwerfender Ergebnisse. Vergessen Sie nicht, daß der Positivismus (Mach) den Atomismus verworfen hat).
> Ich bin mehr als verwirrt. Wenn der Positivismus objektiv recht hat, warum sollte ich Objektivität «thus far, and no father»* akzeptieren?»[19]

Clausers Experimente waren darauf ausgerichtet, Objektivität und Lokalität (OM) zu widerlegen. Indem sie jedoch die Quantenmechanik (QM) stützten, deuteten sie an, daß Positivismus und Solipsismus der Wahrheit näherkommen. Und das ist tatsächlich eine höchst eigenartige Situation. Mit einem Mal ist jeder da draußen man selbst. Poppers letzter Satz ist ein Wortspiel über das Paradoxon, daß wir objektiv wissen, daß es keine Objektivität oder Väter gibt.

Nehmen wir ein Beispiel für Quantensolipsismus, wie er in der Praxis vorkommt. Das Leben ist ein großartiger Lehrmeister. Nur bringen wir oft genug seine Botschaften durcheinander. Ist Ihnen schon einmal aufgefallen, wie rigide manche Leute sein können? Vielleicht haben Sie selbst noch vor nicht allzulanger Zeit zu einem Gesprächspartner gesagt: «Mit dieser Haltung haben Sie sich aber sehr festgelegt.» Oder es ist Ihnen passiert, daß Ihre Frau oder Ihr Mann hartnäckig auf einem Punkt herumgeritten ist, den Sie liebend gern als erledigt betrachtet hätten. Warum verhalten andere sich so? In einer Welt der Objektivität und Lokalität ist das, was man außerhalb seiner selbst als Welt wahrnimmt, genau das, was es ist. Der andere ist dumm und dickköpfig. Sie selbst waren lediglich der Beobachter dieses Tatbestandes und waren so freundlich, Ihr unein-

---

* Unübersetzbares Wortspiel. Es müßte eigentlich heißen: «thus far, and no farther», bis hierher und nicht weiter (A. d. Ü.).

sichtiges Gegenüber darüber aufzuklären. Vielleicht konnte der Betreffende aus Ihrer Beobachtung einen Nutzen ziehen. Vielleicht hat er gesagt: «Ich bin Ihnen dankbar, daß Sie mich darauf aufmerksam gemacht haben. Es liegt einfach daran, daß ich mir in der letzten Zeit Sorgen wegen des Preisanstiegs bei japanischen Goldorangen gemacht habe.»

Ihre Beobachtung einer Starrsinnigkeit an Ihrem Partner ist ein Beispiel für Objektivität. Seine eingestandenen Sorgen um den Preis von Goldorangen sind ein Beispiel für Lokalität. Das zwischen Ihnen auftretende Problem war also nicht von Ihnen beeinflußt. Der Fehler lag bei Ihrem Partner. Kommt Ihnen ein kleines Szenario wie dieses bekannt vor? Ist seine Erklärung mit den Begriffen Objektivität und Lokalität sinnvoll?

Nunmehr betrachten wir die Situation mit den Augen eines Quantensolipsisten. Der «andere» sind diesmal Sie. Seine Dickköpfigkeit ist nicht seine Charakterschwäche, sondern eine Projektion *Ihrer* Empfindung. Wenn er borniert wirkt, dann tut er das nur, weil *Sie* ihn so sehen. Mit anderen Worten, Sie blicken auf Ihre eigene Borniertheit, Ihre eigene Dickköpfigkeit. Der andere ist Ihr Spiegelbild, weiter nichts. Alles, was er tut, tut er in der Weise, wie Sie es für sich sehen, um daraus für sich etwas zu lernen. Was Sie als seine Haltungen und Gefühle wahrnehmen, sind in Wirklichkeit Ihre eigenen Haltungen und Gefühle.

Der Quantensolipsist ist ein machtvolles Individuum, denn letzten Endes ist er das gesamte Universum. Er macht von seiner Macht auf magische, wohltätige Weise Gebrauch. Er macht Gebrauch von seiner Denkfähigkeit. Vielleicht ist das menschliche Gehirn die verborgene Variable?

IV
Wenn wir das Bewußtsein verlieren

13. Kapitel
Bewußtsein und parallele Universen

Es gibt keine Fäden, an denen ich hänge.

Pinocchio

Was bin ich für eine Maschine?

Wenn wir nicht an irgendwelchen Fäden hängen, warum erfahren wir dann die Welt so, als gäbe es solche Fäden? Eugene Wigner, Nobelpreisträger für Physik, vertritt die Ansicht, daß unser Bewußtsein die ganze Welt verändert, da es eine Änderung darüber herbeiführt, wie wir die Zukunft einschätzen. D.h., wir erfahren die Welt so und nicht anders, weil wir uns entschieden haben, sie so zu erfahren. An einem amüsanten Beispiel, das mittlerweile als «Wigners Freund» bezeichnet wird, läßt sich zeigen, wie es kommt, daß das Bewußtsein eines Freundes die Wirklichkeit verändert und zu einer Meinungsverschiedenheit führt.

Aber was ist das überhaupt: Bewußtsein? Welchen Stellenwert nimmt es in der Quantenmechanik ein? Hugh Everett III beendete sein Studium der mathematischen Physik 1957 an der Universität Princeton. In seiner Doktorarbeit bot er eine unerhörte Antwort auf diese Frage an: die Einführung eines Bewußtseins in die Quantenphysik ist unnötig. Die Zukunft wird durch das Bewußtsein nicht verändert. Statt dessen ereignen sich *alle* möglichen Zukünfte. Statt eines einzigen Universums, das auf einer zufallsbedingten Zickzackbahn unter ständiger Veränderung des menschlichen Bewußtseins seinen Weg nimmt, gibt es eine endlose Zahl «paralleler Universen», die alle auf geordneten Qwiffströmen in die Zukunft verlaufen. Und wir befinden uns auf allen dieser Universumsschichten!

Es entspricht ihrer natürlichen Eigenart, daß diese Universen allesamt parallel verlaufen und sich nicht überschneiden. Deshalb nehmen wir nur die Universumsschicht wahr, auf der wir uns befinden, und nicht auch noch die anderen. Jedes praktische Handeln, jede Maßnahme ist eine Interaktion, die sich wie eine Weggabelung für einen Wandergesellen auswirkt. Nur braucht sich der Wanderer keine Gedanken darüber zu machen; er befindet sich gleichzeitig auf beiden Abzweigungen, nimmt jedoch nur eine davon wahr.

Nach Everetts Auffassung ist jeder Beobachter nichts anderes als eine Maschine mit einem Gedächtnis. Die scheinbare Neuheit der Erfahrung auf einer einzelnen Universumsschicht hängt mit der Unschärferelation zusammen. Das Bewußtsein ist die Quantenverknüpfung zwischen den zahlreichen Schichten, aus denen die Quantenmaschine besteht. Mit anderen Worten, wir alle sind quantenmechanische «Golems».

Der Golem: eine Maschine mit Bewußtsein?

Die Wurzeln der Legende vom «Golem» reichen zurück in das jüdische Prager Ghetto von 1580.[1] Ein frommer geistlicher Führer, Rabbi Löw, der als Meister der zutiefst mystischen, magischen Kabbala bekannt war, machte von seiner Magie «praktischen» Gebrauch. Er schuf den Golem, einen Diener, der seinem jüdischen Volk in dessen Kämpfen und Leiden beistehen und der unterdrückten Gemeinde Hilfe bringen sollte. «Er formte ihn aus Ton, hauchte ihm seinen geistigen Atem ein und machte ihn zu einem Wundertäter.» Können wir dieses Wunder des Rabbi heute wiederholen?

Meine erste Begegnung mit Golems hatte ich im Herbst 1973. Von der Abteilung für Physik am Birkbeck College der Universität London hatte ich den Auftrag erhalten, einen computergenerier-ten Film über die Wechselwirkung zwischen Ionen und Molekülen zu machen. Als er fertig war, beschloß ich, den Film zu einem Computerfilmfestival einzuschicken, das in Edinburgh veranstaltet werden sollte. Dort machte ich die Bekanntschaft von Professor Ed Ihnatowitz von der Maschinenbauabteilung der Universität London. Professor Ihnatowitz hat einen bemerkenswerten Erfindergeist. Noch bemerkenswerter ist allerdings die Tatsache, daß er auch als Künstler und Objektemacher einen Namen hat. Bevor ich jedoch von seiner Arbeit erzähle, möchte ich noch von dem Festival berichten.

Alljährlich im Herbst veranstaltet Edinburgh ein Kunstfestival. Eine Woche lang werden hier die neuesten Arbeiten bildender

Künstler sowie Theater- und Ballettaufführungen gezeigt. In jüngster Zeit haben sich dort auch Computer als künstlerisches Medium eigener Art durchgesetzt. Ein einfallsreicher Schöpfer komponierte sogar ein Computerballett, dessen Tänzer die ungewöhnlichsten Kostüme trugen.

Professor Ihnatowitz zeigte unter anderem einen Film über eine seiner «Skulpturen». Zu dieser Zeit befand sich das Original auf einer Ausstellung des Museums von Eindhoven. Sie bestand aus einer großen, aus Einzelteilen wie bei einem Metallbaukasten montierten Konstruktion in Gestalt eines vorsintflutlichen Untiers. Sie war größer als ein Elefant und hatte eine gewisse Ähnlichkeit mit einer Giraffe. Außerdem bewegte sich die «Skulptur». Auf ihrem Kopf waren zwei empfindliche Geräuschempfänger wie zwei Ohren befestigt, die auf Geräusche unterschiedlicher Intensität und Tonhöhe jeweils unterschiedlich reagierten.

Zum großen Vergnügen der Kinder, die sich an seinen grotesken Verrenkungen nicht sattsehen konnten, reagierte das «Untier» auf ihr Schreien, indem es seinen stolz erhobenen Kopf so lange senkte, bis er auf gleicher Höhe mit den Mündern der Kinder war. Es hörte ihnen zu und wollte mit seinen «Ohren» in ihre Nähe. Allerdings hörte es nur so lange zu, bis ein Kind ein unangenehmes Geräusch von sich gab. Dann ratterte sein Kopf in die Höhe, um wieder seine frühere, stolze Haltung einzunehmen.

Ich war sehr beeindruckt von dem Film und dem Erfindergeist des Schöpfers dieses «Untiers». Aber das wirklich Verblüffende an dieser Erfindung war nicht die Art und Weise, wie die Konstruktion kleine Kinder entzückte, auch wenn sie eigens zu diesem Zweck gebaut worden war. Jeden Morgen stellten die Museumswärter aufs neue erstaunt fest, daß das «Untier» seinen Kopf auf den Fußboden gelegt hatte, als ob es schliefe. Sobald es die Wärter «hörte», hob es den Kopf, als sei es aus seinem Schlaf erwacht, und richtete ihn auf das angenehme Stimmengemurmel der Wärter. Da dieses Verhalten der Maschine von ihrem Erfinder nicht einprogrammiert war, blieb anfangs unklar, warum sie sich «nachts schlafen legte». War es ihr vielleicht langweilig geworden? Einige Tage lang sorgte dieses unheimliche, «lebensechte» Verhalten für einige Aufregung.

Es dauerte jedoch nicht lange, bis man der Sache auf den Grund kam. Können Sie es erraten? Es stellte sich heraus, daß das «Untier» in der Tat so etwas Ähnliches wie Langeweile verspürte. Sobald abends das Museum geschlossen wurde, gab es keine menschlichen Stimmen mehr in dem Gebäude, sondern nur noch das Geräusch anderer Maschinen. Eine davon war die ein Stockwerk tiefer untergebrachte Klimaanlage. Genau wie ein Kleinkind, das auf den Herzschlag seiner Mutter lauscht, lauschte das «Untier» dem angenehmen Summton der Klimaanlage. Da sich keine menschlichen Stimmen in seiner Nähe befanden, suchte die «Skulptur» sich den nächstbesten «lebendigen» Gefährten – ebenfalls eine Maschine.

Aus irgendeinem Grund war ich durch das Verhalten des «Untiers» fast gerührt. Später fragte ich den Professor, wie das unerwartete Verhalten seiner Schöpfung auf ihn gewirkt habe, und er erwiderte, einen solchen Fall gebe es häufig bei seinen Erfindungen: die Dinge taten das Unerwartete. Ist es möglich, daß wir einen hochentwickelten Denkapparat bauen, der uns in Erstaunen setzt, indem er ein selbsterzeugtes intelligentes Verhalten zeigt? Was macht dann noch den Unterschied zwischen lebendigen Wesen und Maschinen aus?

Die Möglichkeit, eine denkfähige Maschine zu bauen, einen Golem, ist heute größer denn je. Das liegt zweifellos an den großen Fortschritten in der Mikrominiaturisierung von elektronischen Schaltkreisen, sogenannten «Chips».[2] Nach einem vor kurzem in der Zeitschrift *Future Life* erschienenen Artikel benötigte man früher für die Speicherung von einer Million Zeichen etwa elf Kubikmeter Speicherraum und heute nur noch 0,85 Kubikdezimeter, weniger als eine Milchtüte von einem Liter.[3] Da uns die Hardware-Technologie immer kleinere Bauteile beschert, landen wir am Ende bei der Quantenphysik. Vielleicht sind wir selbst Quantenmaschinen.

Das Bewußtsein von Professor Wigner

Einstein hat einmal gesagt, das einzig Unbegreifliche am Universum sei die Tatsache, daß es begreiflich ist. Wir sind in der Lage, unser Leben und unsere Welt, die wir jeden Morgen aufs neue unverändert vorzufinden erwarten, zu verstehen und darin einen Sinn zu finden. Aber wodurch kommt das zustande? Wie ist es möglich, daß Sie und ich zu einer Übereinstimmung gelangen und in der Welt einen Sinn auffinden können? Aus der Sicht der Quantenmechanik ist das ein echtes Problem. Die Zukunft, die sich entfaltet, «scheint» mit der Vergangenheit verknüpft zu sein. Wir «scheinen» durch vergangene Konditionierungen determiniert zu sein. Wir haben manche Ähnlichkeit mit Puppen, die von einem anderen an Fäden gehalten werden. Wie kommt das?

Professor Wigner bietet uns eine Antwort darauf an. Dieser Nobelpreisträger der Physik behauptet, daß unser Bewußtsein die

Welt verändert, indem es uns selbst verändert. Es hat einen Einfluß darauf, wie wir die Zukunft einschätzen. Und das tut es, indem es unsere persönlichen Quantenwellenfunktionen, unsere Qwiffs verändert. Da unsere Qwiffs sämtliche möglichen Zukünfte enthalten, ist es unser Wille, der aus diesen wahrscheinlichen Zukünften eine tatsächliche Gegenwart macht. Und das wiederum ist das Ergebnis der Eindrücke, die wir gewinnen, wenn wir mit etwas in Wechselwirkung treten. Wigner bemerkt zu diesem Prozeß:

> «*Der Eindruck, den ein Mensch bei einer Interaktion gewinnt, kann die Wahrscheinlichkeiten verändern und tut das im allgemeinen auch, mit denen der Betreffende bei späteren Interaktionen die damit verbundenen unterschiedlichen möglichen Eindrücke gewinnt. Mit anderen Worten, der Eindruck..., den man auch als das Ergebnis einer Beobachtung bezeichnen kann, modifiziert die Wellenfunktion des Systems. Die veränderte Wellenfunktion ist... vor dem Eindruck nicht voraussagbar... sie ist in unser Bewußtsein eingetreten: es ist der Eintritt eines Eindrucks in unser Bewußtsein, der... unsere Einschätzung... unterschiedlicher Eindrücke (modifiziert), die wir in der Zukunft zu empfangen erwarten. Und an diesem Punkt kommt das Bewußtsein unvermeidlich und unabänderlich mit in die Theorie.*»[4]

Wir erfahren also die Welt, als hinge sie an Fäden, die sie mit der Vergangenheit oder einem «himmlischen Drahtzieher» verbinden, weil wir die Ergebnisse unserer Entscheidungen nicht präzise unter Kontrolle haben. Letztlich ist jeder einzelne selbst die Quelle seiner Freuden und Leiden, seiner Reichtümer und seiner Armut und all dessen, was er erlebt, da er solche Entscheidungen trifft. Aber die Eindrücke, die wir empfangen, lassen sich nicht voraussagen. Sie verändern unsere Wellenfunktionen, genau wie die Finger des Fiedlers auf dem Hals seines Instruments die Wellen der Saiten verändern. Der Fiedler sind wir jeweils selbst. Es ist an der Zeit, die Sicherheit der inneren «Vergangenheit» unseres «Zeithauses» aufzugeben und aufs «Zukunftsdach» zu steigen. Eben weil die Eindrücke nicht determiniert sind, haben wir die Macht dazu. Jeder von uns ist ein «Fiedler auf dem Dach». Nur daß die Melodie nicht genau so herauskommt, wie wir möchten.

Worum es mir geht, ist die Macht, die wir als Individuen haben, Ereignisse in unserem Alltag zu beeinflussen. Die Quantenmechanik zeigt eindeutig, daß sich nichts vorherbestimmen läßt, wie auch immer die Ereignisse erscheinen mögen. Unsere Welt ist nicht nur klein, sie ist letztlich auch eine Zen-Welt. Man mag dagegen einwenden, man könne sich nicht ändern, da alle anderen sich daran erinnern, wie man ist, und daß man nicht die Macht habe, überhaupt etwas zu ändern. Doch das unteilbare Quantum einer formbaren Wirkung beweist das Gegenteil.

Selbst unser Begriff des Gedächtnisses muß neubestimmt werden. Das unbeugsame Quantum zeigt, daß die Vergangenheit ebenso wie die Zukunft erschaffen wird. Es gibt keine Vergangenheit. Es gibt keine Zukunft. Wir erschaffen beides fortwährend und in unvorhersehbarer Weise. Das ist alles. Es gibt keine verborgenen Botschaften. Wenn Sie als Leser diese überwältigende Tatsache Ihrer Existenz auch nur einen Augenblick lang empfinden, so ändert dies Ihre Zukunft jetzt in diesem Augenblick. Sie können gar nicht anders, als ein Gefühl der Macht zu empfinden. Niemand kennt Sie. Sie kennen niemanden.

«Moment mal», werden Sie vielleicht sagen. «Selbstverständlich kenne ich meine Tochter, sie sitzt mir gerade gegenüber. Worauf wollen Sie hinaus?» Sie möchten wissen, wieso wir dieselben Dinge erfahren und durch unsere Kommunikation wissen können, daß wir das tun. Überraschenderweise kann die Quantenphysik für dieses Rätsel eine Lösung anbieten.

Wie kommt es, daß wir eine gemeinsame Wirklichkeit miteinander teilen? Wir werden diese Frage von zwei Seiten her beantworten. Zum ersten wollen wir ein amüsantes Beispiel betrachten, das von Wigner stammt. Man hat es als das «Paradoxon von Wigners Freund» bezeichnet. Das Beispiel wird uns auch noch im anschließenden Abschnitt beschäftigen, in dem es um etwas geht, das in meinen Augen die radikalste Auffassung von Wirklichkeit ist, mit der all denen ein Schlag versetzt wird, die an die Existenz eines menschlichen Bewußtseins glauben. Während Wigners Freund durch Akte des Bewußtseins Wirklichkeit erschafft, befreit uns die Theorie der parallelen Universen gänzlich von der Annahme eines Bewußtseins! Machen Sie sich jedoch auf etwas Unerwartetes gefaßt. Was an die Stelle des Bewußtseins tritt, ist ein weit mystischeres und magischeres Unternehmen, denn wir leben in einer unendlichen Anzahl von Universen, die unaufhörlich miteinander in Wechselwirkung treten.

Das Paradox von Wigners Freund

Bewußtsein ist das schöpferische Element im Universum. Ohne dieses würde nichts in Erscheinung treten. Es gibt keinen Klang ohne

Ohren und keine – tote oder lebendige – Schrödingerkatze, ohne daß einer von uns den Kasten öffnet. Die Quantenmechanik erklärt diesen Umstand nicht; Eugene Wigner behauptet einfach, daß er zutrifft. Auch wenn manche Leser sicher nicht damit einverstanden sind, in welchem Sinn ich das Wort *Bewußtsein* gebrauche, halte ich es für gerechtfertigt, Bewußtsein als jenes Element außerhalb des physikalischen Universums zu definieren, das das Qwiff zerplatzen läßt und das beobachtete Ergebnis innerhalb eines Spektrums möglicher Situationen hervorbringt.

Professor Wigner würde dem vermutlich zustimmen.[5] Er geht das Problem folgendermaßen an. Kurz bevor der Kasten geöffnet wird, überlagern sich in seinem Inneren zwei mögliche Zustände der Katze. Im selben Augenblick jedoch, in dem ich den Kasten öffne, wird nur einer der beiden Zustände wirklich, und der andere verschwindet. D. h. die Verantwortung für den Zustand liegt bei uns selbst, sobald wir wissen, daß die Katze tot (oder lebendig) ist. Um diesen Punkt noch deutlicher zu machen, läßt uns Wigner folgendes Paradoxon seines Freundes näher untersuchen.[6]

Wigners Freund führt ein Experiment durch. Er hat ein Teilchen in einen Kasten gesperrt und diesen verschlossen. Nach den Gesetzen der Quantenphysik hat die gefangene Partikel keine genau

Die Parabel von Wigners Freund.

Wigners Freund hat ein Qwiff in eine Schachtel gesperrt.

Das Qwiff beschreibt ein Teilchen. Wenn der Freund die Schachtel öffnet, kann das Teilchen diese links oder rechts verlassen.

Das Qwiff verläßt die Schachtel nach beiden Seiten, das Teilchen ist noch nicht entdeckt.

definierte Lage mehr, sondern nimmt jetzt die Form einer stehenden Welle im Kasten an. Das Muster dieser Welle sagt etwas darüber aus, wo das Teilchen wahrscheinlich aufzufinden ist, aber nicht, wo es sich jeweils exakt befindet. Da die Partikel eingeschlossen ist, wird auch ihr Impuls unbestimmt. Sie kann sich im Kasten sowohl nach links als auch nach rechts bewegen.

Um festzustellen, was in dem Kasten vor sich geht, beschließt Wigners Freund, gleichzeitig zwei einander gegenüberliegende Seiten zu öffnen. Damit wird die stehende Welle in zwei entgegengesetzte Wellenpulse aufgespalten, die nach einer bestimmten Zeit jeweils eine der beiden Öffnungen passieren. Auf diese Weise kann der Freund das Teilchen links (oder rechts) aus dem Kasten verschwinden sehen und seine Beobachtung eintragen.

In diesem Augenblick erscheint der Professor. Er erklärt seinem Freund, er stelle soeben ein ungewöhnliches Experiment an, in dem sowohl der Freund selbst als auch das Teilchen eine Rolle spiel-

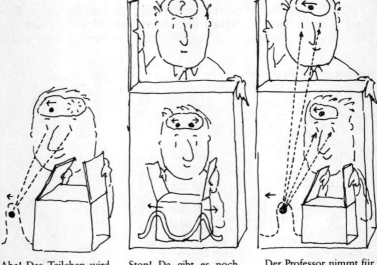

Aha! Das Teilchen wird gesehen, das Qwiff hat sich zusammengezogen und ist geplatzt.

Stop! Da gibt es noch einen Professor, der sowohl den Beobachter als auch das Teilchenqwiff beobachtet.

Der Professor nimmt für sich in Anspruch, er habe das Qwiff zum Platzen gebracht und sei für das Bewußtsein des Beobachters verantwortlich.

ten. Der Professor hatte seinerseits alle beide in einen großen Kasten gesperrt. Nach den Gesetzen der Quantenphysik gab es zwei mögliche Ausgaben für die Beobachtung des Teilchens durch den Freund. In der einen sieht der Freund das Teilchen auf der rechten, in der anderen auf der linken Seite des geöffneten Kastens. Der Professor weist darauf hin, es sei seine eigene Beobachtung gewesen, welche die Beobachtung des Teilchens durch den Freund überhaupt erst «geschaffen» habe, als er (der Professor) seinen eigenen Kasten öffnete! Anders ausgedrückt, Freund und Partikel verdanken ihre Existenz überhaupt nur der Tatsache, daß der Professor so freundlich war, sie zu beobachten.

Wigner begegnet dem Paradoxon, indem er das Karussel der Beobachtungen schon bei seinem Freund anhält. Damit war es das Bewußtsein seines Freundes, das die Position des Teilchens erschuf, so daß der Professor beim Öffnen seines größeren Kastens nur das sah, was bereits da war. Aber ist das wirklich eine Lösung des Problems? Wigner war überzeugt, daß es die einzig annehmbare Lösung war. Wir wissen, daß das menschliche Bewußtsein oder Denken physikalisch-chemischen Bedingungen unterliegt, warum sollte also das Bewußtsein nicht seinerseits diese Bedingungen beeinflussen? Damit ist Wigner gezwungen, über die Quantenmechanik hinauszugehen, um die Mittel aufzufinden, mit denen das Bewußtsein das Qwiff zum Erlöschen bringt und Wirklichkeit als etwas erschafft, das aus der unbeobachteten, potentiellen Quantenwelt beobachtet wird. Bislang weiß noch kein Mensch, wie sich das im Rahmen eines vollkommen überprüfbaren mathematischen Modells bewerkstelligen ließe.[7] Aber müssen wir überhaupt über die sowieso schon radikalen Postulate der Quantenphysik hinausgehen, um die Welt zu erschaffen? Hugh Everett III ist nicht dieser Meinung.[8] Allerdings mutet die von ihm vorgeschlagene Alternative noch seltsamer an. Er fordert uns auf, die Quantenmechanik beim Wort zu nehmen. Die Welt ist nicht lediglich in unseren Köpfen, bis wir sie erschaffen – sie ist wirklich da draußen und zugleich in allen ihren möglichen Ausprägungen.

Eine unendliche Anzahl paralleler Universen

Everett hat das Paradoxon von Wigners Freund um ein geistreiches Anhängsel erweitert.[9] Als der Professor enthüllt, daß er es war, der den Freund und das Teilchen «erschuf», reagiert der Freund nicht etwa dankbar, sondern macht darauf aufmerksam, daß durchaus ein weiterer Beobachter denkbar sei, der sie alle drei – Professor, Freund

und Partikel – in einen noch größeren Kasten gesteckt habe. Damit hatten sie alle so lange keine unabhängige, objektive Existenz, bis der dritte Beobachter seinen Kasten öffnete.

Existieren wir in einem Satz ineinandergesteckter Kästchen, wobei jedes einzelne von ihnen sein Dasein einem nächstgrößeren Kästchen verdankt, von dem es umgeben ist? Wer öffnet den letzten Kasten? Gibt es überhaupt einen letzten Kasten, oder geht die Reihe endlos weiter, so daß alle in den Kasten befindlichen Individuen darauf warten, daß Gott ihren Traum beobachtet? Wenn die Wirklichkeit nur ein Traum ist, wer ist dann der Träumer? Wenn es nur einen einzigen Träumer gibt, nämlich mich selbst, dann existiert nichts außer mir. Das ist die Position des Solipsismus, und es ist keine besonders populäre Philosophie, auch wenn sie in sich logisch schlüssig ist. Um aus den ineinandergeschachtelten Kästchen wieder herauszukommen, hat Everett eine andere Lösung vorgeschlagen: alle möglichen Ausprägungen der Wirklichkeit existieren real.

In seiner Erzählung «Garten der Pfade, die sich verzweigen» beschreibt Jorge Luis Borges eine derartige, alle unsere bisherigen Vorstellungen umstürzende Welt als

> «unendliche Zeitreihen, ein wachsendes, schwindelerregendes Netz auseinander- und zueinanderstrebender und paralleler Zeiten. Dieses Webmuster aus Zeiten, die sich einander nähern, sich verzweigen, sich scheiden oder jahrhundertelang nichts voneinander wissen, umfaßt alle Möglichkeiten. In der Mehrzahl dieser Zeiten existieren wir nicht; in einigen existieren Sie, nicht jedoch ich; in anderen ich, aber nicht Sie; in wieder anderen wir beide. In dieser Zeit nun, die mir ein günstiger Zufall beschert, sind Sie in mein Haus gekommen. In einer anderen haben Sie mich, da Sie den Garten durchschritten, tot angetroffen; in wieder einer anderen sage ich dieselben Worte, aber ich bin ein Trug, ein Phantasma.»[10]

Um die Vorstellung von parallelen Universen begreifen zu können, müssen wir nochmals einen Blick auf die möglichen alternativen Erklärungen der Wirklichkeit werfen, die sich aus den Deutungen der Quantenphysik ergeben.[11] Das Kernproblem besteht darin, wie sich das Universum mit mehr als einem darin befindlichen Beobachter erklären läßt. Darüber hinaus müssen wir verstehen, wie es kommt, daß wir – allesamt Beobachter – in der Lage sind, über das, was wir beobachten, überhaupt eine Übereinstimmung zu erreichen.

Worin besteht das Problem? Die allgemeinste Interpretation

unterstellt, daß sich die Welt auf zwei grundlegend verschiedene Weisen ändert: sie zerplatzt und sie fließt. Ein «Blop» ist eine plötzliche, diskontinuierliche Änderung, die durch den beobachtenden Akt irgendeines Individuums ausgelöst wird. Diese Änderung ist zudem akausal. Sie läßt sich nicht einmal mit den Methoden der Quantenmechanik vorhersagen. Deshalb überschreitet es auch die Fähigkeiten eines Quantenphysikers, das launische Verhalten der Natur vorherzusagen. Immer dann, wenn die Welt zerplatzt, hat jemand etwas beobachtet. Bis zu dem «Blop» bleibt die Welt unbeobachtet.

Daneben verändert sich die Welt in kontinuierlicher, fließender Weise. Es sind jedoch nicht die Objekte der Welt, die sich auf diese Weise ändern, sondern es sind die Qwiffs als Vertreter dieser Objekte. Sie verändern sich kontinuierlich, fließend und nach dem Kausalprinzip. Die Qwiffs vertreten jedoch die Wirklichkeit nur; sie sind ebensowenig die Wirklichkeit selbst wie ein glattzüngiger Botschafter, der ein Land vertritt, dieses Land selbst ist. Während dieses Land eine Revolution erlebt, kann uns sein Botschafter in aller Gemütsruhe erzählen, in seiner Heimat sei alles in Ordnung.

Qwiffs vertreten etwas, das sich in der Wirklichkeit ereignen *könnte*. Die Quantenmechanik macht zuverlässige Aussagen über das Verhalten von Qwiffs, während Qwiffs das Verhalten der Materie mit einer gewissen Unbestimmtheit vorhersagen. Wäre die Welt in irgendeiner Weise vollständig durch das Qwiff vertreten (oder, in unserer Analogie, jeder Bewohner eines Landes durch einen eigenen Botschafter), so würde sie sich nur noch fließend ändern, und es gäbe keine «Blops». In diesem Fall wäre sie vollständig vorhersagbar.

Aber die Welt ist prinzipiell nicht vorhersagbar. Das Problem ist jener magische Bestandteil, der das Qwiff zerplatzen läßt. Wer entscheidet darüber, wann die Welt fließen (unbeobachtet bleiben) und wann sie platzen (beobachtet werden) soll? Einstein hat das Dilemma etwas anschaulicher formuliert, als er sagte, er könne sich nicht vorstellen, wie eine Maus es fertigbringen sollte, nachhaltige Veränderungen des Universums einfach durch dessen Beobachtung herbeizuführen.[12] Wenn die Maus keine Qwiffs zum Platzen bringt, wer dann? Können nur menschliche Wesen Qwiffs platzen lassen? Lebt die Maus in einer Geisterwelt aus Qwiffs, in der sich alle Möglichkeiten zugleich ereignen? Vielleicht wäre es besser, eine Maus statt ein Mensch zu sein!

Von dieser Seite aus betrachtet scheint das Paradoxon von Wigners Freund der Realität näherzukommen. Statt einer langen Reihe von ineinander geschachtelten Beobachtern, von denen einer den anderen beobachtet, ist jeder von uns eine eigene verschachtelte

Serie. Unsere Elektronen werden von unseren Atomen beobachtet, diese von den Molekülen, diese von den Zellen, diese von den Organen, diese vom Nervensystem, dieses vom Gehirn, dieses wird von uns selbst und wir wiederum werden beobachtet von... bei wem landet der Schwarze Peter? An welchem Punkt existiert die Realität endgültig und vollständig? Die Quantenmechanik sagt uns nichts darüber, wo das Bewußtsein sich einschaltet, um das Ereignis festzuhalten. Aber sie sagt uns im Prinzip, in welcher Weise alle die genannten Instanzen miteinander in Wechselwirkung stehen. Sie prognostiziert, daß es auf jeder Ebene der Wechselwirkung zu einer zweifachen oder manchmal auch mehrfachen Gabelung kommt. Sie sagt aus, daß auf jeder Ebene als Resultat der Interaktion gleichwahrscheinliche Bahnen ins Dasein eintreten, genau wie in unserem Beispiel mit der «Schrödingerkatze». Die Quantenmechanik kann niemals angeben, wann eine einzelne Katze erscheint. Für sie sind alle möglichen Bahnen durch das Qwiff vertreten.

Wenn man jedoch unterstellt, daß das Bewußtsein außerhalb der physikalischen Welt existiert, an welcher Stelle tritt es in diese ein? Es hat nicht den Anschein, als gäbe es eine passende Eintrittspforte, durch die unser Denken Einlaß finden und das Qwiff zum Platzen bringen könnte. Es mag sein, daß wir niemals eine solche Möglichkeit entdecken, die sich mit der Welt, wie wir sie beobachten, in Übereinstimmung befände. Bislang haben alle Versuche, die Quantenmechanik so zu modifizieren, daß sie auch das menschliche Bewußtsein mit einschließt, dieses Ziel nicht erreicht.[13]

Everett hat fünf Alternativen aufgezählt, wie sich das Paradoxon des Beobachters auflösen läßt.[14] Die erste haben wir bereits erwähnt. Es gibt nur einen einzigen Beobachter im ganzen Universum, und der Leser darf sich freuen – *er* allein ist es. Alle anderen unterliegen den Gesetzen des Quantenflusses. Sie verharren in einem Zustand unterbrochener Belebtheit oder wie immer man sich das denken mag, bis Sie daherkommen. Nur Sie können das Qwiff platzen lassen. Herzlichen Glückwunsch! Ich danke Ihnen, daß Sie dieses Buch ebenso erschaffen haben wie den Autor, der diese Worte hier niedergeschrieben hat. Aber dann kannten Sie ja schon alles vorher.

Die zweite, dritte und vierte Alternative schränkt die Gültigkeit der Quantenmechanik ein.[15] Jede von ihnen behauptet mehr oder weniger, die Quantenphysik müsse ergänzt werden. Wie wir jedoch in diesem Buch gesehen haben, ist es nicht einfach, dies in einer konsistenten Weise zu tun, ohne die Quantenmechanik noch skurriler zu machen als sie ohnehin schon ist. An diesem Punkt verdirbt jede über das Rezept hinausgehende Zutat unweigerlich den ganzen Kuchen.

Damit sind wir bei der fünften Alternative angelangt. Diese besagt in dürren Worten, daß die Welt nicht platzt. Alle Beobachtungen durch jedwede Beobachter sind Wechselwirkungen und unterliegen damit den Kausalgesetzen des Quantenuniversums. Alles fließt. Die Welt verändert sich fortwährend ohne Sprünge. Allerdings ist es eine bizarre Welt, die aus allen möglichen Welten besteht. Es gibt nur ein Qwiff – das Leitqwiff, dessen sämtliche Verzweigungen sich wie ein unvorstellbar riesiges Netz in die Raumzeit erstrecken. Es gibt kein Bewußtsein. Man braucht keines.

Die Maus verändert das Universum nicht, sie wird vom Universum verändert. Mit jeder Beobachtung bilden sich vielfache Kopien der Maus, und jede Kopie folgt der nächsten wie ein Automat. Aber jede Kopie erinnert sich daran, was sie in der voraufgegangenen Wechselwirkung erlebt hat, und jede Kopie registriert empfindlich bestimmte Veränderungen, die in der Umgebung vor sich gehen. In dem einen Mäuseuniversum wird weißer Käse erinnert, während dieser in einem anderen, parallelen Universum rot ist. Jedesmal, wenn eine Interaktion zwischen Maus und Käse stattfindet, spaltet sich die Maus-Käse-Verzweigung des einen Qwiffs in so viele Verzweigungen, als die Maus Käsegeschmacksnuancen unterscheiden kann und als es unterschiedliche Geschmacksrichtungen des Käses gibt. Verfügt die Maus über ein hochentwickeltes Geschmacksorgan, so registriert sie, welchen Käse sie frißt. D.h., jede Kopie der Maus frißt einen anderen Käse. Ist die Maus andererseits unempfänglich für den Unterschied zwischen Edamer und Emmentaler, kommt es nicht zu einer Verzweigung. In jedem Fall ist sich die Maus jedoch nur ihrer einen Erfahrung bewußt – ihrer individuellen Existenz als eine einzelne Maus.

«Alles schön und gut, soweit es Mäuse angeht», mögen Sie einwenden, «aber wie sieht es beim Menschen aus? Sie werden doch sicher nicht behaupten wollen, daß auch wir Automaten sind?» Doch, genau das möchte ich. Denn wir sind nicht mehr als die Verzweigungen des Qwiffs. Alles, was möglich ist, geschieht tatsächlich auf irgendeiner universalen, zu dieser einen parallelen Schicht. «Aber ich habe ein Bewußtsein!» halten Sie dagegen. «Ich bin mehr als eine Maschine!» Und auch das ist richtig. Sie sind eine Qwiffverzweigung. Sie sind in jedem Zweig der universalen Wellenfunktion. Und in jeder Verzweigung des Großen Qwiffs sind Sie sich nur dieses einen Zweigs bewußt. Wieso? Weil ein Zweig eben genau das ist: ein Ableger von einer Interaktion zwischen den verschiedenen möglichen Dingen, die interagieren könnten. Und da prinzipiell alle Dinge miteinander in Wechselwirkung treten können, tun sie das auch.

«Aber warum kann ich das, was ich will, nicht dann bekommen, wenn ich es will?» fragen Sie vielleicht. Die Antwort lautet, daß manche Dinge auf häufigere Weise eintreten können als andere – anders ausgedrückt, es gibt bei ihnen mehr Verzweigungen. Die Weltverzweigung, auf der Sie sich zufällig befinden und auf der Sie gerade dieses Buch lesen, ist eine von vielen Verzweigungen, die zufälligerweise häufiger vorkommen als andere, auf denen Sie dieses Buch nicht lesen.

Nehmen wir ein Beispiel. Mit seiner Hilfe wollen wir erklären, wie es kommt, daß jeder von uns sich nur der Schicht bewußt ist, auf der er sich gerade befindet, und wie es kommt, daß wir alle einander bewußt sind. Wir werden ferner sehen, wie es möglich ist, daß wir zu einer Übereinstimmung darüber gelangen können, was jeder von uns beobachtet. Und schließlich wird dieses Beispiel zur Beantwortung der Frage beitragen, wieso zwischen uns Meinungsverschiedenheiten über das entstehen können, was sich in unserem Leben ereignet. Von diesem Standpunkt aus werden wir also etwas darüber erfahren, wieso mehrere Personen als Zeugen eines Verkehrsunfalls völlig verschiedene Schilderungen von dem geben können, was sich tatsächlich ereignet hat.

Menschen sind Geschöpfe mit empfindlichen Sinnesorganen. Sie können auf die unterschiedlichsten Reize mit einer bemerkenswerten Aufnahmebereitschaft reagieren. Nehmen wir etwa den Geruchssinn. Einige wenige eingeatmete Moleküle sagen uns bereits, daß die Kartoffeln anbrennen. In der Tat ist eine hohe Empfindlichkeit der sinnlichen Wahrnehmung für alle Lebewesen von großer Bedeutung. Und wir können am Beispiel der menschlichen Sinneswahrnehmung besser zu verstehen versuchen, wie es möglich ist, daß wir auf verschiedenen Schichten oder Verzweigungen des Großen Qwiffs existieren können und trotzdem nur den Zweig sehen, auf dem wir uns gerade befinden.

Wir alle kennen den Ausdruck «messerscharf denken». Schärfe in diesem Zusammenhang läßt sich definieren als «die Fähigkeit, Unterscheidungen zu treffen oder Unterschiede zu machen, wo zuvor keine wahrgenommen wurden», wie wenn jemand ein scharfes Instrument benutzt, um etwas durchzuschneiden. Tatsächlich geht das englische Wort *certain* auf die indoeuropäische Wurzel *skeri* (schneiden) zurück. Demnach «schneidet» oder trennt ein scharfsinniger Kopf eine Beobachtung von einer anderen.

Stellen wir uns jetzt vor, wir hätten so jemanden gefunden, eine Frau, die uns etwas über die Unterschiede zwischen Edamer und Emmentaler sagen kann. Der Käse wurde gerieben, so daß keine sichtbaren Anhaltspunkte darüber vorliegen, um welche Sorte es sich jeweils handelt. Dies läßt sich nur durch Riechen oder Schmecken herausbekommen. Nach dem Viele-Welten-Modell der Quantenmechanik spaltet sich unsere Feinschmeckerin im selben Augenblick, in dem sie von dem Käse probiert, in eine Vielzahl von Kopien ihrer selbst auf, eine Kopie für jede mögliche Käsesorte von der sich vielleicht eine Probe auf dem Tisch befindet. Auf jeder universellen Schicht weiß sie genau, was sie schon einmal geschmeckt hat. Die Schichten sind ebenso deutlich voneinander abgegrenzt wie die von ihren Geschmacksknospen und ihrem Verstand wahrgenommenen unterschiedlichen Geschmacksnoten bei Käse. Und jetzt kommt ein Freund von ihr dazu.

Nun gibt es zweierlei Arten von Freunden. Zur einen zählen die ebenfalls ausgefuchsten Käseschmecker und zur anderen jene Banausen, die keinen Harzer von Mozzarella zu unterscheiden können. Aber nehmen wir an, dieser Freund verstehe etwas von Käse. Die Frau bietet ihm eine Käseprobe an. Natürlich hat er keine Ahnung von dem, was ihm bevorsteht – daß nämlich auch er im selben Augenblick, in dem er von dem Käse probiert, sich in eine Milliarde von Kopien seiner selbst aufspaltet, die glücklicherweise allesamt von der Aufspaltung nichts merken. Jedenfalls probiert der Freund den Käse. Wenn er beim Käsegeschmack ebenso feine Unterscheidungen treffen kann wie die Frau, wird er seine Welten mit ihr teilen. Auf jeder Schicht, auf der die Frau Edamer probiert, wird sie ihrem Freund begegnen, der dasselbe tut.

Unsere Geschichte ist jedoch noch nicht zu Ende. Weiß der Freund, daß das, was er geschmeckt hat, dasselbe ist, was unsere Feinschmeckerin geschmeckt hat? Können die beiden auf ihrer Verzweigung des Großen Qwiffs miteinander das Glück finden? Das können sie, sofern sie sich einig sind, daß sie beide dasselbe geschmeckt haben. Und damit das geschieht, muß der Freund sowohl die Frau als auch den Käse beobachten. Hat sie dasselbe geschmeckt wie er?

Um sich dessen zu vergewissern, genügt es nicht, einfach nachzufragen. Käse zu schmecken ist eine Kunst für sich. Es erfordert ein Unterscheidungsvermögen jenseits aller Worte. Und da fangen die Probleme an. Ist er im Vergleich zu ihr zu feinschmeckerisch, dann wird er feststellen, daß er sich nicht nur auf einer anderen Verzweigung entsprechend den verschiedenen möglichen Käsesorten des Großen Qwiffs befindet, sondern daß jede dieser Verzweigungen wiederum eine Milliarde oder mehr feiner Verästelungen enthält, die den von ihr wahrgenommenen Geschmacksunterschieden entsprechen. Es könnte sich beispielsweise um einen Mozzarella 324, Partie 867 handeln. Doch obwohl er dies weiß, bringt es seine weit höher entwickelte Geschmacksempfindlichkeit mit sich, daß er sich im Vergleich zu ihrer Beschreibung des Geschmackseindrucks auf einer viel feineren Verzweigung befindet. Wenn sie etwa sagt, der Käse sei bittersüß und klebrig, mit einem leichten Aroma von Kentucky-Viehgras, dann wird sie samt dem Käse von ihrem Freund anders wahrgenommen als wenn sie gesagt hätte, der Käse habe «einen zarten Duft nach morgendlichem Viehgras».

Das könnte Verwirrung stiften, wenn er beispielsweise zwar nicht imstande ist, solche Unterschiede beim Käse herauszuspüren, wohl aber bei ihr selbst. Damit beide also vollkommen übereinstimmen, muß er unempfänglich für ihre Feinschmeckerei, ihre Feinstruktur sein. Angenommen, er besitzt die nötige Unempfindlichkeit ihr gegenüber und die nötige Empfindlichkeit gegenüber dem Käse. Dann befinden sie sich in Übereinstimmung über das, was sie schmecken, gleichgültig, auf welcher Schicht der Käseverzweigungen des Großen Qwiffs sie sich gerade befinden. Mit anderen Worten, sie befinden sich auf allen Schichten und nehmen nur diese eine wahr. Sie probiert Edamer 1 auf der Schicht 1, er probiert Edamer 1 auf der Schicht 1 und sieht, daß sie Edamer 1 probiert. Die ganze Prozedur läßt sich jetzt für alle Sorten Edamer, Mozzarella usw. wiederholen.

Meinungsverschiedenheiten kommen durch unterschiedliche Empfindlichkeiten zustande. Lernen, miteinander auszukommen, bedeutet manchmal, nicht zu sehr ins Detail zu gehen. Manchmal kann es auch bedeuten, die Dinge genauer zu nehmen und sich an den vielen universellen Verzweigungen des Lebens zu erfreuen. Sie erfreuen sich daran, auch wenn Sie gar nicht wissen, daß Sie es tun. Sie können sich also entschließen, von jetzt an das Leben zu genießen, da Sie es ohnehin bereits tun.

Natürlich gibt es noch mehr über die quantenmechanische Deutung paralleler Universen zu sagen. Zugegebenermaßen ist es für mich beruhigend, daß die Wirklichkeit als Ganzes vollständig deterministisch ist; alles in ihr fließt, während mein kleines Stück des Großen Qwiffs unter der Unbestimmtheit und der Unschärferelation leidet. Das Bemerkenswerte an dieser Interpretation liegt in ihrem Nachweis, daß der mathematische Formalismus seine eigene Deutung determinieren kann. Kurzum, er *ist* das, was er von sich sagt.

Vor allem diese Beobachtung bewog Everett zur Wahl seines Promotionsthemas. Bryce S. Dewitt und Neill Graham haben die ursprünglichen Aufsätze Everetts samt den Kommentaren anderer Physiker in einem kleinen Sammelband mit dem Titel *The Many-Worlds Interpretation of Quantum Mechanics* herausgegeben.[16] Der Band enthält auch einen eigenen Beitrag Dewitts, der sich für mich durch besondere Klarheit auszeichnet.[17] Einer der wichtigsten Gedanken der Arbeit Everetts ist der, daß die normalen Welten weit häufiger vorkommen als die absonderlichen, in denen alles verrückt spielt. Das liegt daran, daß die relativen Häufigkeiten von Ereignissen, die auf einer Verzweigung eintreten, fast exakt der Anzahl von Verzweigungen entsprechen, auf denen nur ein einziges Ereignis eintritt. So ergibt beispielsweise ein Experiment, bei dem 50 000 Münzen in die Luft geworfen werden, dieselbe Wahrscheinlichkeit dafür, daß eine einzelne Münze nach dem Fall «Kopf» zeigt, wie wenn man eine einzige Münze wirft.

Bleibt noch die Frage, ob wir von einer Verzweigung zur anderen springen können. Die Antwort hängt von Ihrer Interpretation ab. Da Sie sich auf allen Verzweigungen befinden, in denen Sie existieren, gibt es keine Notwendigkeit zu springen, denn wohin wollen Sie springen, wenn Sie bereits dort sind? Wenn Sie jedoch nichts von parallelen Universen halten, dann können Sie gar nicht anders als zu springen, weil Sie jedesmal, wenn Sie sich entschieden haben, etwas zu tun, das Qwiff zum Platzen bringen. Der einzige Grund dafür, daß Sie unmöglich scheinende Dinge wie das Fliegen oder Schweben in der Luft nicht tun können ist der, daß die Welten, in denen Sie solche Dinge tun könnten, Welten für sich sind, in denen Sie nicht als Sie selbst existieren.

Was können wir also tun? Alles, wozu wir Lust verspüren. Wir tun es bereits. Auf eine Verzweigung des vielfach verzweigten universellen Qwiffs zu gelangen ist einfach. Dazu muß man sich lediglich bewußt machen, was man tun will. Von jeder Verzweigung führt ein Weg zu jeder anderen Verzweigung. Zeit ist alles, was wir dafür brauchen, und sie ist auch das einzige, mit dem wir arbeiten können. Damit ist alles klar. Die Zeit ist das für die Veränderung notwendige Medium. Das Bewußtsein ist stets auf eine besondere Verzweigung bezogen, deren man sich in einem bestimmten Augenblick gerade bewußt ist. Wären wir uns zur selben Zeit sämtlicher Verzweigungen bewußt, so würden wir alles wissen, was es zu wissen, alles empfinden, was es zu empfinden gäbe. Dann würden wir auch das gesamte universelle Qwiff sehen, weil wir dann auch mit

Gewißheit sehen könnten, wie alle Verzweigungen begonnen haben und wie sie enden müssen.

Wenn dieser Augenblick eintritt, sind wir frei. Bis es aber soweit ist, müssen wir beständig versuchen, das Unmögliche möglich zu machen. Wir müssen fortwährend wählen, auf welcher Verzweigung wir eine Kostprobe des Lebens nehmen wollen. Erinnern Sie sich daran, daß Sie sich auf allen Verzweigungen befinden, auf denen Sie existieren können. Es liegt allein an Ihnen, welche Verästelung Sie gerade ausprobieren. Und da alle Menschen fröhlich sein sollen, werden tatsächlich am Ende alle fröhlich sein, wenn das die Verzweigung ist, die wir alle mit Bewußtsein gewählt haben.

Stellen Sie sich die Verzweigungen als Äste eines Baumes vor und das Selbstgefühl, das Sie gerade empfinden, als den Lebenssaft des Baumes. Geben Sie den guten Zweigen Nahrung!

14. Kapitel
Menschlicher Wille und menschliches Bewußtsein

Das Universum beginnt mehr einem großartigen Gedanken als einer Maschine ähnlich zu sehen.

Sir James Jeans

Absonderlicher als wir uns vorstellen können

Was für eine Phantasie! Bestimmt haben Sie das schon einmal über einen anderen gesagt oder haben es über sich selbst gehört. Wenn wir an einen Menschen mit lebhafter Phantasie denken, stellen wir uns im allgemeinen jemanden vor, der Dinge oder Begriffe in einer Weise miteinander verknüpft, die zuvor undenkbar gewesen wäre. Bier aus der Dose. Drachenfliegen. Himmelsakrobatik. Kleinstcomputer. Die Aufzählung ist endlos. Wer denkt sich sowas aus? Wie kommen diese Leute darauf? Wenn man Professor Richard Feynman glauben kann, ist Phantasie für den Menschen und die Natur etwas so Natürliches wie das Atmen. Er beschreibt sie als ein Staunen:

> «Ich stehe z. B. ganz allein am Strand und fange an, nachzudenken... Dort sind die rauschenden Wellen... Berge von Molekülen, die alle borniert ihrer eigenen Wege gehen... Billionen jeweils für sich... und dennoch bilden sie gemeinsam eine weiße Schaumkrone... Jahrhundertelang... Bevor es überhaupt Augen gab, die es hätten sehen können... Jahraus jahrein... Donnernd schlagen sie an den Strand, wie jetzt. Für wen, wozu?... Auf einem toten Planeten, auf dem sich nichts Lebendes rührt... Nie in Ruhe... Gezwungen von Energie... In ungeheuren Mengen von der Sonne aufgezehrt... in

den Weltraum verströmt... Ein winziges Bißchen läßt das Meer donnern... Tief drunten im Meer wiederholen alle Moleküle gegenseitig ihre Muster, bis sich komplexere Strukturen herausbilden. Sie machen andere, ihnen ähnliche... und ein neuer Tanz beginnt... Sie nehmen zu an Größe und Komplexität... Lebende Dinge, Massen von Atomen, DNS, Protein... Ihr Tanz weist ein noch verwickelteres Muster auf... Aus der Wiege hinaus, auf das trockene Land... Hier steht es... Atome mit Bewußtsein... Materie voll Neugier... Steht am Meer... Staunt über das eigene Staunen... Ich... Ein Universum von Atomen... Ein Atom im Universum.»[1]

Atome mit Bewußtsein, Materie voll Neugier? Sind das seltsame Äußerungen aus dem Mund eines Physikers? Ich glaube nicht. Es sind einfach Feststellungen unleugbarer Tatsachen. Diese besondere Feststellung, die Perspektive, die es dem Denken ermöglicht, sich vorzustellen, daß es selbst, das Denken, als Denken, als Geist existiert, bezeichne ich als Bewußtsein. Bewußtsein ohne Phantasie ist ein Widerspruch. Ein Geist, der nicht staunen kann, ist geistlos.

Aber was ist überhaupt «Geist»? Die vielleicht beste Definition, die ich geben kann lautet, Geist ist «die Metapher aller möglichen Metaphern». Wir sehen uns selbst z. B. vor unserem «geistigen Auge». Der Geist oder das Denken ist voll solcher Metaphern, es ist selbst eine Metapher. Der Geist betrachtet sich selbst, um zu erkennen, daß er existiert. Während Sie diese Zeilen lesen, wird Ihnen vielleicht plötzlich deutlich, daß alles, was wir über irgendetwas sagen, eine Metapher ist, die Ersetzung einer Erfahrung durch eine andere. Jede Definition ist immer ein «Mit anderen Worten». Mit anderen Worten, «Mit anderen Worten» ist ein Ersatz. Über diesen Vorgang zu sprechen oder zu schreiben ist etwa so, als hielte man vor einen Spiegel einen zweiten Spiegel, um zu sehen, wie ein Spiegel aussieht.

Der Geist, der den Geist betrachtet, ist ein ähnlicher Vorgang. Da Atome mit Bewußtsein auf Atome mit Bewußtsein blicken, machen wir stets dieselbe Erfahrung des Wunderbaren und Geheimnisvollen, wenn wir das Universum anschauen. Wir blicken auf uns selbst. Es ist dieser Vorgang, den wir als Universum bezeichnen. Feynman fährt fort:

«Was ist also dieser Geist, was sind diese Atome mit Bewußtsein? Schnee vom vorigen Jahr! Es ist das, was sich heute daran erinnern kann, was vor einem Jahr in meinem Gehirn vor sich

> ging – ein Gehirn, dessen Denkstruktur und -inhalte schon längst durch andere ersetzt wurden.
> Genau das bedeutet es, wenn jemand entdeckt, wie lange es dauert, bis die Atome des Gehirns durch andere Atome ersetzt sind, wenn er darauf stößt, daß das, was er als seine Individualität bezeichnet, nur ein Muster oder ein Tanz ist. Die Atome gelangen in mein Gehirn, vollführen einen Tanz und verlassen es wieder; Es kommen immer neue Atome, die jedoch stets denselben Tanz tanzen und sich daran erinnern, wie der Tanz gestern ging.»[2]

Wenn es zutrifft, daß das Universum nicht mehr ist als menschlicher Geist, der sich selbst betrachtet, was ist dann dieses «selbst»?

Die Quantenmechanik des menschlichen Bewußtseins

Was bin ich? Sicherlich ist Ihnen diese Frage schon ebenso häufig durch den Kopf gegangen wie mir. Bin ich einfach eine Maschine? Ist mein Denken eine Illusion, nichts als eine Konstruktion, die meinem mechanischen Hirn entspringt? Bin ich, wie John Lilly es ausgedrückt hat, «ein menschlicher, flüssiger Biocomputer?» Irgendwie fühle ich tief in meinem Innersten, daß ich mehr bin als das. Zumindest denke ich, daß ich das sein muß. Wenn ich mehr bin als ein mechanisches Gerät, was unterscheidet mich dann von einem Büchsenöffner oder einer Waschmaschine?

Als Antwort bietet sich an, daß es mein Bewußtsein ist, mein Denken. Allerdings ist diese Antwort nicht leicht zu verstehen, denn was meine ich, wenn ich von meinem Bewußtsein, meinem Denken spreche? In diesem Kapitel möchte ich «Bewußtsein» definieren, indem ich zeige, was es *tut* und nicht was es *ist*. Als Physiker habe ich vor langen Jahren gelernt, daß man nie wirklich von einer Sache sagen kann, was sie ist, sondern nur, was sie tut. Wenn ich sage, ein Elektron sei ein Teilchen mit einer negativen elektrischen Ladung und einem magnetischen Moment, dann beschreibe ich lediglich, wie ein Elektron sich verhält.

In ähnlicher Weise ist Bewußtsein das, was das Bewußtsein tut. Und was tut es? Es spielt eine zweifache Rolle im Universum. In der Welt des Quantums ist es sowohl die bewußte Wahrnehmung als auch die Schöpfung von Erfahrung. Es ist das *Sein* und die *Erkenntnis* der Erfahrung. Mit dem Quantenradierer des 20. Jahrhunderts wird die Trennlinie zwischen Ontologie (Theorie des Seins) und Epistemologie (Theorie der Erkenntnis) mit einem Streich wegradiert.

Kurz, Erkenntnis ist Geist, und Sein ist Materie. Die Art und Weise, wie beide sich voneinander trennen, ist genau der magische Vorgang, den wir als Bewußtsein bezeichnen. Professor L. Bass von der mathematischen Fakultät an der Universität Queensland in Australien hat ihre Verknüpfung untersucht und sieht beide in fortwährender gegenseitiger Wechselwirkung. Diese Wechselwirkung zwischen Geist und Materie oder Erkennen und Sein hat die Philosophen seit Jahrhunderten in Verwirrung gestürzt und wird als das «Leib-Seele-Problem» bezeichnet. Der Aufsatz von Bass, der unter dem Titel «A Quantum Mechanical Mind-Body Interaction» (Eine quantenmechanische Wechselwirkung zwischen Körper und Geist) in der Zeitschrift *Foundations of Physics* erschienen ist[3], bietet uns eine Lösung dieses uralten Problems an, die auf der Quantenphysik beruht.

Das Problem hat etwas mit dem menschlichen *Willen* zu tun. Einfach eine Arbeit zu verrichten reicht nicht aus. Das leisteten bereits die ältesten Maschinen. Es kommt darauf an, daß man *weiß*, daß die Arbeit getan wird. Anders ausgedrückt, wenn ich beschließe, etwas zu tun, auf welchem Wege wird es dann auch getan, und woher weiß ich, daß ich es tue? Überraschenderweise ist es die Unbestimmtheitsrelation der Quantenphysik, die zu deterministischen Entschlüssen auf der normalen Ebene der wahrgenommenen Erfahrung führt. Sollte diese Unbestimmtheit eines Tages aus irgendwelchen Gründen verschwinden, dann wird sich mein Wille nicht mehr erfüllen. In einem solchen Fall hätte ich überhaupt keine Wahlmöglichkeiten mehr.

Alle diese Entscheidungsprozesse in meinem Inneren finden statt, weil in den Wänden meiner Neuronen bestimmte Kanäle offen sind.[4] Neuronen sind hochgradig angepaßte, elektrochemische, erregbare längliche Zellen, aus denen mein Zentralnervensystem (ZNS) besteht.[5] Bass behauptet, daß wir im Lauf eines Entwicklungsprozesses in unserem ZNS eine Apparatur geschaffen haben. Ich möchte diese Apparatur mit einer Agentur etwa wie der Central Intelligence Agency (CIA) in den USA vergleichen. Ähnlich wie die CIA sammelt diese Agentur Informationen.

Diese Agentur existiert in jedem Neuron als ein unabhängig wirkender Agent, vielleicht sogar in jedem Molekül und möglicherweise sogar in jedem Atom. Jeder dieser Agenten ist völlig frei in seiner Entscheidung, was er will, wohin er will und wann er überhaupt etwas will. Allerdings ist der Entscheidungsspielraum etwas beschränkt: es besteht die Wahl, die Realität zu bemerken oder sie zu ignorieren. Und auf diesen Realitätsebenen ist bemerkte zugleich erschaffene Realität. Durch einen einzigen Akt der Wahrnehmung durch eines meiner CNS-Agenten platzt ein ganzes Qwiff, und ein Traum wird Wirklichkeit.

Das Modell von Bass stellt einen unmittelbaren Zusammenhang her zwischen dem Willen und der Qwiff-Realität. Diese Realität findet im Inneren eines einzelnen Neurons statt. Als Ergebnis einer Begegnung der Zellmembran mit einer aktiven Gruppe von Atomen eines Enzymmoleküles im Inneren der Zelle befindet sich das Neuron in einem unbestimmten Zustand. Das Qwiff beschreibt die Zelle als in einem Zustand befindlich, in dem sich nichts darüber aussagen läßt, ob die Zelle eine bestimmte Anzahl von Entladungen (elektrische Zustandsänderungen) erlebt hat. Diese unbestimmte Wirklichkeit kann sich über mehrere Zeitzyklen (Millisekunden) hinweg erstrecken.

Doch dann tritt ein ungewöhnliches Ereignis ein. Dieses Ereignis läßt sich *nicht* vorhersagen. Es ist die bewußte Wahrnehmung der spezifischen Konfiguration der aktiven Gruppe von Atomen auf dem Enzymmolekül. Dieses plötzliche und unvorhersehbare Ereignis nenne ich den «Bewußtseinsakt». Wenn dieser Akt eintritt, befindet sich das Neuron nicht mehr in einem unbestimmten Zustand. Plötzlich hat es eine exakt angebbare Zahl von Entladungen gehabt. Und obendrein bin ich mir dieses Vorgangs bewußt.

Im nächsten Abschnitt dieses Kapitels haben wir es mit einem extrem kurzen Zeitraum zu tun – kurz jedenfalls im Vergleich zu unserer normalen Zeitwahrnehmung. Diese Zeitspanne währt fünf Tausendstelsekunde. Sie entspricht der Periode zwischen den Impulsen oder Entladungen eines einzelnen Neurons. Wie wir sehen werden, passiert im menschlichen Nervensystem in dieser kurzen Zeit eine ganze Menge.

Eine quantenmechanische Körper-Geist-Wechselwirkung: das Modell von Bass

Was tun Sie, wenn Sie wollen, daß etwas Bestimmtes passiert? Was geht beispielsweise vor sich, wenn Sie sich bücken wollen, um einen heruntergefallenen Bleistift vom Boden aufzuheben? Wie kommt es, daß wir manche Dinge offensichtlich ganz bewußt tun, während wir dieselben Dinge nach entsprechend langer Übung verrichten, ohne überhaupt etwas dabei zu denken? Eine anfangs zielgerichtete und bewußte Handlung wird zu einer Gewohnheit, einem unbewußten Akt. Unsere Lernfähigkeit beruht darauf, daß wir solche Gewohnheiten annehmen, z. B. die des Zuhörens. Lernen ist offenbar die Fähigkeit, aus zunächst bewußten Handlungen unbewußte – gute oder schlechte – Gewohnheiten zu machen.

Nach Bass ist diese menschliche Fähigkeit der Entwicklung jener bereits beschriebenen magischen Agentur zu verdanken, die das Qwiff in unserem Nervensystem zum Platzen bringt. Bass lokalisiert diesen Mechanismus mitten im Zentralnervensystem. Bei den frühesten Vorvätern des Homo sapiens war dieser Mechanismus noch nicht ausgebildet. Die bewußte Lenkung bestimmter Muskelbewegungen bewirkt einen Vorteil in der natürlichen Auslese, der zu seiner Ausbildung zehn oder vielleicht auch 100 Millionen Jahre benötigte. Diese Agentur ist in der Lage, eine Wahl zu treffen, sofern das Qwiff kurz zuvor zum Platzen gebracht wurde. Bass bemerkt hierzu: «Nur der lange Evolutionsprozeß konnte die Einführung eines solchen Mechanismus ermöglichen, dessen Rekonstruktion gegenwärtig weit außerhalb aller praktischen Möglichkeiten der Naturwissenschaft liegt.»[6] Mit anderen Worten, die unterschiedlichen Ergebnisse des Mechanismus hängen vom Verhalten des Qwiffs und nicht der Materie ab.

Werfen wir einen näheren Blick auf das ZNS. Es besteht aus Nervenzellen. Diese Zellen sind erregbar und in der Lage, eine Verän-derung zu erfahren, bei der ihr Vermögen eine Rolle spielt, elektrische Impulse durch ihren langgestreckten Körper zu übertragen. Diese Impulse können durch winzige chemische Reaktionen Kontraktionen kleinster Muskelfasern bewirken, die mit den Nervenzellen verbunden sind. Alles deutet darauf hin, daß wenn es diesen Mechanismus irgendwo in unserem Körper gibt, er nur in unseren Nervenzellen sein kann. Nervenzellen steuern unser Verhalten. Aber was entscheidet darüber, ob eine Nervenzelle «feuert», d. h. eine elektrische Zustandsänderung erfährt?

Nun ist es nach Bass der Wahrnehmungsakt, das Ereignis im Bewußtsein eines geeignet postierten Beobachters, das ein Feuern der Zelle bewirkt. Ich nenne ein solches Ereignis das Platzen eines Qwiffs. Wenn ein Qwiff platzt, wurde die Wellenfunktion verändert oder modifiziert. Im selben Augenblick, in dem ein Ereignis bemerkt, d. h. zu einem Ereignis des Bewußtseins wird, sieht die Welt anders aus. Das liegt daran, daß sich auch die Einschätzung der dem Beobachter nunmehr offenstehenden Möglichkeiten geändert hat. Ich bemerke also einen Bleistift auf dem Fußboden und bücke mich, um ihn aufzuheben.

Dieser gesamte Vorgang ist nicht einfach mechanisch. Ich habe eine Wahl, auch wenn diese äußerst subtil ist. Sie besteht darin, das Ereignis zu bemerken oder zu ignorieren. Ich kann es zu einem Bestandteil meines Bewußtseins machen oder nicht. Im Beispiel mit dem Bleistift liegt dieser Sachverhalt klar auf der Hand. Hier haben wir es jedoch mit Ereignissen auf der Ebene individueller Nervenzellen zu tun. Das eigentliche Ereignis ist das Notiznehmen von dem Ereignis. Die Situation läßt sich mit einem Beobachter vergleichen, der sich in einem Spiegel sieht. Im selben Augenblick, in dem er bewußt wahrnimmt, daß er sich selbst beobachtet, kommt es zu einem neuen Bewußtsein. In diesem Moment beobachtet er im Spiegel nicht mehr sich, sondern sich, wie er beobachtet. Sobald er aufhört, sich als Beobachter zu sehen kann er sich wieder unbefangen im Spiegel betrachten.

Das Modell ist schwer faßbar, weil es ein unendlicher Regreß ist. Um etwas zu bemerken, müssen wir bemerken, daß wir es bemerken. Es ist wie bei einem Spiegel, der vor einem anderen Spiegel steht und sagt: «Wer von uns ist schöner, du oder ich?» Doch welches ist das Ereignis, über das wir sprechen? Ist es das Feuern der Nervenzelle? Nein. Es geschieht auf einer noch tieferen Stufe der Hierarchie der Ereignisse: Wir müssen uns einen kleineren Teil der Nervenzelle vornehmen. Dieses kleinere Subsystem besteht aus einem komplizierten Molekül. Es gehört zu einer aktiven Gruppe von Atomen eines Enzymmoleküles im Inneren der Nervenzelle, ganz nahe an der Zellwand.

In der menschlichen Zelle sind unterschiedliche Arten von Enzymen aktiv am Werk. So können z.B. in eine Nervenzelle eingeführte proteolytische Enzyme die Fähigkeit dieser Zelle verändern, zu feuern. Das Enzym attackiert offenbar die Proteinschleusen zu bestimmten Kanälen, die die Zelle mit anderen Nervenzellen verbindet. Je nach der Konfiguration des Enzyms öffnet oder schließt sich die Schleuse, und die Zelle feuert oder nicht.

Wir können uns das Enzym als eine Art Schleusenwärter vorstellen. Wie bringt das Enzym dies zuwege? Sein Molekül hat schwanzartige Enden, und es befindet sich an der Zellmembran so nahe beim Kanal, daß es immer dann, wenn die Zelle feuert, zu einem Kontakt zwischen einem seiner Enden und der Schleuse kommt.

Das kleine Subsystem, auf das unser Interesse gerichtet ist, befindet sich am Ende eines dieser schwanzartigen Fortsätze. Bass führt ein besonderes Beispiel an, das *Methylamin* ($NH_2 \cdot CH_3$). Das Subsystem befindet sich am Ende dieses winzigen Enzymmoleküls und besteht aus einem Stickstoff- und zwei Wasserstoffatomen, die zusammen ein Dreieck bilden. Das gesamte Molekül steuert die Aktivität einiger wichtiger Enzyme, z.B. der Adolasen. Im Folgenden werden wir unsere ganze Aufmerksamkeit auf dieses kleine Molekulardreieck richten, da der Mechanismus, nach dem wir suchen, auf seiner atomaren Verhaltensebene wirksam wird.

Das Szenario sieht etwa so aus:

Die Nervenzelle feuert. Die Proteinschleuse verändert ihre Gestalt und bildet einen offenen Durchlaß. Das Ende der Seitenkette des Moleküls gelangt in die Schleuse. Die beiden Wasserstoffatome (H) bilden eine Grundlinie, während das Stickstoffatom (N) entweder ober- oder unterhalb dieser Grundlinie liegt. Im ersten Fall paßt das Ende der Seitenkette so gut in die Schleuse wie ein Schlüssel in ein Schloß, und die Schleuse bleibt offen für das nächste Feuern, das erfolgt, sobald das Molekülende die Schleuse wieder verlassen hat.

Im zweiten Fall, in dem sich das N-Atom unterhalb der beiden H-Atome befindet, paßt das Ende des Moleküls wiederum in die Schleuse, doch diesmal schließt es diese nach der Begegnung wieder. Das sind die beiden einzigen Passungen des Molekülendes als «Schlüssel» in die Schleuse als «Schloß». So weit so gut. Zeigt die Spitze des H-H-N-Dreiecks nach oben, bleibt die Schleuse offen,

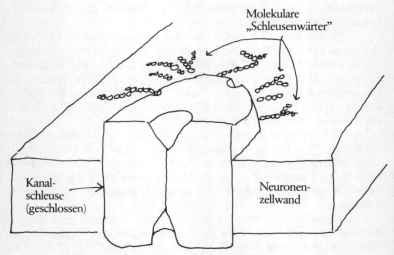

Langgestreckte Moleküle an einer Proteinschleuse.

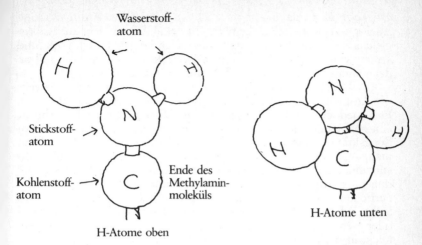

Molekulares «Bewußtsein» des Enzyms? Quantensemaphor: die beiden möglichen Konstellationen des NH_2-Moleküls nach dem Kontakt mit der Schleuse.

zeigt sie nach unten, wird diese wieder geschlossen. Welcher der beiden Fälle tritt nun ein? Das hängt eben davon ab, ob man beobachtet oder nicht. Wir sehen, daß wir uns wieder im Quantenland befinden. Unser Wille sei den Atomen Befehl.

Der unmögliche Auftrag: die Ausübung des menschlichen Willens

Im 11. Kapitel haben wir das Beispiel der Schrödingerkatze erörtert. Vielleicht haben Sie sich gefragt, wieso die Katze zum selben Zeitpunkt in zwei entgegengesetzten Wirklichkeiten existieren kann. Zweifellos lassen sich so ungewöhnliche Eigenschaften bei wirklichen Katzen nicht studieren. Wenn wir jedoch auf die molekulare Realitätsebene hinabsteigen, werden wir unsere eigenen Beispiele für Schrödingers Katze entdecken. Es sind die Moleküle und Atome, aus denen unser Nervensystem besteht.

In Schrödingers Gedankenexperiment war es die Wechselwirkung zwischen einem radioaktiven Atom und der Katze, welche die gleichzeitige Realität einer toten und einer lebendigen Katze in dem Kasten bewirkte. Wenn das Atom strahlte, war die Katze tot, strahlte es jedoch nicht, dann war sie noch am Leben. Das Atom war eine Analogie zu dem dreieckigen NH_2-Molekül. Dieses sieht aus wie ein gleichschenkliges Dreieck mit zwei gleich langen Seiten. Aufgrund seiner winzigen Größe hat dieses Dreiecksmolekül jedoch Teil an der Quantenwirklichkeit, weil es sonst nicht stabil wäre.

Moleküle sind merkwürdige Objekte. Sie bestehen jeweils aus Atomen, die durch elektrische Kräfte aneinander gebunden sind. Es hat jedoch den Anschein, als reichten diese Kräfte für die Stabilität eines Moleküls nicht aus. Werden die Anziehungs- oder die Abstoßungskräfte zu groß, so wird das Molekül geschüttelt und fliegt manchmal sogar auseinander. Dann bedarf es der hilfreichen Unterstützung durch den magischen Quantenkleber, der alle Molekularfamilien der Atome zusammenhält. Dafür muß freilich ein hoher Preis entrichtet werden: die Familienmitglieder müssen ihr individuelles Selbst aufgeben. Sie müssen in einer Qwiff-Welt leben, in der sie zwei oder mehr Lagen gleichzeitig einnehmen können. Im selben Augenblick, in dem eines der Atome des Moleküls in seiner Lage fixiert wird, beginnt das Molekül zu vibrieren und zu hüpfen. In dem Bemühen, sich zu stabilisieren, strahlt es überschüssige Energie ab. Das winzige Dreieck bildet keine Ausnahme von dieser Regel.

Mit anderen Worten, die H-Atome existieren nicht separat, solange sie Bestandteile eines Moleküls sind. Alles, was wir haben, sind ihre Überbleibsel, ihre Qwiff-Geister, die uns daran erinnern, daß sie potentiell gegenwärtig sind. Ihre aktuelle Gegenwart realisiert sich nur dann, wenn man sie beobachtet. In diesem Augenblick zittert das Molekül. Das radioaktive Atom im Kasten der Schrödingerkatze ist den beiden Positionen der H-Atome im Molekulardreieck analog. Um eine der beiden Positionen einzunehmen, kommt das winzige Dreieck mit der Schleuse in Kontakt. Im Beispiel Schrödingers spielt die Katze die Rolle der Proteinschleuse.

Nach der Wechselwirkung zwischen Dreieck und Schleuse haben wir zwei Zustände der Schleuse – offen und geschlossen zugleich. Auch das steht in vollständiger Analogie zu dem, was mit der Katze geschieht, nachdem sie mit dem radioaktiven Atom in Berührung gekommen ist. Das Qwiff der Schleuse nimmt eine zweifache Lage ein. Ist diese offen, so feuert die Zelle weiter. Ein benachbartes Neuron reagiert auf dieses Signal. Empfängt es zwei oder mehr Echos, die ihm sagen, daß die Schleuse noch geöffnet ist, so übermittelt es ein Hochfrequenzsignal und alarmiert damit das Nervengeflecht, dessen winziger Bestandteil es ist.

Ist die Schleuse hingegen geschlossen, so übermittelt die Nachbarzelle dem übrigen ZNS ein Niederfrequenzsignal. Welches der beiden Signale übermittelt es nun angesichts der Unbestimmtheit des Schleusenzustands? Das hängt von uns selbst, genauer von unserer «Agentur» ab. Der Agent muß auf diese Frequenz achten, auf ihre Melodie lauschen. Da die Schleuse potentiell gleichzeitig geöffnet und geschlossen ist, gibt die Zelle gleichzeitig Feuersignale an die Nachbarzelle und unterläßt es, zu feuern. Wenn man der logischen Kette möglicher Ereignisse folgt, heißt das, daß der Agent gleichzeitig ein hoch- und ein niederfrequentes Signal empfängt. Aber in Wirklichkeit empfängt er überhaupt nichts (ganz wie der Beobachter der Schrödingerkatze, der den Kasten noch nicht geöffnet hat). Warum? Weil diese Signale in unserem Nervensystem nur potentiell präsent sind; sie befinden sich in der Qwiff-Welt.

Der Agent muß sich dafür entscheiden, zu bemerken, daß er ein hoch- oder ein niederfrequentes Signal auf seinem Kanal hat. Er braucht sich lediglich für eines der beiden zu entscheiden. Sobald er das getan hat, wird das Signal zu einem Tagesordnungspunkt der Agentur. Angenommen, er registriert die hohe Frequenz, unten auf der molekularen Ebene ist die Schleuse geöffnet, und die Spitze unseres molekularen Dreiecks weist nach oben. Hätte er sich für die niedrige Frequenz entschieden, würde die Spitze natürlich nach unten zeigen.

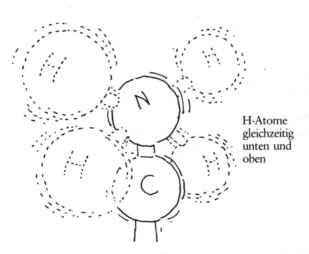

H-Atome gleichzeitig unten und oben

Die stabile, aber unbestimmte Quantenwelt eines Moleküls: die H-Atome existieren nicht als Atome, sondern als qwiffartige Geister.

Jedenfalls ist etwas wahrgenommen worden, eine Wahl wurde getroffen. Die Ausgangszelle selbst wird jetzt einer anderen Form der Veränderung unterworfen: sie überträgt im Augenblick der Wahl eine Reihe von Mikrowellenimpulsen zur nächsten Muskelfaser, die sich daraufhin mechanisch zusammenzieht. Der Agent war völlig frei in seiner Entscheidung, wann er das Signal registrieren wollte. Nichts bewog ihn dazu, diese Wahrnehmung zu einem ganz bestimmten Zeitpunkt zu machen. Er hatte sogar die Freiheit, das Signal überhaupt nicht zu beachten.

Was geschieht, wenn er von jener potentiellen Realität, die ihrerseits an der Realität unseres Nervensystems teilhat, keine Notiz nimmt? Wenn er diese Geister aus der Qwiff-Welt einfach ignoriert? In diesem Fall geschieht gar nichts. Die ursprüngliche Zelle entspannt sich in ihrem Zufallsthermalbad und schickt der Muskelfaser kein Alarmsignal. Das winzige atomare Dreieck am Ende des Moleküls verharrt in seiner bisherigen unbestimmten Position und bleibt stabil.

Die Beobachtung seiner Lage bringt das Ende des Moleküls zum Vibrieren, so daß es jene Mikrowellenfrequenz aussendet, die wiederum die Zelle induziert, ein Alarmsignal an die Muskelfaser zu senden. Das ist das wesentliche Kennzeichen des Modells: es benutzt die Unbestimmtheitsrelation der Quantenmechanik als Basis für willentliches Handeln. Es ist die fehlende Erkenntnis, die jedem Agenten den freien Willen läßt. Er trifft eine Wahl, um sich eine Erkenntnis zu verschaffen.

Der Agent stimmt sich in die Welt der Phantasie ein. Angenommen, er «hört» ein Hochfrequenzsummen. Das bedeutet, daß die Zelle zwei Signale abgegeben hat, aber hat sie das tatsächlich? Diese Frage stellt sich, sobald wir die Zeitspanne untersuchen, die zwischen dem angenommenen zweiten Signal und der Wahrnehmung des Summtons verstrichen ist. Dieses kurze Zeitintervall beträgt etwa fünf Tausendstelsekunden. Es lohnt sich fast nicht, irgendetwas in diesem winzigen Zeitmaßstab zu untersuchen, aber genau in diesem Maßstab funktioniert normalerweise unser Nervensystem.*

---

* Wir können einen derart kleinen Zeitmaßstab ganz einfach veranschaulichen. Er entspricht einer Schwingung, die 200mal in der Sekunde erfolgt. Wenn wir den Buchstaben «i» aussprechen und den Ton anhalten, erzeugen wir einen Klang mit einer Schwingungszahl zwischen 200 und 300 je Sekunde. Natürlich erzeugen wir zugleich noch andere Klänge. Fünf Tausendstelsekunden sind der Zeitabstand zwischen zwei aufeinanderfolgenden Schwingungen des Buchstabens «i».

Zellwand

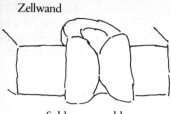
Schleuse geschlossen.
Zelle feuert nicht.

Schleuse geöffnet.
Die Zelle feuert.

Querschnitt durch die beiden möglichen Positionen einer Proteinschleuse in der Zellwand des Neurons.

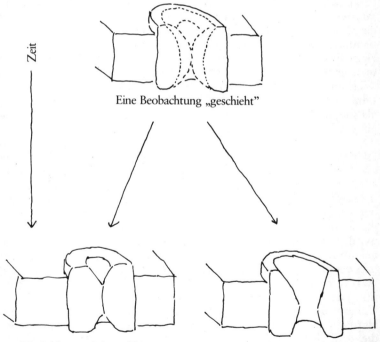

Die unbestimmte Schleuse ist nach dem Kontakt mit dem NH_2-Molekül sowohl geöffnet als auch geschlossen.

Der Punkt ist nun der, daß dieses kleine Zeitintervall zwei ganz unterschiedliche Arten von Ereignissen trennt. Das spätere Ereignis stellt uns vor keine Probleme. Die hohe Frequenz wurde eindeutig von einem einzelnen Agenten des ZNS registriert. Aber worin genau besteht das frühere Ereignis, wenn das Molekülende in die Schleuse eintritt? Ließ es die Schleuse offen und erzeugte auf diese Weise den Hochfrequenzsummton, der vom Agenten bemerkt wurde? Oder sperrte es die Schleuse nach dem Kontakt wieder zu und produzierte ein Niederfrequenzbrummen? Die paradoxe Antwort lautet: weder noch und sowohl als auch. Die Schleuse ist offen und verschlossen, und zugleich ist sie weder offen noch verschlossen. Genau wie der Beobachter von Schrödingers Katze existiert die Schleuse in einer Wirklichkeit der dritten Art.

Spätestens an diesem Punkt stellt sich für uns vielleicht die Frage, was die Schleuse der Zelle dazu zwingt, sich in dieser paradoxen Weise zu verhalten. Warum müssen die beiden Ereignisse durch ein Zeitintervall voneinander getrennt sein? Warum können beide nicht gleichzeitig eintreten? Genauer, warum sind sie nicht ein einziges Ereignis? Die Antwort lautet: würden die beiden Ereignisse nicht in dieser besonderen Weise eintreten, so würde auch der freie Wille nicht existieren. Wir würden zu vollkommenen Maschinen. Ohne dieses winzige, kostbare Zeitintervall wären wir nichts anderes als simple Reiz-Reaktions-Automaten, die sich ähnlich wie ein Heizungsthermostat verhalten.

Der auslösende Reiz führt zur Interaktion zwischen dem Molekülende und der Schleuse. Aus dem Nichts heraus gibt es plötzlich zwei mögliche Ereignisse, die eintreten können. Man könnte den Vorgang als eine dynamische Anspannung begreifen. Die «Empfänglichkeit» für das Signal läßt sich am ehesten als psychische umschreiben. Der Agent ist auf beide möglichen Ereignisse gefaßt. Jetzt hat er die Wahl. Diese Wahl bestand erst, nachdem der Reiz «empfangen» wurde, nachdem das Molekülende mit der Schleuse in Berührung gekommen war. Das kleine Teilmolekül hat sich durch diesen Kontakt verändert, ist jedoch immer noch ganz stabil. Es befindet sich zwar in einem angeregten Zustand, doch im Hinblick auf ihre Position sind seine atomaren Bausteine noch von einer selbstvergessenen Unbestimmtheit. Folglich fängt auch das Molekülende noch nicht zu vibrieren an. Der wachsame Agent hat noch immer die Wahl, ob er die veränderte Position der H-Atome nach der Begegnung zur Kenntnis nehmen soll oder nicht. Ohne diese geringe Pause, diesen kurzen Augenblick der Besinnung würden unsere Nerven sehr bald völlig zerrüttet. Unsere Muskeln würden auf jedes Neuronensignal reagieren und beständig zucken. Das Leben in der Form, in der wir es kennen, kommt ohne die Quantenmechanik nicht aus. Aus Unbestimmtheit erwächst Freiheit. Aus dem unbestimmten Atom kommt der freie Wille.

Aber nehmen wir an, die Agentur hätte ein Niederfrequenzbrummen registriert. Die Spitze des Molekülendes zeigt nach unten und schließt damit die Schleuse nach der Berührung. Die Positionen der H-Atome werden erneut wahrgenommen, und das Molekülende vibriert. Auf oder ab, solange die Positionen registriert werden, wird das Enzym durch das Molekülende in einem angeregten Zustand gehalten. Das Neuron wird seinerseits durch das Enzym angeregt und signalisiert der Muskelfaser, sich zusammenzuziehen. Die Wahl besteht darin, hinzuschauen oder wegzusehen. In jedem Fall geschieht ein Wille.

Etwas haben wir allerdings bisher nicht erörtert. Welcher Mechanismus läßt überhaupt das Qwiff platzen? Wo befindet sich dieser Mechanismus? Es sieht so aus, als befände er sich nirgends. Vielleicht ist er das, was wir mit dem magischen Wort «ich» bezeichnen. Der Mechanismus ist unsere bewußte Wahrnehmung unseres Daseins. «Ich» bin, weil ich mich dafür entschieden habe, zu sein.

Das Atom und «ich»: haben Atome ein Bewußtsein?

Das Modell von Bass bietet uns eine Antwort an. Bewußtsein heißt Wahl. Diese Wahl erfolgt jedoch nicht unter den bereits gewählten und präexistenten Formen, die uns als Materie bekannt sind. Diese Wahl kommt aus dem Qwiffland zu uns, dem Land unserer Phantasie. Bevor wir eine Wahl treffen (wir könnten ebensogut sagen: bevor wir eine bewußte Wahrnehmung von etwas haben), ist das Universum paradox und nicht «da draußen». Etwas, das wir «Bewußtsein» nennen, ist gegenwärtig. Bewußtsein ist in der Welt der Quantenwirklichkeit.

Das Besondere am Modell von Bass ist, daß es ein einzelnes Quantenereignis (die Ortung der Lage des winzigen Molekülendes) mit einem makroskopischen Ereignis (die Erregung des ganzen Neurons) verknüpft oder korreliert. Bass warnt uns jedoch:

> *«Während Beispiele für Neuronenanregungen, die durch einzelne Quantenereignisse ausgelöst wurden, sich zuverlässig belegen und erklären lassen..., wäre es für den vorliegenden Zweck nicht ausreichend, daß das makroskopische Ereignis durch irgendeines von vielen möglichen Quantenereignissen*

ausgelöst wird (z. B. die Interaktion eines einzigen Photons mit einem von vielen Pigmentmolekülen). Es liegt auf der Hand, daß sich hier das Signal, das in das Bewußtsein des Beobachters gelangt, auf ein einziges Quantensystem beziehen muß, das durch eine Wellenfunktion (ein Qwiff) beschrieben wird.»[7]

Verfügen menschliche Wesen über diese besondere Fähigkeit? Kann ein Mensch makroskopische Ereignisse mit einzelnen Quantensystemen korrelieren, die sich durch Wellenfunktionen beschreiben lassen (wie beim Methylaminmolekül)? Die Voraussetzung einer solchen Fähigkeit wäre eine enge Verkopplung des gesamten Neurons und seiner individuellen Ionenkanäle. Diese Kopplung würde als eine Art «erhöhter Empfindlichkeit» oder gesteigerter Bewußtheit erscheinen. Bass bemerkt hierzu, daß

> *«ein ausgearbeitetes Modell der erforderlichen engen Kopplung zwischen einem einzelnen Ionenkanal und der Erregung des Neurons zu spekulativ (wäre). Um zu sehen, wie sich eine solche Kopplung im Lauf der Evolution bei einigen bestimmten Neuronen entwickelt haben könnte, muß darauf hingewiesen werden, daß nach unserem gegenwärtigen Wissensstand Gruppen von etwa 100 normalen Ionenkanälen ... für eine Erregung durch Elektroden genügen, jedoch eine vermutlich geringere Zahl für bestimmte Partien der Nervenzelle (den sogenannten Neutrit), wo das Feuern unter normalen Funktionsbedingungen des Neurons aufgrund der lokal begrenzten Erregbarkeit der Membran initiiert wird. Die Erweiterung dieser bestehenden lokalen Eigenschaften der Zellmembranen in dem für das vorliegende Modell benötigten Umfang scheint im Rahmen der Möglichkeiten einer natürlichen Auslese zu liegen.»*[8]

Der Mechanismus von Bass verändert das Qwiff, er läßt die Wellenfunktion platzen. Aber wo sitzt er? Er hat keinen Ort. Es ist das lebende Neuron selbst. Es ist das Enzym, das im Inneren der Nervenzelle wirkt. Es ist das Teilmolekül, das am Ende des Enzyms in der Nervenzelle wirkt. Es ist das Atom in dem Molekül, das sich am Ende des Enzyms befindet, das mit der Zellmembran verbunden ist. Es ist das bewußte Atom, das sich wahrnimmt und sich dadurch erschafft. Bewußtsein ist der Prozeß, durch den potentielle zu aktueller Wirklichkeit wird. Es ist das Platzen des Qwiffs. Es ist der Zusammenbruch der Wellenfunktion.

Auf der atomaren Ebene ist es ein primitives Bewußtsein –

zwangsläufig. Neuronen enthalten möglicherweise mehrere Milliarden atomare «Bewußtseine». Wir können ein jedes solches Bewußtsein als ein «Gehirn» bezeichnen. In ihrer Gesamtheit sind es die Agenten, die unsere Nachrichtenagentur bilden. Auf der molekularen Ebene führt jeder Agent eine einzige Aufgabe durch: von sich selbst Notiz zu nehmen. Es ist, als würde eine potentielle Realität innerhalb desselben makellosen Qwiffs eine zweite potentielle Realität registrieren. Bei diesem plötzlichen, geheimnisvollen Ereignis «erscheint» einfach eine dieser potentiellen Realitäten. Dieser Akt des Bewußtseins ist die Erschaffung von Wirklichkeit auf der atomaren und molekularen Ebene. Jetzt ist das Neuron in Bereitschaft, der Muskelfaser ein Signal zu übermitteln. Jetzt gibt das Neuron der Faser das Signal.

In diesem oder in anderen Neuronen sind möglicherweise mehrere Milliarden «Gehirne» am Werk. Manche von ihnen registrieren ein Hochfrequenzsummen, andere ein Niedrigfrequenzbrummen. In ihrer Gesamtheit handeln alle diese unzähligen Gehirne, die quasi unabhängig voneinander funktionieren, häufig ohne die Existenz der anderen wahrzunehmen, die manchmal für unser Leben sogar abträgliche Entscheidungen treffen, in unserem Interesse. Tatsächlich handeln sie *als* unser Interesse, indem sie das wählen, was wir als Wirklichkeit erfahren. Insgesamt bilden alle diese «Gehirne» unser eines Gehirn, konstituieren sie unser Denken. Sie sind quasi unsere Nachrichtenzentrale. Und wenn ein äußeres Ereignis eine Quantenbegegnung auslöst zwischen den Schleusen unseres Neurons und unterschiedlichen Enzymen, dann verbinden sich diese winzigen Gehirne nach einem zufälligen Muster; einige von ihnen sehen die H-Atome oben, andere sehen sie unten. Sie alle sind unser normales Gehirn, unser normales Gehirn im Wach- und auch im Schlafzustand.

In ihrer zufälligen Verteilung bilden sie eine Art Netz des Unwissens, einen Verband des Nichtbewußten. So wissen zwar die Minigehirne durchaus, was vorgeht, während das Gesamtbewußtsein nicht die leiseste Ahnung hat, warum Sie sich gerade in diesem Augenblick bücken, um Ihre Katze zu streicheln. Unsere Handlungen werden zu unbewußten, gewohnheitsmäßig ausgeübten Akten wie etwa das Radfahren. Als Sie anfingen, radfahren zu lernen, mußten Sie alle Ihre kleinen Gehirne beachten; Sie mußten auf sie hören, als diese ihre lächerlich winzigen Entdeckungen – H-Atom oben oder unten – für niemanden herausschrieen, als das ganze Ensemble, das Ihre Person ausmachte, das Gleichgewicht verlor, umkippte und auf die Straße fiel.

Ein einziges Bewußtsein, nichtwissend

Atomare Bewußtseine, nichtwissend, Qwiffs nicht geplatzt, nichts beobachtet.

Atomare Bewußtseine, wissend, Qwiffs geplatzt, Dinge beobachtet.

Eine phantastische Darstellung, wie wir unser Bewußtsein verändern. Nachdem ein Bewußtsein die verstreuten Daten der Welt beobachtet hat, wird es zu vielen atomaren Bewußtseinen, die einander beobachten und anschließend wieder ein einziges Bewußtsein werden. Die Sequenz läßt sich auch in umgekehrter Reihenfolge vorstellen und kann so den Vorgang des Vergessens repräsentieren.

Atomare Bewußtseine, in Wechselwirkung und -beziehung zu einander.

Atomare Bewußtseine, wissend, wieder zu einem einzigen Bewußtsein vereint.

Ein wissendes Bewußtsein

Aber Sie rappelten sich wieder hoch. «Sie» nahmen die Sache in die Hand. Sie fuhren auf dem Rad. Stellen Sie sich einen Augenblick vor, wie Sie auf dieses Fahrrad gestiegen sind. Erinnern Sie sich noch daran, wie Ihnen zumute war, als Sie von Ihrem Vater oder einem Geschwister angeschoben wurden und allein weiterfuhren? Sie befanden sich in einem ungestörten Zustand, noch keines Ihrer Qwiffs war geplatzt. Sie konnten noch nicht radfahren. Dann wurde die Fahrt wackelig. Sie wurden wachsam. Ihre Neuronen hatten gefeuert und NH_2-Moleküle angeregt, die Schleuse aufzusuchen und festzustellen, was los war. Die NH_2-Moleküle prüften die Schleusen und zuckten wieder zurück. Sie waren angeregt, aber stabil. Die Schleusen hatten sich verdoppelt; sie befanden sich jetzt im Qwiffland. Ihr Qwiff war nach dieser Erkundung noch immer unberührt und nicht geplatzt, und Sie stürzten zu Boden.

Jeder Agent kümmerte sich um sich selbst und forschte nach eventuellen Schäden. Und jeder Agent sah die beiden möglichen Positionen. Also traf jeder Agent eine Wahl. Das Qwiff platzte. Zu diesem Zeitpunkt waren die Schleusen entweder offen oder geschlossen – nichts dazwischen. Jedes Mikrogehirn wußte etwas, und alle zusammen stellten sie die Summe ihres Wissens dar. Sie waren «Sie», Sie wußten etwas, und Sie handelten. Sie trafen die Entscheidung, etwas zu tun. Sie hielten an, versuchten gegenzulenken, oder Sie traten kräftiger in die Pedale.

Dieses integrierte Bewußtsein ist Ihr Bewußtsein von unzähligen kleinen Bewußtseinen. Es ist eine Art Oberaufseher. Es beobachtet die Beobachter. Für es bilden all die anderen Bewußtseinsakte einen Mischzustand geplatzter Qwiffs. Dieses Gemisch von Zuständen ist demnach bei Milliarden Molekülen physiologisch identisch, die sich sämtlich in einem von zwei möglichen Zuständen befinden: H-Atome oben oder H-Atome unten. Ihre ersten bewußten Akte, während Sie radfahren gelernt haben, waren sich Ihres kollektiven Bewußtseins bewußt, das bis hinunter auf die atomare Ebene Beobachtungen anstellte. Auf diese Weise haben Sie Ihren Sturz vom Fahrrad und die Empfindungen Ihrer Atome aufeinander bezogen. Sie hatten ein einziges Bewußtsein. Nachdem jedoch alle Qwiffs geplatzt waren, wurden aus Ihrem einen «Ich» viele «Ichs». Und das war ein großer Unterschied. Denn da waren die vielen winzigen «Ichs» bereits einen Schritt weiter im Lernprozeß; sie nahmen «bewußt» Notiz. In ihrer Gesamtheit bildeten sie den unbewußten und zufällig strukturierten Verband atomarer «Ichs», die voneinander unabhängig handelten.

Alle für einen und einer für alle: wo ist mein Bewußtsein?

Wilder Penfield, der bekannte Neurochirurg und Bewußtseinsforscher, hat in zahlreichen, umfänglichen Fallstudien entdeckt, daß das Bewußtsein keinen besonderen Sitz im menschlichen Körper hat. In seinem Buch *The Mystery of the Mind* heißt es: «Die Annahme, daß das Bewußtsein einen angebbaren Ort habe, verhindert jedes wirkliche Verständnis der Neurophysiologie.»[9] Aber wenn das Bewußtsein keinen festen Platz hat, wo befindet es sich dann?

Das Bewußtsein scheint überall zu sein. Es beobachtet auf der Ebene der Atome und Moleküle, Neuronen, Zellen, Gewebe, Muskeln, Knochen und Körperorgane – mit anderen Worten, es beobachtet auf sämtlichen Ebenen der physischen Existenz. Es sieht alles, von Ihren NH_2-Molekülen bis hin zu Ihren Socken. Es ist ein einziges Bewußtsein, das imstande ist, als verschiedene atomare Bewußtseine zu handeln.

Es besteht ein zweckbestimmter, subtiler Unterschied zwischen dem einen und den vielen atomaren Bewußtseinen. Die letzteren bringen Qwiffs zum Platzen. Sie operieren auf der Ebene der Quantenmechanik. Sie agieren in der bizarren Welt der Wahlen zwischen Qwiffmöglichkeiten. Und über ihre Wahlen wird erst entschieden, nachdem sie sie getroffen haben. Jede Handlung eines atomaren Bewußtseins besteht darin, ein Qwiff platzen zu lassen. Wenn ein atomares Bewußtsein tätig wird, wird die Schleuse als geöffnet beobachtet.

Dem gegenüber hat es das eine, zusammenfassende Bewußtsein nicht mit den Wirklichkeiten der Atome zu tun, sondern eigentlich nur mit deren Bewußtseinen, genauer gesagt mit dem, was durch die von ihnen getroffenen Wahlentscheidungen geschaffen wird. Es wirkt als Datenerfasser und -speicher. Im Beispiel des paradoxen Würfels «sieht» das atomare Bewußtsein den Würfel als räumliches Gebilde mit einer bestimmten Vorderseite. Das übergeordnete Bewußtsein addiert alle Bilder des Würfels, die von sämtlichen aktiven atomaren Bewußtseinen gewonnen wurden.

Indem es die Erfahrungen aller atomaren Bewußtseine summiert, verschafft sich das eine Bewußtsein Klarheit, macht aus der Vieldeutigkeit Eindeutigkeit. Indem es dies automatisch tut, macht es neue Erfahrungen zu alten und erzeugt Gewohnheiten. Im Fall der feuernden Nervenzelle war es völlig gleichgültig, welche Konstellation der H-Atome im NH_2-Molekül von einem einzelnen atomaren Bewußtsein registriert wurde. Solange überhaupt eine Konstellation wahrgenommen wurde feuerte das Neuron. Obwohl also das atomare Bewußtsein weder vorhersagen noch bestimmen konnte, was es beobachten würde, wurde das Verhalten der ganzen Person determiniert. Bass erinnert daran, daß «eine ursprünglich bewußt gerichtete Handlung durch häufige Wiederholungen mit der Zeit automatisch wird; aber der Vorgang des Entschwindens aus dem Bewußtsein läßt die jeweiligen Muskelbewegungen völlig unverändert.»[10]

Die besondere Freiheit des einheitlichen Bewußtseins besteht darin, daß es die Gesamtheit aller atomaren Bewußtseine und zugleich jedes einzelne von ihnen ist. Es gibt keine klare Trennlinie zwischen dem Oberbewußtsein und jedem anderen Bewußtsein im Körper. Diese Freiheit kommt zustande, weil das Bewußtsein keinen Ort im Raum hat. Es operiert psychisch in ganz derselben Weise wie die beiden Beobachter, welche die beiden zu einem früheren Zeitpunkt miteinander korrelierten paradoxen Würfel beobachten (S. 211). Jedes Bewußtsein sah einen Würfel mit einer ganz bestimmten Vorderseite. Keines konnte vorhersagen, welches die Vorderseite sein würde. Trotzdem sahen beide dieselbe Seite als Vorderseite. Es war, als sähe jeder denselben Würfel oder als wären beide nur Bestandteile ein und desselben Bewußtseins.

Wenn diese Vorstellung zutrifft, dann ist das Bewußtsein in der Lage, Dinge auch auf atomarer Ebene wahrzunehmen. Die Möglichkeit ist verwirrend. Sie bedeutet, daß neue oder neuartige Ereignisse auf der atomaren Ebene akzeptiert werden können, jener Ebene, wo potentielle zu wirklicher Realität wird.

In seinem Buch *The Origin of Consciousness in the Breakdown of the Bicameral Mind* hat Julian Jaynes behauptet, daß der bewußte Wille – die Fähigkeit, zu wissen, daß man sein eigenes Geschick in der Hand hat – eine neue Errungenschaft auf der Stufenleiter der Evolution darstellt.[11] Jaynes ist außerdem der Meinung, ein moderner Schizophrener sei ein «Rückfall» in jene Zeit, als die Menschen noch kein mit einem Willen verbundenes Bewußtsein hatten. War es das *eine* Bewußtsein, das mit den vielen Bewußtseinen in Verbindung trat? War das Ereignis der Aufhebung des zweigeteilten Denkens das eines menschlichen Wesens, das den Mechanismus von Bass erwarb? Trat dieses Ereignis vor 3000 Jahren ein, weil die Neuronen dieser Menschen die notwendige enge Kopplung mit ihren einzigartigen Zündkanälen entwickelt hatten?

Ich glaube, daß dies tatsächlich der Fall war. Menschen hatten herausgefunden, wer sie waren, als sie ein atomares Bewußtsein erlangten. Oder vielleicht besser, als sie gelernt hatten, in der Quantenwirklichkeit zu leben.

Vielleicht war der erste belegte Fall von Quantenbewußtsein

der Mann Moses. Als er die Erscheinung im brennenden Dornbusch fragte: «Wer bist du?», erhielt er zur Antwort: «ICH BIN DER ICH BIN.» Und Moses erkannte, daß nun die göttliche Stimme in ihm als Moses sprach. Und von diesem Zeitpunkt an begannen die Menschen, ihr Geschick selbst in die Hand zu nehmen. Wenn ich mir das *eine* Bewußtsein vorstelle, das die atomaren Bewußtseine erforscht, kommen mir die Worte meines Lehrers der Kabbala, Carlo Suares in den Sinn. Auf die Frage, ob man sich auf die Suche nach der eigenen Seele begeben solle, erwiderte er: «Keine Sorge, sie wird dich suchen und finden.»[12] Mein höheres Selbst sucht mich. Mein *eines* Bewußtsein macht sich auf die Suche nach meinen zahlreichen verstreuten Bewußtseinen.

Gibt es Belege für diese Theorie der vielen Bewußtseine? Die Gehirnforschung läßt vermuten, daß wir tatsächlich viele Bewußtseine haben, die jeweils gegenüber allen anderen in komplementärer Weise wirken.[13] In seinem Buch *Principles of Psychology* bemerkt William James, daß

> *«bei bestimmten Personen das gesamte mögliche Bewußtsein in mehrere Teile aufgespalten sein kann, die nebeneinander existieren, sich jedoch gegenseitig ignorieren und ihre Erkenntnisgegenstände untereinander teilen. Das Auffälligste ist jedoch ihre Komplementarität.»*[14]

Wenn diese aufgespaltenen Bewußtseine auf der atomaren Ebene operieren, dann ist die von James angesprochene Komplementarität möglicherweise dieselbe, die auf der Ebene der atomaren Erscheinungen von Niels Bohr entdeckt wurde. Wenn man diesen Gedankengang weiterverfolgt, werden alle Metaphern nicht-metaphorisch; sie beschreiben einfach Wirklichkeit gleichzeitig auf mehreren Ebenen der Wahrnehmung. Unsere Gefühle einer Erregung beispielsweise sind unsere Atome im angeregten Zustand. Da wir fraglos von dieser Welt sind, ist zu erwarten, daß diese Komplementarität atomarer Phänomene auch in uns existiert. Die Gesamtsumme all dieser komplementären Bewußtseine bildet unsere normal wahrgenommene Welt, die Welt der klassischen Wirklichkeit von Ursache und Wirkung.

Aber wie verhält es sich mit der Quantenwelt? Kommunizieren die verschiedenen atomaren Bewußtseine miteinander, aus denen das Bewußtsein eines Menschen sich zusammensetzt? Können wir unsere atomaren Bewußtseine auf irgendeine kohärente Art in eine Ordnung bringen? Wenn das der Fall sein sollte, so wäre die Wirkung davon höchst phantastisch und wunderbar.[15]

Stellen wir uns das *eine* Bewußtsein als den Befehlshaber unseres ZNS vor und unsere atomaren Bewußtseine als voneinander unabhängig tätige Agenten. Erinnern wir uns daran, daß es keinen Unterschied macht, ob die beiden H-Atome des Moleküls nach oben (↑) oder nach unten (↓) gerichtet sind. Solange es «beobachtet» wird, kommt es zu einer Handlung, und die Muskelfaser wird zusammengezogen. Nehmen wir an, ein einzelner atomarer Agent beobachte im Verlauf der Zeit das folgende Muster:

Zeit

Eine solche Zufallsreihe nach oben und nach unten zeigender H-Atome vermag zwar die nötige Muskelkontraktion auszulösen, beunruhigt jedoch kaum den «Befehlshaber», das Oberbewußtsein. Es ist frei, andere Dinge, andere Gedanken oder andere Neuronenrealitäten zu erkunden. Infolgedessen schwindet die ursprünglich gerichtete Wahl aus dem Bewußtsein; aber die inzwischen trainierte Muskelfaser zieht sich zusammen. Die Dinge laufen mehr oder weniger mechanisch ab. Diese Zufallsreihe von Pfeilen, die einer zufälligen Abfolge hoher und niedriger Summ- bzw. Brummtöne entspricht, die beim ZNS ankommen, produziert eine Quantenlöschung, eine Serie von klassischen, objektiven Erfahrungen.

Der Gesamteffekt besteht manchmal in nach oben, manchmal in nach unten zeigenden H-Atomen. Mit anderen Worten, es geschieht nichts Ungewöhnliches. Aber wir haben es hier mit einem einzigen, für sich allein handelnden Agenten zu tun. Nehmen wir jetzt mehrere atomare Bewußtseine an, die aktiv sind und beobachten. Wir betrachten drei typische Bewußtseine, die wie zuvor eine bestimmte Abfolge von Signalen wahrnehmen und die ich als Bewußtsein 1, 2 und 3 bezeichne. Da nunmehr drei Bewußtseine tätig sind, handeln sie an drei verschiedenen Orten. Dabei mögen sich folgende Beobachtungsreihen ergeben haben:

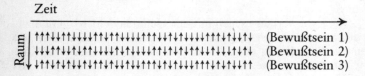

Eine solche Zufallsabfolge von Beobachtungssequenzen hat

offenbar ebenfalls alle Quantenerfahrungen ausgelöscht. Diese Signale sind sowohl räumlich wie zeitlich verteilt. Wiederum nichts, das den Oberbefehlshaber beunruhigen könnte.

Doch jetzt kommt der Wille mit ins Spiel. Die atomaren Bewußtseine müssen voneinander Notiz nehmen. Jetzt wird nicht mehr nur die Zweiteilung des Bewußtseins aufgehoben, sondern auch die Isoliertheit der einzelnen Atome. Die atomaren Bewußtseine kommunizieren miteinander. Die Wirkung wäre bestürzend, vielleicht gar kosmisch für das Bewußtsein, das plötzlich von Stimmen erfüllt ist. Und vielleicht sah Moses den brennenden Dornbusch. Das Gesamtmuster der einzelnen Bewußtseine wäre partiell kohärent; sie würden gegenseitig ihre Muster wiederholen. Das könnte etwa so aussehen:

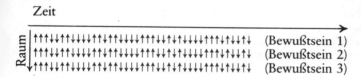

Jedes Bewußtsein empfängt dieselbe Abfolge von Pfeilen, jedes «hört» denselben «Schlagzeuger». Eine solche räumliche Korrelation würde dem «Oberbefehlshaber» auffallen, und er würde ein neues Bewußtsein «fühlen». Plötzlich gilt der Satz: «Ich denke, also bin ich.»

Heute sind wir mit einer solchen räumlichen Korrelation, die gleichzeitig in mehreren Bewußtseinen existiert, bereits vertraut. Allerdings befinden sich die Bewußtseine in verschiedenen Körpern. Ich glaube, die Erfahrung eines Rock-Konzerts ist hierfür ein gutes Beispiel. Gruppenmeditationen führen zu einem ähnlichen Ergebnis, ebenso jeder «Teamgeist». Vielleicht ist es das, was wir meinen, wenn wir von einer «guten Stimmung» zwischen Menschen sprechen – ihre Bewußtseinsmuster stimmen sich aufeinander ab. Räumliche Korrelation läßt uns zu Bestandteilen *eines* Bewußtseins werden.

Aber wie bringen wir das zuwege? Wie ist ein individuelles Bewußtsein in der Lage, sein Muster mit dem eines anderen Bewußtseins in Resonanz zu bringen? Die Antwort lautet, über das Qwiff, jene psychische Leitung, die uns alle als ein Ganzes miteinander verbindet. Und was geschieht, wenn es sowohl eine zeitliche als auch eine räumliche Korrelation gibt? Wenn unsere Bewußtseine etwa die folgenden Muster beobachtet hätten:

```
       Zeit
      ─────────────────────────────────────────────►
 ᴱ  |↑↑↑↑↑↑↑↑↑↑↑↑↑↑↑↑↓↓↓↓↓↓↓↓↓↓↓↓↓↓↑↑↑↑↑↑↑↑↑↑↑↑↑↑   (Bewußtsein 1)
 ᵘ   ↑↑↑↑↑↑↑↑↑↑↑↑↑↑↑↑↓↓↓↓↓↓↓↓↓↓↓↓↓↓↑↑↑↑↑↑↑↑↑↑↑↑↑↑   (Bewußtsein 2)
 ᵃ ↓↑↑↑↑↑↑↑↑↑↑↑↑↑↑↑↑↓↓↓↓↓↓↓↓↓↓↓↓↓↓↑↑↑↑↑↑↑↑↑↑↑↑↑↑↑  (Bewußtsein 3)
```

Auch eine solche Kombination kann vom Oberaufseher nicht unbemerkt bleiben. Sie wäre extrem bedeutsam, eine Art des «Sehens» mit einer atomaren Lupe. Zweifellos würde man in sich auch hier ein neues Bewußtsein erleben. Ist es das kosmische?

Ist es das, was in der Vergangenheit einigen wenigen Personen wie Buddha, Christus und anderen widerfahren ist? Ist es das, was heute so vielen Menschen widerfährt? Ich bin davon überzeugt, daß es so ist. Wir stehen am Anfang einer neuen Ära der Bewußtheit, der Ära des Quantenbewußtseins, der Ära des bewußten Atoms. Indem wir in unser Inneres blicken, können wir vielleicht die Probleme lösen, die uns an der letzten Grenze erwarten – der Grenze des menschlichen Geistes.

Göttlicher und menschlicher Wille

Einige sehr alte Fragen beschäftigen uns bis heute. Sie betreffen das Verhalten, Denken und den Willen des Menschen. Kann die Quantenmechanik etwas zur Aufhellung von Problemen beitragen wie diesen: Bin ich nichts als eine Maschine? In welcher Weise vollzieht sich mein Wille? Was ist der Wille Gottes? Gibt es einen Gott?

Die Mehrzahl dieser und anderer Fragen zum Thema Geist und Materie sind meiner Meinung nach niemals zufriedenstellend beantwortet worden. Alle diese Fragen beziehen sich auf die menschliche Macht, das Schicksal zu beherrschen und zu lenken. Aber wie weit reicht unsere menschliche Macht? Offenbar kann die Quantenmechanik über die Grenzen menschlicher Macht etwas aussagen. Diese Grenzen betreffen unsere Erkenntnis und unsere Fähigkeit, Erkenntnis zu erlangen. Das Qwiff oder die Quantenwellenfunktion ist nicht beobachtbar. Dennoch sind wir überzeugt, daß es ein geeignetes Modell für die Bestimmung der Wahrscheinlichkeiten von Ereignissen ist. Qwiffs strömen in vollkommen geordneter Weise, bis eine Beobachtung stattfindet. Aus dem geordneten Fließen wird ein ungeordnetes Platzen. Aus einer Wahrscheinlichkeit wird ein tatsächliches Geschehen. Wir Menschen haben anscheinend eine gewisse Kontrolle über unser Leben, und doch sieht es so aus, als seien wir zugleich die machtlosen Opfer eines anderen Willens, einer anderen Ordnung.

In diesem Kapitel habe ich hauptsächlich spekulative Überlegungen, Modelle und Ideen darüber angeboten, welche Zusammenhänge zwischen Quantenmechanik, Gott, menschlichem Denken und menschlichem Willen bestehen. Ich halte die Quantenmechanik für etwas äußerst Wichtiges für die menschliche Entwicklung und Psychologie. Ich bin überzeugt, daß die zugrundeliegende Ordnung des Qwiffs, die Quantenmechanik des Universums, die Ausführung des göttlichen Willens ist. Freilich erscheint uns diese Ordnung als zufällig und häufig ohne jede Bedeutung. In einem früheren Kapitel haben wir gesehen, daß die Abfolge der Erscheinungsformen des paradoxen Würfels offenbar keiner Regel unterlag. Manchmal schien die obere, manchmal die untere der beiden quadratischen Flächen die Vorderseite zu sein. Nachdem wir eine Korrelation der beiden Würfel in der Vergangenheit unterstellt hatten, entdeckten später zwei getrennte Beobachter, die zwei getrennte Würfel beobachteten, daß ihre Beobachtungsserien identisch waren. Dennoch hatte jeder einzelne Beobachter tatsächlich nur eine Zufallsserie ohne jede Bedeutung gesehen.

Dieses Beispiel liefert uns einen kleinen Einblick in die Einheit des Universums. Die Willen der Beobachter konnten die Würfel nicht kontrollieren. Dennoch stellten beide eine Ordnung in ihren Beobachtungen fest. Diese Ordnung ließ sich nicht durch eine Absprache zwischen den Beobachtern oder durch Manipulationen erklären. Jeder Beobachter war frei in seinen getroffenen Entscheidungen. Und dennoch fand jeder in der Serie des anderen die eigene Beobachtungsreihe wieder. Vielleicht ist das die einzige Form menschlicher Kommunikation. Wir sind soweit eins, wie wir aufhören, einander zu beeinflussen. Wir sind in dem Maße viele, wie jeder seinen individuellen Willen erfüllt.

Die Würfel waren Analogien für Quantenteilchen wie Elektronen und Atome. Läßt sich die Analogie jedoch noch weiter treiben? Kann die Quantenmechanik uns dabei helfen, die Grenzen unserer eigenen Macht zu verstehen? Falls sie das kann, wird die Welt vielleicht zu einem sichereren und freundlicheren Platz, auf dem wir leben können. Wenn die Menschen sehen würden, daß es keine Möglichkeit gibt, die Unbestimmtheitsrelation auszuschalten, würden vielleicht die Kriege aufhören. Wenn den Menschen zu Bewußtsein käme, daß nach den Gesetzen der Quantenphysik Macht über einen anderen Menschen nicht möglich ist, sähe die Welt für uns alle anders aus.

Die Quantenmechanik verweist – vielleicht klarer als jede Religion – auf die Einheit der Welt. Und sie verweist auf etwas, das jenseits der physikalischen Welt liegt. Es ist weitgehend belanglos, für welche Interpretation Sie sich entscheiden, parallele Universen, Feynmans Wirkungsbahnen, Qwiffs, die fließen und zerplatzen, oder das Bewußtsein als letzten Schöpfer, alle diese Deutungen verweisen auf das Geheimnis der physikalischen Welt unter einer nichtphysikalischen Perspektive.

Wir könnten sagen, daß Gottes Wille in der Welt des Qwiffs, der Quantenwellenfunktion geschieht. Es ist eine kausale Welt von exakter mathematischer Präzision, aber es gibt keine Materie darin. Es ist eine Welt des Paradoxen und der höchsten Verwirrung für den menschlichen, beschränkten Verstand. Denn es ist eine Welt, in der ein Ding sowohl eine einzige Lage zu einem bestimmten Zeitpunkt als auch eine unendliche Anzahl von Lagen gleichzeitig einnimmt. Dennoch liegt diesem Paradoxen eine explizite Ordnung zugrunde. Die vielen Lagen zeigen eine Struktur, eine Symmetrie.

Doch wir, die wir in der Welt der Materie existieren, werden diese Perfektion des Paradoxen immer nur stören, sobald wir die Struktur zu beobachten versuchen. Wir bezahlen einen hohen Preis für eine materielle Welt. Der Preis betrifft auch unsere geistige Gesundheit. Wir können unsere Beobachtungen nicht in eine totale Ordnung bringen. Immer sieht es so aus, als ob etwas fehlte. Diese Störung der göttlichen Ordnung erscheint uns als die Unschärferelation. Damit werden wir hilflos, fühlen uns unzulänglich und sehnen uns nach der Ordnung, die wir in unserer Hilflosigkeit nicht im Universum erschaffen können. Wir können nichts anderes tun, als damit zu leben.

Auf der anderen Seite haben wir die freie Wahl. Gerade unsere Hilflosigkeit, eine vollkommene Ordnung zu erschaffen, ermöglicht uns ein Schöpfertum. Wir können die Unschärferelation als zweischneidiges Schwert bezeichnen. Sie befreit uns von der Vergangenheit, da sich nichts vorherbestimmen läßt. Sie gibt uns die Freiheit, eine Wahl zu treffen, wie wir im Universum verfahren sollen. Aber die Ergebnisse dieser Wahlentscheidungen können wir nicht vorhersagen. Wir können wählen, wissen jedoch nicht, ob unsere Wahlen erfolgreich sein werden.

Die Alternative zu dieser unbestimmten ist eine bestimmte Welt. In einer solchen Welt folgen Teilchen genau angebbaren Bahnen und sind zu jeder Zeit präzise lokalisierbar. Wir wissen freilich, daß diese Alternative nicht funktionieren kann. Das winzige Elektron im Inneren eines jeden Atoms müßte in einer solchen bestimmten

Welt fortwährend Strahlung aussenden und dabei schnell seine gesamte Energie verlieren und in den Kern stürzen. Alle Atome würden verschwinden. Alle elektromagnetische Energie würde verschwinden. Alle Nervensysteme würden ihre Tätigkeit einstellen. Alles Leben würde aufhören. Denn Leben, wie wir es kennen, kann nur durch den Segen der Unbestimmtheit existieren, und Sicherheit ist ein Mythos.

Trotzdem gibt es Sicherheit. Wir fühlen ihre Gegenwart. Es ist die Sehnsucht nach der Vollkommenheit der Ordnung im Universum, die wir alle verspüren. Wir spüren sie als den Wunsch, in den Schoß des Weltalls zurückzukriechen. Doch leider ist uns in unseren menschlichen Körpern dieser Weg versperrt. Wir müssen die Unbestimmtheit unserer Lage akzeptieren. Ohne diese Unbestimmtheit gibt es keine Welt.

Wenn es der modernen Physik, insbesondere der Quantenmechanik gelingt, uns die Augen für die Grenzen des menschlichen Willens zu öffnen, dann können wir vielleicht lernen, miteinander auszukommen. Aber was noch mehr ist, wir erkennen möglicherweise unser kosmisches Erbe als Teil eines höheren Willens. Diese Hoffnung habe ich.

Anmerkungen

1. Kapitel
1) J. Jaynes, *The Origin of Consciousness in the Breakdown of the Bicameral Mind*, Boston 1976, Kap. 3 und 6.
2) F. Capra, *Das Tao der Physik*, Bern 1983, S. 17f.
3) T. Dantzig, *Number. The Language of Science*, New York 1956, S. 125-129.

2. Kapitel
1) R. March, *Physics for Poets*, New York 1970, S. 22.
2) K. Greider, *Invitation to Physics*, New York 1973, S. 24.
3) Ibid., S. 32.
4) Ibid., S. 65.
5) L. Cooper, *An Introduction to the Meaning and Structure of Physics*, New York 1968, S. 9 (Fußnote).
6) G. Holton und S.G. Brush, *Introduction to Concepts and Theories in Physical Science*, 2. Aufl., Reading, Mass. 1973, S. 64-66.
7) R. March, a.a.O., S. 6.
8) K. Greider, a.a.O., S. 73.
9) G. Holton und S.G. Brush, a.a.O., S. 110f.
10) Pierre Simon de Laplace, *Philosophischer Versuch über die Wahrscheinlichkeit*, Leipzig 1932, S. 1f.
11) R. March, a.a.O., S. 95.
12) Ibid.
13) C.G. Jung (ed.), *Der Mensch und seine Symbole*, Freiburg 1968, S. 13-16
14) J.R. Burr und M. Goldinger (eds.), *Philosophy and Contemporary Issues*, New York 1972, S. 254.
15) Ibid., S. 255.
16) Ibid., S. 250.
17) G. Holton und S.G. Brush, a.a.O., S. 345.
18) Ibid., S. 392.
19) Ibid., S. 420.
20) Ibid., S. 422.
21) M. Jammer, *The Conceptual Development of Quantum Mechanics*, New York 1966, S. 14-22.

3. Kapitel
1) M. Jammer, a.a.O., S. 21, Vgl. a. R. March, a.a.O., S. 190.
2) O. Theimer, *A Gentleman's Guide to Modern Physics*, Belmont, Calif. 1973, S. 234.
3) M. Jammer, a.a.O., S. 19.
4) Ibid.
5) Ibid., S. 21.

6) A. Einstein, Podolsky und Rosen, «Can Quantum-Mechanical Description of Physical Reality Be Considered Complete?», *The Physical Review* 47 (1935), S. 37.
7) M. Jammer, a.a.O., S. 28.
8) A. Einstein, «Über einen die Erzeugung und Verwandlung des Lichtes betreffenden heuristischen Gesichtspunkt» *Annalen der Physik* 322 (1905), S. 132-148
9) Ibid.

4. Kapitel
1) R. March, a.a.O., S. 194.

5. Kapitel
1) R. March, a.a.O., S. 207.
2) M. Jammer, a.a.O., S. 243.
3) Ibid., S. 244.
4) Ibid., S. 251.
5) Ibid., S. 249.
6) Ibid., S. 257.

6. Kapitel
1) M. Jammer, a.a.O., S. 283.
2) Ibid.
3) W. Heisenberg, *Physics and Beyond,* New York 1971, S. 38.
4) W. Heisenberg, «Über den anschaulichen Inhalt der quantentheoretischen Kinematik und Mechanik», *Zeitschrift für Physik* 43 (1927), S. 185 zit. n. M. Jammer... a.a.O., S. 329

7. Kapitel
1) M. Jammer, *The Philosophy of Quantum Mechanics*, New York 1974, S. 86.
2) Ibid., S. 115.
3) Ibid.
4) Ibid., S. 116.

8. Kapitel
1) E. Wigner, «The Problem of Measurement», *American Journal of Physics* 31 (1963), S. 6. Vgl. a. E. Witmer, «Interpretation of Quantum Mechanics and the Future of Physics», *American Journal of Physics* 35 (1962), S. 40; W. Wootters und W. Zurek, «Complementarity in the double-slit experiment: Quantum nonseparability and a quantitative statement of Bohr's principle», *Physical Review D* 19 (1979), S. 473; H. Stapp, «Mind, Matter and Quantum Mechanics», Vortrag anläßlich eines gemeinsamen Kolloquiums von Philosophen, Psychologen und Physikern der Universität Nevada in Reno am 2. Okt. 1967; H. Stapp, «The Copenhagen Interpretation and the Nature of Space-Time», *American Journal of Physics* 40 (1972), S. 1098.
2) W. Heisenberg, «Planck's Discovery and the philosophical problems of atomic physics», in: ders., *On Modern Physics,* New York 1961, S. 9f., zit. nach M. Jammer, *The Philosophy of Quantum Mechanics*, a.a.O., S. 44.

3) S. z. B. B. M. Gardiner, «Mathematische Spielereien», *Spektrum der Wissenschaft* Mai 1979, S. 4–7.
4) P. Watzlawick, *Wie wirklich ist die Wirklichkeit?* München 1978, S. 207. Hier erörtert Watzlawick Newcombs Paradoxon im Licht paradoxer Kommunikation und bezieht dies auf unsere Vorstellungen von Kausalität.

9. Kapitel
1) Einstein, Podolsky und Rosen, a.a.O., S. 777.
2) Ibid.

10. Kapitel
1) A. Einstein, «Zur Elektrodynamik bewegter Körper», in H. A. Lorentz, A. Einstein und H. Minkowski, *Das Relativitätsprinzip*, Leipzig 1923, S. 49.
2) G. Feinberg, «Possibility of Faster-Than-Light Particles», *Physical Review 159* (1967), S. 1089. Gerald Feinberg war einer der ersten Physiker, der ernsthaft über die Existenz von Tachyonen nachgedacht hat.
3) G. Benford, D. Book und W. Newcomb, «The Tachyonic Antitelephone», *Physical Review D 2* (1970), S. 263. Benford, Book und Newcomb erörtern die durch Tachyonen geschaffene amüsante Situation, daß Menschen mit sich selbst in der Vergangenheit telefonieren können. Vgl. A. O. Bilaniuk, V. Deshpande und E. Sudarshan, «‹Meta› Relativity», *American Journal of Physics 30* (1962), S. 718.
4) Y. Terletskii, *Paradoxes in the Theory of Relativity*, New York 1968, S. 71.

11. Kapitel
1) D. Bohm, *Quantum Theory*, Englewood Cliffs, N.J. 1951.
2) D. Bohm und B. Hiley, «On the Intuitive Understanding of Non-locality as Implied by Quantum Theory», *Foundation of Physics 5* (1975), S. 94.
3) Ibid.
4) D. Bohm und Y. Aharnov, «Discussion of Experimental Proof for the Paradox of Einstein, Rosen und Podolsky», *Physical Review D 108* (1957), S. 1070.
5) M. Jammer, *The Conceptual Development of Quantum Mechanics*, New York 1966, S. 324.
6) Ibid.
7) J. Bernstein, «I am This Whole World: Erwin Schroedinger», in F. Rutherford et al. (eds.), *The Project Physics Course, Unit 5, Reader*, New York 1968/69, S. 178 (Zitat).
8) Ibid.
9) E. Schrödinger, *Meine Weltansicht*, Frankfurt 1963, S. 38.
10) E. Schrödinger, «Discussions of Probability Relations Between Separated Systems», *Cambridge Philosophical Society Proceedings 31* (1935), S. 555.

12. Kapitel
1) B. DeWitt und N. Graham, «Resource Letter IQM-1 on the Interpretation of Quantum Mechanics», *American Journal of Physics 39/7* (1971), S. 737. Der Aufsatz enthält zwölf Verweise auf das EPR-Paradoxon und etliche Bemerkungen zur Erforschung verborgener Variablen.

2) D. Bohm, «A Suggested Interpretation of the Quantum Theory in Terms of ‹Hidden› Variables I», *Physical Review 85* (1952), S. 166; D. Bohm und J. Bub, «A Refutation of the Proof by Jauch and Piron that Hidden Variables Can Be Excluded in Quantum Mechanics by a Hidden Variable Theory», *Review of Modern Physics 38* (1966), S. 470; D. Bohm und J. Bub, «A Proposed Solution of the Measurement Problem in Quantum Mechanics by a Hidden Variable Theory», *Review of Modern Physics 38* (1966), S. 453.
3) J. S. Bell, «On the Einstein Podolsky Rosen Paradox», *Physics 1* (1964), S. 195–200.
4) R. Feynman, R. Leighton und M. Sands, *The Feynman Lectures on Physics*, Reading, Mass. 1965, Bd. 1, 26. Kap., S. 3.
5) Ibid.
6) F. Rutherford et al., *The Project Physics Course*, a. a. O., Unit 2, 9. Kap., S. 21.
7) R. Feynman, R. Leighton und M. Sands, a. a. O., Bd. 2., 19. Kap., S. 9.
8) Ibid.
9) Ibid.
10) D. Bohm, «A Suggested Interpretation», a. a. O., S. 166.
11) V. Fock, «Über die Deutung der Quantenmechanik», in *Festschrift für Max Planck*, Berlin 1958, S. 177–195, zit. nach M. Jammer, *The Philosophy of Quantum Mechanics*, a. a. O., S. 291.
12) S. Körner und M. H. L. Pryce (eds.), *Observation and Interpretation in the Philosophy of Physics – With special Reference to Quantum Mechanics*, London 1957.
13) M. Born, *Natural Philosophy of Cause and Chance*, London 1949, S. 93.
14) J. S. Bell, «On the Problem of Hidden Variables in Quantum Mechanics», *Review of Modern Physics 38* (1966), S. 447.
15) J. S. Bell, «On the EPR Paradox», a. a. O., S. 195–200.
16) Ibid., S. 199.
17) H. Stapp, «Are Superluminal Connections Necessary?», *Il Nuovo Cimento 40 B* (1977), S. 191; H. Stapp, «Bell's Theorem and World Process», *Il Nuovo Cimento 29 B/2* (1975), S. 270; ders., «Mind, Matter and Quantum Mechanics», a. a. O.; ders. «The Copenhagen Interpretation», a. a. O., S. 1098; ders., «Theory of Reality», *Foundations of Physics 7* (1977), S. 313; ders., «Whiteheadian Approach to Quantum Theory and the Generalized Bell's Theorem», *Foundations of Physics 9* (1979), S. 1. Das Absonderliche an diesen Ergebnissen stiftet nach wie vor Unruhe unter den Physikern; Stapp beschäftigt sich in den angeführten Texten mit den Ergebnissen Bells. Vgl. a. N. Herbert, «Cryptographic Approach to Hidden Variables», *American Journal of Physics 43* (1975), S. 315; E. Wigner, «On Hidden Variables and Quantum Mechanical Probabilities», *American Journal of Physics 38* (1970), S. 1005; Bernard d'Espagnat, «Quantentheorie und Realität», *Spektrum der Wissenschaft* Jan. 1980, S. 68–81.
18) J. Clauser und M. Horne, «Experimental Consequences of Objective Local Theories», *Physical Review D 10* (1974), S. 532.
19) Persönlicher Brief von Karl Popper an J. Clauser vom 30. August 1974.

13. Kapitel
1) C. Bloch, *The Golem*, New York 1972, S. 1.
2) T. Johnston, «Will Your Next Home Appliance Be an Mini-Computer?», *New West* 4. März 1977, S. 50–59.
3) K. O'Quinn, «The Whole World in Your Hands!», *Future Life 13* (1979), S. 52.
4) L. Bass, «A Quantum Mechanical Mind-Body Interaction», *Foundations of Physics 5* (1975), S. 160 (Zitat).

5) E. Wigner, «Remarks on the Mind-Body Question», in: I.J. Good (ed.), *The Scientist Speculates – An Anthology of partly baked Ideas*, London 1961, S. 284–302.
6) Ibid.
7) J. Mehra, «Quantum Mechanics and the Explanation of Life», *American Scientist* 61 (1973), S. 722–728. In diesem Aufsatz werden die Gedanken Wigners dargelegt, das menschliche Bewußtsein in die Quantenmechanik mit aufzunehmen. Zu Wigners eigenen Auffassungen s. a. E. Wigner, «The Problem of Measurement», a.a.O., S. 6.
8) H. Everett III, «The theory of the universal wave function», in: B. De Witt und N. Graham (eds.), *The Many-Worlds Interpretation of Quantum Mechanics*, Princeton 1973, S. 1–140.
9) Ibid., S. 3.
10) J.L. Borges, «Der Garten der Pfade, die sich verzweigen», in: *Werke*, Erzählungen 1, München 1981, S. 166.
11) B. DeWitt, «Quantum Mechanics and Reality», *Physics Today* Sept. 1970, S. 30; L.E. Ballentine et al., «Quantum Mechanics Debate», *Physics Today* April 1971, S. 36. In diesen beiden Aufsätzen findet sich DeWitts Erklärung der quantenmechanischen Deutung des Modells der vielfachen Universen und dessen Widerlegung durch nicht überzeugte Physiker.
12) B. DeWitt und N. Graham, «Resource Letter», a.a.O., S. 116.
13) L. Oteri (ed.), «Quantum Physics and Parapsychology», Teil I und II, (Protokolle einer internationalen Konferenz in Genf 1974), New York 1975, S. 1–53. E.H. Walker, der Autor dieses Beitrags und einer der Pioniere auf dem Gebiet einer Physik des menschlichen Bewußtseins, lehnt sich an Wigner sowie an die Hypothese Bohms von verborgenen Variablen an.
14) B. DeWitt und N. Graham, «Resource Letter», a.a.O., S. 110–119.
15) Ibid., S. 114. S. a. L.E. Ballentine, «The Statistical Interpretation of Quantum Mechanics», *Reviews of Modern Physics* 42 (1970), S. 358.
16) B. DeWitt und N. Graham, «Resource Letter», S. 151.
17) Ibid.

14. Kapitel

1) R. Feynman, «The Value of Science», in: F. Rutherford et al., *The Project Physics Course, Unit 1, Reader*, autorisierte vorläufige Fassung, a.a.O., S. 3.
2) Ibid., S. 4.
3) L. Bass, «A Quantum Mechanical Mind-Body Interaction», a.a.O., S. 159.
4) R. Keynes, «Ionenkanäle in Nervenmembranen», *Spektrum der Wissenschaft* Mai 1979, S. 75–79.
5) C. Stevens, «The Neuron», *Scientific American* Sept. 1979, S. 55.
6) L. Bass, a.a.O., S. 161.
7) Ibid., S. 167.
8) Ibid, S. 168.
9) W. Penfield, *The Mystery of the Mind*, Princeton 1975, S. 109.
10) L. Bass, a.a.O., S. 171.
11) J. Jaynes, *The Origin of Consciousness in the Breakdown of the Bicameral Mind*, a.a.O.
12) C. Suares, persönliche Mitteilung im Frühjahr 1974.
13) R. Ornstein (ed.), *The Nature of Human Consciousness*, New York 1974, Teil 2.
14) Zit. bei M. Jammer, *The Conceptual Development of Quantum Mechanics*, a.a.O., S. 350.

15) R.M. Bucke, *Cosmic Consciousness*, New York 1969; M.H. Chase, «The Matriculating Brain», *Psychology Today* Juni 1973, S. 82. Chase diskutiert die Möglichkeit der bewußten Kontrolle eines einzelnen Neurons im menschlichen Körper. S. a. J. V. Basmajian, «Control and Training of Individual Motor Units», *Science 141* (1963), S. 440f. Basmajian untersucht, in welcher Weise das Bewußtsein über eine Technik des Biofeedback das Feuern eines Neurons zu kontrollieren vermag.

Bibliographie

Ballentine, L. E., «The Statistical Interpretation of Quantum Mechanics», *Review of Modern Physics* 42 (1970), S. 358 ff.
Ballentine, L. E. et al., «Quantum Mechanics Debate», *Physics Today* (April 1971), S. 36 ff.
Basmajian, J. V., «Control and Training of Individual Motor Units», *Science* 141 (1963), S. 440 f.
Bass, L., «A Quantum Mechanical Mind-Body Interaction», *Foundations of Physics* 5 (1975), S. 159 ff.
Bell, J. S., «On the Einstein Podolsky Rosen Paradox», *Physics* 1 (1964), S. 195–200.
ders., «On the Problem of Hidden Variables in Quantum Mechanics», *Reviews of Modern Physics* 38 (1966), S. 447.
Bello, F., «Great American Scientists: The Physicists», *Fortune Magazine* 61 (März 1960), S. 113.
Benford, G., Book, D. und Newcomb, W., «The Tachyonic Antitelephone», *Physical Review D* 2 (1970), S. 263 ff.
Bernstein, J., «I Am This Whole World: Erwin Schroedinger», in F. Rutherford, G. Holton und F. G. Watson (ed.), *The Project Physics Course*, New York 1968 ff.
Bilaniuk, O., Deshpande, V. und Sudarshan, E., «‹Meta› Relativity», *American Journal of Physics* 30 (1962), S. 718 ff.
Bloch, C., *The Golem*, New York 1972.
Bohm, D., *Quantum Theory*, Englewood Cliffs, N. J. 1951.
ders., «A Suggested Interpretation of the Quantum Theory in Terms of ‹Hidden› Variables I», *Physical Review* 85 (1952), S. 166 ff.
ders. und Aharonov, Y., «Discussion of Experimental Proof for the Paradox of Einstein, Rosen and Podolsky», *Physical Review D* 108 (1957), S. 1070 ff.
ders. und Bub, J., «A Proposed Solution of the Measurement Problem in Quantum Mechanics by a Hidden Variable Theory», *Review of Modern Physics* 38 (1966), S. 453 ff.
dies., «A Refutation of the Proof by Jauch and Piron that Hidden Variables Can Be Excluded in Quantum Mechanics», *Review of Modern Physics* 38 (1966), S. 470 ff.
Bohm, D. und Hiley, B., «On the Intuitive Understanding of Non-locality as Implied by Quantum Theory», *Foundation of Physics* 5 (1975), S. 93–109.
Bohr, N., «Can Quantum-Mechanical Description of Physical Reality Be Considered Complete?», *Physical Review* 48 (1935), S. 696 ff.
Born, M., *Natural Philosophy of Cause and Chance*, London 1949.
Burr, J. R. und Goldinger, M. (ed.), *Philosophy and Contemporary Issues*, New York 1972.
Capra, F., *Das Tao der Physik*, Bern 1984.
Chase, M. H., «The Matriculation Brain», *Psychology Today* (Juni 1973), S. 82 ff.
Clauser, J., persönlicher Briefwechsel mit K. R. Popper, 30. Aug. 1974.
ders. und Horne, M., «Experimental Consequences of Objective Local Theories», *Physical Review D* 10 (1974), S. 526 ff.
Cooper, L., *An Introduction to the Meaning and Structure of Physics*, New York 1968.

Dantzig, T., *Number. The Language of Science*, New York 1956.
d'Espagnat, B., «Quantentheorie und Realität», *Spektrum der Wissenschaft* (Jan. 1980), S. 68–81.
DeWitt, B., «Quantum Mechanics and Reality», *Physics Today* (Sept. 1970), S. 30.
ders. und Graham, N., «Resource Letter IQM-1 on the Interpretation of Quantum Mechanics», *American Journal of Physics* 39/7 (1971), S. 724ff.
ders. und Grahahm, N. (eds.), *The Many-Worlds Interpretation of Quantum Mechanics*, Princeton 1973.
Einstein, A., «Über einen die Erzeugung und Verwandlung des Lichtes betreffenden heuristischen Gesichtspunkt», *Annalen der Physik* 322 (1905), S. 132–148.
ders., «Zur Elektrodynamik bewegter Körper», in: H.A. Lorentz, A. Einstein, und H. Minkowski, *Das Relativitätsprinzip*, Leipzig 1923.
ders., Podolsky, B. Rosen, «Can Quantum-Mechanical Description of Physical Reality Be Considered Complete?», *Physical Review* 47 (1935), S. 777. ff.
ders., Tolman, R.C. und Podolsky, B., «Knowledge of Past and Future in Quantum Mechanics», *Physical Review* 37 (1931), S. 780f.
Feinberg, G., «Possiblity of Faster-Than-Light Particles», *Physical Review* 159 (1967), S. 1089.
Feynman, R., «Scientific Imagination», in F. Rutherford et al. (eds.), *The Project Physics Course*, Unit 4, Reader, New York 1968ff., S. 239ff.
ders., «The Value of Science», in F. Rutherford et al. (Hg.), *The Project Physics Course*, Unit 1, Reader, New York 1968ff., S. 1ff.
ders., Leighton, R. und Sands, M., *The Feynman Lectures on Physics*, Reading, Mass. 1965.
Gardiner, M., «Mathematische Spielereien», *Spektrum der Wissenschaft* (Mai 1979), S. 4–7.
Greider, K., *Invitation to Physics*, New York 1973.
Gwynne, P., Begley, S. und Hager, M., «The Secrets of the Human Cell», *Newsweek* (20. Aug. 1979). S. 48.
Heisenberg, W., *Physics and Beyond*, New York 1971.
Herbert, N., «Cryptographic Approach to Hidden Variables», *American Journal of Physics* 43 (1975), S. 315ff.
Hofstadter, D., *Gödel, Escher, Bach*, Stuttgart 1985.
Holton, G. und Brush, S.G., *Introduction to Concepts and Theories in Physical Science*, Reading, Mass. 1973.
Howe, R. und Von Foerster, H., «Introductory Comments to Francisco Varela's Calculus for Self-Reference», *International Journal of General Systems* 2 (1975), S. 1–3.
Jammer, M., *The Conceptual Development of Quantum Mechanics*, New York 1966.
ders., *The Philosophy of Quantum Mechanics*, New York 1974.
Jaynes, J., *The Origin of Consciousness in the Breakdown of the Bicameral Mind*, Boston 1976.
Johnston, T., «Will Your Next Home Appliance Be a Mini-Computer?», *New West* (4. März 1977), S. 50–59.
Jung, C.G. (ed.), *Der Mensch und seine Symbole*, Freiburg 1968.
Keynes, R., «Ionenkanäle in Nervenmembranen», *Spektrum der Wissenschaft*, (Mai 1979), S. 75–79.
March, R., *Physics für Poets*, New York 1970.
Mehra, J., «Quantum Mechanics and the Explanation of Life», *American Scientist* 61 (1973), S. 722–728.

Morris, W. (ed.), *The American Heritage Dictionary of the English Language*, Boston 1969.
Nagel, E. und Newman, J., *Gödel's Proof*, New York 1958.
O'Quinn, K., «The Whole World in Your Hands!», *Future Life* 13 (1979), S. 52.
Ornstein, J. (ed.), *The Nature of Human Consciousness*, New York 1974.
Oteri, L. (ed.), *Quantum Physics and Parapsychology*, Teil I und II, Protokolle einer internationalen Konferenz in Genf 1974, New York 1975.
Penfield, W., *The Mystery of the Mind*, Princeton 1975.
Pirani, F., «Noncausal Behavior of Classical Tachyons», *Physical Review D* 1 (1970), S. 3224.
Rutherford, F., Holton, G. und Watson, F. G. (eds.), *The Project Physics Course*, New York 1968 ff.
Schroedinger, E., «Discussion of Probability Relations Between Sparated Systems», *Cambridge Philosophical Society Proceedings* 31 (1935), S. 555 ff.
Schulman, L., «Tachyon Paradoxes», *American Journal of Physics* 39 (1971), S. 481.
Stapp, H., «Are Superluminal Connections Necessary?», *Il Nuovo Cimento* 40B (1977), S. 191 ff.
ders., «Bell's Theorem and World Process», *Il Nuovo Cimento* 29B/2 (1975), S. 270 ff.
ders., «The Copenhagen Interpretation and the Nature of Space-Time», *American Journal of Physics* 40 (1972), S. 1098 ff.
ders., «Mind, Matter, and Quantum Mechanics», Referat bei einem interdisziplinären Kolloquium von Psychologen, Philosophen und Physikern an der Universität Nevada in Reno am 20. Oktober 1967.
ders., «Theory of Reality», *Foundations of Physics* 7 (1977), S. 313 ff.
ders., «Whiteheadian Approach to Quantum Theory and the Generalized Bell's Theorem», *Foundations of Physics* 9 (1979), S. 1 ff.
Stevens, C., «The Neuron», *Scientific American* (Sept. 1979), S. 55 ff.
Suares, C., *The Cipher of Genesis*, Berkeley 1970.
Terletskii, Y., *Paradoxes in the Theory of Relativity*, New York 1968.
Theimer, O., *A Gentleman's Guide to Modern Physics*, Belmont, Calif. 1973.
Thomsen, D., «The Blop That Ate Physics», *Science News* 108, S. 28.
ders., «Is Modern Physics for Real?», *Science News* 109 (1976), S. 332 ff.
Toben, B., *Space-Time and Beyond*, New York 1975.
Varela, G. und Francisco, J., «A Calculus for Self-Reference», *International Journal of General Systems* 2 (1975), S. 5–24.
Watzlawick, P., *Wie wirklich ist die Wirklichkeit?*, München 1978.
Wheeler, J., «From Relativity to Mutability», in J. Mehra (ed.), *The Physicist's Conception of Nature*, Amsterdam 1973, S. 242–244.
Wigner, E., «On Hidden Variables and Quantum Mechanical Probabilities», *American Journal of Physics* 38 (1970), S. 1005 ff.
ders., «The Problem of Measurement», *American Journal of Physics* 31 (1963), S. 6 ff.
Witmer, E., «Interpretation of Quantum Mechanics and the Future of Physics», *American Journal of Physics* 35 (1962), S. 40 ff.
Wootters, W. und Zurek, W., «Complementarity in the double-slit experiment: Quantum nonseparability and a quantitative statement of Bohr's principle», *Physical Review D* 19 (1979), S. 473 ff.
Zukav, G., *The Dancing Wu Li Masters*, New York 1979.
Zwick, M., «Quantum Measurement and Gödel's Proof», Referat vor der Abteilung für Biophysik und theoretische Biologie an der Universität Chicago im Juni 1975.

Sachregister

Äther 36, 61, 62, 63, 64
aktive Beobachtung 37-69
- Galilei als Beispiel 45 ff
- Interpretation durch Newton 49
atomare Bewußtseine 279-284
Atome
- Bestimmung der Farben des Lichts durch 59
- mit Bewußtsein 265, 267, 279-290
- Beobachtung von A. als Grundlage der Existenz 17
- im Experiment zum Wellen-Teilchen-Dualismus 156-164
- unter dem Einfluß von Beobachtung und Denken 12, 13, 17, 73
- als Lichtquelle 73, 91, 94, 97, 98
- Methoden zur Strukturerkennung von 91, 127-131
- Größe der 89, 90, 92, 94, 96
- Strukturmodelle von 89-96
- Bohrs Quantenmodell 92-99, 119, 131
- J.J. Thomsons Modell 90, 94
- Planetenmodell der 91, 92, 94
- Schrödingers Theorie 110-117
Atomkerne 92, 95
Atommodell
- nach Bohr 98-102, 119, 131
- nach Einstein 141-142
- nach Rutherford 92, 94
- nach Thomson 89, 90
Ausbreitungszeit 134

Bells Theorem 236-239
Beobachter
- «Fall des verschwindenden Beobachters» 153, 170-174
- Wahlen des 208-212
- Meinungsverschiedenheit und Übereinstimmung unter 259-262
- und Existenz der physikalischen Wirklichkeit 215, 234, 253-255
- erster aktiver 45, 48, 49
- Identifikation mit dem Universum 213, 214
- als Maschinen mit einem Gedächtnis 247-250
Beobachtung, aktive 37-38
- Atome und Materie unter dem Einfluß von 12, 13, 17, 22, 34
- durch Kinder 23
- Konstruktion der Wirklichkeit durch Bewußtseinsakte 150
- widersprüchliche Wahrnehmungen der 149-177, 259-260
- Störungen durch 74, 137, 150, 202, 203-205
- von Elektronen 127-134
- passive 21-35
- Vorhersagen aufgrund von 181, 184, 187
- und Vorherbestimmtheit 170
- in der Quantenmechanik 199-205
- Rolle des Beobachterbewußtseins bei der 171-173, 202, 215-218, 241, 243, 256
- synchronistische 198-205, 208-212
Beschleunigung 48, 54
Bewegung 22, 23
- cartesianische Theorie der 45
- Newtons Theorie der 50-51, 52
- in der Quantenmechanik 11
- diskontinuierliche 36
Bewußtsein
- Akte des 269, 281
- von Atomen 265-267, 279-290
- kosmisches 290
- und Schöpfung 252-255
- als Einfluß auf die Zukunft 247, 251, 252
- Interpretation des 252, 263, 265, 267, 268, 279
- in der Quantenmechanik 258, 267-269, 287-290
Bewußtseine
- Beziehungen zwischen menschlichen und atomaren 279-280
Birkbeck College 207, 248
Bleistiftatome 156-160, 173
Blops 198-205
- Definition 199, 256
Bohr-Einstein-Debatte 74, 137, 138-140, 177, 179

Cavendish Laboratorium 91, 92
Colston Research Society 235

Determinismus 137
- Definition 54
- und verborgene Variablen 239
- und die Newtonsche Physik 53–58
- Probleme des 54–58
Deutsche Physikalische Gesellschaft 75
Diskontinuität
- der Bewegung 36
- der Energie und des Lichts, die von einem Elektron abgegeben werden 94, 95, 98
- bei den griechischen Naturphilosophen 26–31
- der Lichtwellen 78, 82, 83
- beim Laufen 29, 30, 33, 34
- Schrödingerpuls 115 ff., 120, 132, 134, 138
Doppelspaltversuch 13–16, 184–186 (s. a. Wellen-Teilchen-Dualismus)
Drehimpuls 95–96

Einheiten physikalische 95
Einstein-Bohr-Debatte 74, 137, 138–140, 177, 179
«Einstein-Trennbarkeit» 189
«Einstein-Verknüpfung» 198, 236
Elektrizität 37, 61, 89
- elektromagnetische Wellen 61, 62
Elektromagnetismus 61, 62, 63
Elektronen 89–98
- Definition 13, 267, 268
- Entdeckung der 89
- und Einsteins Quantentheorie des Lichts 84–86
- abgestrahlte Energie und Licht von 94, 95, 97–98, 103
- Beobachtung von 128–134, 138, 150
- Lage und Puls von 186 ff.
- Quantensprünge von 97, 98
- Reflexionsmuster von 109
- stabile Umlaufbahnen von 92
- Entdeckung durch Thomson 89
Elektronenbahnen
- gequantelte 96, 97
Elektronikindustrie 134
Energie
- von Elektronen abgestrahlte 94, 95

- im Verhältnis zur Frequenz des von ihr erzeugten Lichts 81
Enzyme 272, 273, 279, 280
EPR-Aufsatz 180
EPR-Paradoxon
- Darstellung 181–191
- und die verborgenen Variablen in der Quantenmechanik 225, 236, 238
- und die Beobachtung einer Korrelation 185–191, 197, 198
Erde, Stellung im Universum 41
Existenz der physikalischen Realität
- Bewußtsein von der 252–255
- in Abhängigkeit von einer Beobachtung 215, 234, 252–255
Experimentalphysiker 42, 49

Freiheit, menschliche 94, 263, 285–286, 293

Gas
- elektrische Entladungen in 83
- Rolle für die Entwicklungen der Wärme- und Lichttheorien 59
Gedanken
- als Schöpfer von Qwiffs 220 (s. a. Bewußtsein, Geist)
Gedankenexperimente 141, 152, 179
- Definition 156
Geist
- Definition 266
- und verborgene Variablen 243
- und die Newtonsche Physik 57
- und sein Einfluß auf die Beobachtung 171–174, 176, 201, 215–218, 241, 243, 255 (s. a. Bewußtsein)
Geist-Körper-Modell (von L. Bass) 269–273, 279–284
Geist-Körper-Problem 268
- quantenmechanisches Modell des 269–272
geringste Wirkung, Prinzip der 230–232
Gesetze, physikalische 11
- der Erhaltung 40
- als Grundlage des Determinismus 54–58
- in Newtonschen Begriffen 50, 53, 183, 231
«Golems» 248–250
Gott 24, 25, 49, 170

- und Moses 287
- und Quantenwissen 203
- Wille Gottes 290–293
Griechen
- frühe Beobachtungen durch die 23–37, 40, 41
- über Sein und Wandel 24, 25, 35, 43, 174
- über die Stetigkeit der Bewegung 34, 35, 142
- über die Unstetigkeit der Bewegung 26–30, 32, 142
- und die ganzheitliche Betrachtung 24, 25, 73, 74, 142

Heliumionen 91, 92
Himmelsmechanik 54

«Ich»-Bewußtsein 23, 24–25
Ionen 91

Kausalitätsverletzungen 194–197
Komplementaritätsprinzip 138, 144, 149, 153, 179, 235, 288
- in Gehirnfunktionen 287, 288
- Definition 156
- Einfluß des 162
- und Wellen-Teilchen-Dualismus 156–165, 177
Kollektives Unbewußtes 239
«Komplemente des kosmischen Hauses» 152, 156
Kontinuität der Bewegung
- im Vergleich zu Bohrs Untersuchungen der Bewegung von Elektronen 97, 98
- in der griechischen Philosophie 26, 34–35
- und Heisenbergs Interpretation 126
- in der Newtonschen Physik 49–50, 73
Kontinuitätstheorie
- vs. Diskontinuitätstheorie 119, 137–144, 177, 179
- in der Mechanik 49, 73
Kopenhagener Deutung der Quantenmechanik 143, 149
Korrelation
- in der klassischen Mechanik 183
- im EPR-Paradoxon 186–190, 195–197
- in der Quantenmechanik 183, 184, 195–197, 211–212
Korrespondenzprinzip 98, 127–128, 150

Licht 37, 41
- Glühbirnen 66
- Beugung des 162, 232
- Entdeckung der Quantennatur des 73, 78, 80–86
- frühe Erklärungen des 58–65
- Ökonomie des 226–227
- Einsteins Theorie des 83–86, 103
- von Elektronen ausgestrahltes 94, 97–98
- Newtons Theorie des 59
- spektrum 66, 97, 98
Licht, Farben des 66
- Ausstrahlung durch erwärmte Körper 65–68, 73
Lichtgeschwindigkeit 203
- Konstanz der 65
- Partikel mit Überlichtgeschwindigkeit 193–196
- Lichtspektrum in Raum und Zeit 212
Lichtwellen 73
- Beziehung zwischen Energie und Frequenz der 81–82
- Beziehung zwischen Länge und Frequenz der 67, 74
- Theorie der 58–63, 75, 83, 228
- Wellen-Teilchen-Theorie der 75, 83–86, 89, 103–110
- Diskontinuität der 78, 80–83
Lokalität
- und Objektivität 240–242
Luft
- und Schallwellen 59, 60–61

Magnetfeld, Entdeckung des 61–62
Magnetismus
- und Elektrizität 37, 62
Maschinen
- mit Bewußtsein 247–250
- Universum als 53, 54
Materialismus, dialektischer 56
materialistische Philosophie 56, 57–58
Materie
- bei Aristoteles 35
- Wellen und Teilchen in der 13–17 (s. a. Geist-Körper-Problem; Wellen-

Teilchen-Dualismus)
Materiewellen 103–110, 138
– in der Deutung de Broglies 103–110, 119, 138
Mathematik 39–40, 42, 49
– der Stetigkeit 40
– Formel über Wellen-Teilchen-Beziehungen 104, 106, 108
– von Operatoren 127
– Plancks Lichtformel 75, 77–78, 81–82, 83
– Schrödingers Wellengleichung 111, 112, 113, 139, 199
Matrizenmechanik 127
Menschen
– Macht der 251, 263, 290
– Wille der 267, 268, 273–281, 289, 290–293
Methylamin 271–272
Mikroskop
– Beobachtung von Elektronen im 128–131, 134
Modelle, mechanische 124–132
Moleküle 274

Neonsignale 89–90
neue Physik 11 (s. a. Quantenmechanik)
Neutronen, Entdeckung der 109
Neutronensterne 94
Newcombs Paradoxon 153, 174–176
Nichtlokalität 207
Nobelpreis der Physik
– an M. Born 120
– an de Broglie 108
– an Einstein 86
– an Heisenberg 34
– an Planck 78
– an E. Wigner 247, 250

Objektivität
– und Lokalität 241–243
– und Beobachtung 171

Partikel
– Korrelation zwischen 182–185
– mit Überlichtgeschwindigkeit 193–196
– Bahnen von 228–232
Phantasie 215–218, 226, 228
– Stärke und Wert der 241, 265

photoelektrischer Effekt 85
Photonen 85–86, 103
– Entwicklung der Theorie der 83–87
– und die Beobachtung von Elektronen 129–131
– und die Beobachtung des Sternenlichts 202–204, 234
Physik, klassische (Newtonsche)
– gegenüber Bohrs Theorie des atomaren Lichts 98
– gegenüber der Quantenmechanik 234
– und konfligierende Erklärungen für Wärme und Licht 58–68
– Korrelation in der 182, 188
– Einfluß der Planck-Einstein-Formel auf die 89
– Gesetze der 40, 41, 49–50, 52, 183, 231
– und Materiewellen 92
– wissenschaftliche Annahmen der 68
– gesellschaftlicher Einfluß der 53–58
Physik, unbestimmte bei Max Born 236
«physis» 35, 173
Plancksche Formel $E = h\nu$ 104, 105, 120
– in Bohrs Theorie des atomaren Lichts 94–95
– Entdeckung der 80–83
– Anwendung durch Einstein 83, 85, 86, 95
– und die Newtonsche Physik 90
Plancksches Wirkungsquantum 80, 104, 105, 108
– im Bohrschen Atommodell 92, 95, 96
– geringe Größe des 144, 181
Positivismus 241–242

Quanten
– Verknüpfung 197, 248
– Potential 212
– Solipsismus 215, 240, 241–242
– Wellenfunktion 198, 218
– in Einsteins Lichttheorie 85–87, 95
Quantenmechanik
– Kritik an der Vollständigkeit der 179–191
– Korrelation in der 183–189
– Debatte über die Stetigkeit oder Unstetigkeit der Bewegung 137–145, 177, 179
– Definition 11–13
– Entdeckung der 11–13, 22, 37, 41, 83–86

- Einsteins Kritik der 170–190, 197–198
- des menschlichen Bewußtseins 255, 267–269, 286–290, 291
- statistische Voraussagen der 237
- Relativität der kontinuierlichen und diskontinuierlichen Bewegung 98
Quantenphysik 11
(s. a. Quantenmechanik)
Quantenpotential nach Bohm 234–235
«Quantensprung»
- Definition 11
- beim Elektron 97, 98, 99
Quantentheorie (D. Bohm) 207
Quantenverknüpfungen, synchronistische 198–206
- und Nichtlokalität 208
Quantum
- Definition 81
- Entdeckung des 73, 75, 82, 85
- geringe Größe des 177
Qwiffs (Quantenwellenfunktionen)
- und das Zentralnervensystem 270–271
- Definition 199, 217
- Verwicklung und Vervielfachung von Qwiffs 220–221
- Ströme und Blops 198–205
- Einfluß auf die Zukunft 250
- und göttlicher Wille 290–293
- und Materiewellen 218
- Wirklichkeit dargestellt durch 257
- Überlagerung von 218–220

Raum
- Newtons Begriff des 50
- Trennbarkeit des 208, 212
- und Zeit 212–213
Relativitätstheorie 58, 103, 126–127, 190
- und Lichtgeschwindigkeit 193–196, 212

Schallwellen 60
- Harmonie und Takt in 60, 104–105, 111, 120
- in der Bildhauerei 249
- Geschwindigkeit von 64
Schicksal 165
- Kontrolle des 285–286, 290

Schwerkraft
- Newtons Theorie der 41, 50, 54
«Schrödingers Katze» 221–224, 252, 253
Sein und Wandel
- in der cartesischen Philosophie 44
- in der griechischen Philosophie 24–25, 35, 44, 174
Sonnenlicht
- Farben im 59
- auf dem Weg zu Erde 59, 61
Sternenlicht, Beobachtung des 199–202, 232
Ströme 198–205
Subjekt-Objekt-Trennung 23

Tachyonen 239
- Definition 194
- und Lichtgeschwindigkeit 193–196
theoretische Physik, Vorläufer der 27, 48

Überlagerungsprinzip 218
«Ultraviolettkatastrophe» 65–68, 75
Umlaufbahnen von Elektronen 94, 97
- bei N. Bohr 96–97, 103
- Erklärung der Bohrschen Umlaufbahnen 105–107
Unbestimmtheitsrelation 21, 34, 165, 179, 247
- Beschreibung 124–136
- und die Existenz von Objekten 234, 235
- und göttliche Ordnung 293
- Deutung der 137, 143, 144, 145
Unendlichkeit 32, 34, 50
Universen, parallele 247, 255–263
Universum
- unter dem Einfluß von Beobachtung 17, 177, 202, 203, 204, 205, 257, 259
- cartesianische Theorie des 44
- Ort der Erde im 41
- materialistische Auffassung des 56, 57–58
- mechanistisches Modell des 38, 53, 54, 73–74, 83
- Ordnung des 17, 215–232
- parallele Universen 247, 255–263
- Ganzheit und Einheit des 207 ff., 292

Unschärferelation
(s. Unbestimmtheitsrelation)
Ursache und Wirkung 167
- in der Newtonschen Physik 53, 55
- und Wirklichkeit 217, 220

Variablen, verborgene 142, 225
- menschliche Bewußtseine als 240, 243
- lokale und nichtlokale 236, 238
- Suche nach 234, 235
- Theorien auf der Basis von 225, 236
Verbrechen und newtonische Physik 49-50
Verhalten, menschliches
- und die Newtonsche Physik 56
Voraussage 257
Vorherbestimmtheit 166, 167
- und freier Wille 174-176
- in der Quantenmechanik 251-252

Wärme
- abgestrahlte Farben bei der Erwärmung von Körpern 41, 63, 65-68, 73, 75
- und Einsteins Theorie des Lichts 83, 85
- Frequenz von Lichtquellen, die durch Wärme erzeugt werden 81
- Erklärungen des 19. Jahrhunderts für 59, 61
Wahl
- und ZNS 271, 278
- und Bewußtsein 279, 287
- Freiheit der 292
- in der Wirklichkeit 152, 165, 168-169
«Wahl des Magiers» 152
Wahrscheinlichkeitsdeutung 75, 138
- in Borns Wellentheorie 119-124, 132
Wahrscheinlichkeitswelle 121, 138
Wasserstoffatome 89, 90, 272-273
- Bohrs Modelle der 92, 94
- Lichtspektrum der 97
Wellen
- Beugung 162, 232
- Borns Theorie der Wahrscheinlichkeit von 119-124, 132
- in frühen Theorien des Lichts und der Wärme 59-63
- elektromagnetische 63-64

- Interferenzmuster 59-61, 162, 163
- Länge und Frequenz von 66-67
- der «Materie» 104-110
- Quantenwellenfunktion 198-199
- in Schrödingers Theorie 110-111, 113, 119, 132, 133, 139
- stehende 103-108
Wellen-Teilchen-Dualismus 145
- Debatte über den 138-145
- de Broglies Theorie des 108-109
- Definition 156
- im EPR-Modell 186-190
- Experimente zum 14-16, 140, 154-155, 158-161, 185, 186
- und das Komplementaritätsprinzip 156-165, 177
- Wahrscheinlichkeitsdeutung des 75, 119-123, 13, 139
- bei Max Born 138
«Wigners Freund», Paradoxie von 247, 252-255, 257
Wirklichkeit
- Bedingungen für 180-181
- widersprüchliche Wahrnehmungen der 149-176
- Objektivität und Lokalität in der 240-243
- «da draußen» und «da drinnen» 215-217
- potentielle 164-165
- in der Quantenmechanik 215-224, 234, 240-243, 250-252, 257-264
- Rolle der Wahl in der 152, 165, 168-169, 170, 177, 208
- Suche nach einer unsichtbaren Ordnung 226-232, 234, 235, 239, 293
- intermediäre 165
Wirkung
- Definition 94
- Prinzip der geringsten 229-232
- und Gegenwirkung 50 ff.
Wissen 203, 205, 263
- und weitere Informationen 221, 224
Wissenschaftler, analytische 36, 41
Würfel, paradoxer 153-156, 161, 171-172
- und atomare Bewußtseine 285
- und Korrelation 209-212
- und Wirklichkeit in der Quantenphysik 218

Zeit
- im Zentralnervensystem 274
- in der frühgriechischen Philosophie 24, 25, 34
- und menschliches Streben 263
- Deutung der 208
- in der Newtonschen Physik 40, 50
- in der Quantenmechanik 217, 251 (s. a. Zukunft)

Zeitalter der Vernunft 37, 41

Zeitalter, mechanisches 37, 40–41
- Ende des 68–69

Zentrales Nervensystem (ZNS) 270–271
- und menschlicher Wille 273–279, 288
- und die quantenmechanische Geist-Körper-Interpretation 269–273 (s. a. Geist; Bewußtsein)

Zukunft
- Einfluß des Bewußtseins auf die 247, 250, 252

Zusammenbruch der Wellenfunktion 202
- Definition 139
- Debatte über den 142–143

Personenregister

Aristoteles 26, 32–34, 35–36, 46, 50, 58, 73
Avogadro, Amadeo 59

Balmer, Johann 97
Bass, L. 269–273, 279–284
Bell, John Stewart 226, 235–238
Bohm, David 207, 208, 234–235
Bohr, Niels 74, 92–102, 119, 124, 131, 137, 138–140, 144, 145, 149, 177, 179, 213, 224, 235, 287
Born, Max 119–124, 127, 132, 138, 236
Brougham, Henry 60
Bruno, Giordano 37, 44

Clauser, John 240

Darrow, Clarence 56
Davisson, Clinton 109
De Broglie, Louis Victor 103–110, 119, 129, 138, 164, 198
Descartes, René 37, 46–47, 58, 240

Einstein, Albert 23, 74, 75, 83, 85–87, 95, 108, 124, 126, 127, 137, 138–140, 141, 177, 179, 180–198, 212, 225, 236, 239
Elliot, Hugh 57
Elsasser, Walter 109
Escher, Maurits 152, 155, 175
Everett III, Hugh 232, 247, 258–263

Faraday, Michael 38, 61
Fermat, Pierre de 228, 230
Feynman, Richard 230–232, 265
Fock, Vladimir 235
Franck, James 109

Galilei 37, 49
Gay-Lussac, Joseph Louis 59, 66
Graham, Neill 263

Heisenberg, Werner 34, 74, 124 ff., 138, 165, 224
Heron von Alexandrien 228, 230
Hertz, Heinrich 63, 90
Hiley, Basil 208
Huygens, Christian 228

Ihnatowitz, Ed 248–249

James, William 287
Jaynes, Julian 24, 286
Jeans, James 265
Jordan, Pascual 127
Jung, Carl G. 57, 239

Kelvin, Lord 58, 63, 76
Kepler, Johannes 37
Kopernikus, Nikolaus 37

Laplace, Pierre Simon de 54
Lilly, John 267
Loew, Rabbi 248
Lorentz, Hendrik A. 138

Marsden, Ernest 92
Marx, Karl 56
Maxwell, James Clerk 39, 63, 64, 66, 76
Michelson, A. A. 58, 64, 65, 76
Morley, E. W. 64, 65, 76

Newcomb, William 174
Newton, Isaac 37, 40, 41, 48–53

Penfield, Wilder 285
Planck, Max 73, 74, 75–83, 85, 86, 95, 98, 103, 105, 108, 124, 137
Podolsky, Boris 179, 180, 225
Popper, Karl R. 241, 242

Rayleigh, Lord 67, 74
Rosenfeld, Leon 235

Rosen, Nathan 179, 180, 225
Rutherford, Ernest 92, 94

Schrödinger, Erwin 111ff., 119, 120, 132, 137ff., 198, 199, 214, 220, 221ff., 234
Suares, Carlo 287

Thomson, J. J. 89–94

Vaserely, Victor 152, 155

Wheeler, John A. 137, 179, 225
Wigner, Eugene 247, 251, 252

Young, Thomas 58ff.

Zeno 26–34, 73, 74, 78, 137, 142

Quellennachweis

Allen, die zum Entstehen dieses Buches beigetragen haben, gilt mein Dank. Besonders danke ich meiner Frau Judith, die mir mehr als alle anderen mit Hilfe, Ermutigung und kritischer Unterstützung beigestanden hat. Meinen Freunden Bob Toben, Lanier Graham und Suzanne Taylor verdanke ich sehr viel: sie glaubten an das Projekt, als ich daran zweifelte.
Ebenfalls danken möchte ich Michael Wolf, Suzanne Taylor, Don Barmack, Philipp Ball und Ken Mann, die mich großzügig unterstützten, als ich es brauchte.
Marie Cantlon, Joanne Farness, Alan J. Friedman und Michael Katz danke ich für ihre hilfreichen und konstruktiven Kommentare zum Manuskript, John Snedeker für die Beschaffung der Photos und Ed Taber für die Illustrationen.

Den folgenden Stellen danken wir für Abbildungsgenehmigungen. Die Zahlen geben die Seite an, auf der die Abbildung erscheint.

16 Dr. Heinrich Düker; 38, 53, 162, 204 John Snedeker; 62 aus *Fundamentals of Optics and Modern Physics* von Hugh D. Young. Copyright © 1968 by McGraw-Hill, Inc. Mit freundlicher Genehmigung der McGraw-Hill Book Company; 77, 84, 111, 122, 138 AIP Niels Bohr Library; 86–87 aus *Vision: Human and Electronic* von Albert Rose, Plenum Press, 1974. Mit freundlicher Genehmigung von Albert Rose; 99 AIP Niels Bohr Library, W. F. Meggers Collection; 106 von PSSC Physics, second edition, D. C. Heath & Co. Mit freundlicher Genehmigung des Education Development Center, Newton, Mass.; 107 Burndy Library, AIP Niels Bohr Library; 110 Dr. Gottfried Mollenstedt; 125 Friedrich Hund, AIP Niels Bohr Library; 130 aus *Atlas of Optical Phenomena* von Cagnet, Francon & Thrierr. Mit freundlicher Genehmigung des Springer-Verlag, New York, Inc.; 150 F. D. Rasetti, Segre Collection, AIP Niels Bohr Library; 152 Fred Allan Wolf; 155, 175 („Belvedere") von M. C. Escher. Mit freundlicher Genehmigung der Escher Foundation, Haags Gemeentemuseum, Den Haag; 157 Sidney Janis Gallery, New York; 160 aus Quanta von J. A. e Silva und G. Lochak. Mit freundlicher Genehmigung der McGraw-Hill Book Company; 214 Rijksmuseum Kröller-Müller, Otterlo, Niederlande; 230 Harvey of Pasadena, AIP Niels Bohr Library; 233 Fred Alan Wolf.

Motto von Kapitel 2 und Titel von Kapitel 1 von Pink Floyd (aus dem Lied «Welcome, Welcome to the Machine»). Copyright © 1975 by Pink Floyd Music Publishers Limited weltweit. Motti der Kapitel 1 und 10 von den Moody Blues (aus «In the Beginning» und «The Best Way to Travel»). Copyright © Gemrod Music, Inc. Alle Rechte vorbehalten.
Tabellen auf den Seiten 33, 43, 47, 51, 93 nach F. Rutherford, G. Holton und F. G. Watson, *The Project Physics Course* (New York: Holt, Rinehart & Winston, 1970), copyright © 1970 by Project Physics.

FISCHER ⊗ LOGO

FISCHER-LOGO-Leser sind: ■ ohne Berührungsängste vor dem Neuen ■ fasziniert, daß der Quantensprung so große Sprünge macht ■ Spieler und Denkspieler ■ Computerfans, naturwissenschaftlich orientiert, technologisch aufgeschlossen ■ interessiert an spannender wissenschaftlicher Belletristik und Phantastik.

Kompetente Wissenschaftler und Newcomer, die Fantasie und Wissen spielerisch verknüpfen, haben die Bücher geschrieben, die Sie lesen wollen:

Unterhaltungslogik: Mit Denkpirouetten, Paradoxien, Rätseleien und logischen Traumreisen werden Kopffüßlern die schönsten Fallgruben gebaut.

Computer-Denkspiele: Ein aktives und lehrreiches Vergnügen für alle, die sich mit ihrem Computer auf Entdeckungsreise ins Reich des Denkens und der Ästhetik begeben wollen.

Das spannende Sachbuch: In verblüffender, immer spannender ›Verkleidung‹ sind hier die facts ohne fiction der Naturwissenschaften präsentiert – für den Einsteiger offen, für den Profi fesselnder Lesestoff oder informativer Überblick.

Naturwissenschaftliche Belletristik: Romane und Erzählungen aus dem Reich der Naturwissenschaften – der Krimi, dessen Lösung in einer Mathematikaufgabe verschlüsselt ist, der Thriller über Kapitalverbrechen bei einem Physikerkongreß, der Roman vom Spion, der aus der Hypersphäre kam…

FISCHER TASCHENBUCH VERLAG

fi 1100/1a

FISCHER ✣ LOGO

FÜR DEN SPIELRAUM IM KOPF
Unterhaltungslogik

**RAYMOND SMULLYAN
SIMPLICIUS UND
DER BAUM**
Philosophische Phantasien,
paradoxe Scherzrätsel und
eine historische Überraschung
Band 8711

Eine amüsante Sammlung hintersinniger Rätseldialoge des berühmten Logikprofessors. Collagen von Max Ernst machen aus diesem Buch ein einzigartiges Kunststück der Unterhaltungslogik, voller Überraschung und philosophischem Witz.

**RAYMOND SMULLYAN
SPOTTDROSSELN
UND METAVÖGEL**
Computerrätsel, mathematische Abenteuer und ein Ausflug in die vogelfreie Logik. Band 8712

Der bekannte Zauberer der Mathematik entwickelt in dieser Sammlung mit Hilfe von Göttern, Dämonen und Inspektor Craig die kombinatorische Logik – mit all ihren Fußangeln und Fallgruben. Ein Smullyan für Anspruchsvolle!

FISCHER TASCHENBUCH VERLAG

FISCHER ✲ LOGO

FÜR DEN SPIELRAUM IM KOPF
Unterhaltungslogik

NICHOLAS FALLETTA
PARADOXON
Widersprüchliche Streitfragen, zweifelhafte Rätsel, unmögliche Erläuterungen
Band 8702

Paradoxien – Last und Lust für den Menschen von alters her, Herausforderung für den Homo ludens. Über 100 Kopfnüsse und optische Täuschungen, von der ›Kaulquappe Amphibius‹ aus der Antike bis zu den paradoxen Lithografien eines M.C. Escher.

RAYMOND SMULLYAN
ALICE IM RÄTSELLAND
Phantastische Rätselgeschichten, abenteuerliche Fangfragen und logische Traumreisen
Band 8701

›Alice im Rätselland‹ ist eine poetische, humorvolle und fantastische ›Mathematisierung‹ der traumhaften Alice im Wunderland (selbst Tochter des Mathematikers Lewis Carroll): Reisen durch die logischen Tiefen unserer Welt im Kopf.

FISCHER TASCHENBUCH VERLAG

FISCHER ※ LOGO

FÜR DEN SPIELRAUM IM KOPF
Unterhaltungslogik

J.C. BAILLIF
DENKPIROUETTEN
Listige Spiele aus
Logik und Mathematik
Band 8706

Die ›Denkpirouetten‹ von J.C.-Baillif erscheinen zunächst leicht, verlangen aber zu ihrer Auflösung eine kreative List: Amüsanter Zeitvertreib für Denksportler der Mathematik und anderer Disziplinen, Unterhaltung für den neugierigen Geist.

MARIE BERRONDO
FALLGRUBEN FÜR
KOPF-FÜSSLER
Eurekas
mathematische Spiele
Band 8703

Wo man sich beim Wahrscheinlichkeitsrechnen wahrscheinlich irren wird... über lügende Großmütter, kosmopolitische Großväter und die brennende Frage: Kannibale, ja oder nein? 253 verzinkte Rätsel und mathematische Probleme für den Eigengebrauch wie für die Verwirrung von Freund und Feind.

FISCHER TASCHENBUCH VERLAG

FI 1081/1

UNTERHALTUNGSLOGIK

**PHILIP J. DAVIS
& REUBEN HERSH
DESCARTES' TRAUM**
Über die Mathematisierung
von Zeit und Raum. Von
denkenden Computern,
Politik und Liebe.
422 Seiten. Geb.

Descartes' Traum spricht viele Aspekte unserer Abhängigkeit vom Computer an und stellt wichtige Fragen: Wie beeinflußt die Computerisierung der Welt die materiellen und intellektuellen Bausteine unserer Zivilisation? Wie verändert der Computer unsere Vorstellungen von der Realität, vom Wissen und von der Zeit? *»Descartes' Traum* ist eine elegante Sammlung von Essays über die Welt der angewandten Mathematik. Man braucht kein Diplom um Spaß an diesem Buch zu finden.« *Newsday*

WOLFGANG KRÜGER VERLAG

UNTERHALTUNGSLOGIK

**RUDY RUCKER
DER OZEAN DER WAHRHEIT
ODER DIE FÜNF ARTEN
ZU DENKEN**
Über die logische Tiefe
der Welt. Expeditionen
zu den Grenzen unserer
Erkenntnis.
399 Seiten. Geb.

›Raum, Zahl, Logik, Unendlichkeit – diese Grundmuster scheinen wesentliche Züge unseres Denkens wie unserer Umwelt zu reflektieren. Indem er jede dieser Strukturen vom Standpunkt der Information aus analysiert, führt Rucker selbst den mit moderner Mathematik unvertrauten Leser tief in diese Welt ein.‹
Publishers Weekly

WOLFGANG KRÜGER VERLAG

UNTERHALTUNGSLOGIK

**MARTIN GARDNER
DIE MAGISCHEN ZAHLEN
DES DR. MATRIX**
Außergewöhnliche Rätsel,
mathematische Abenteuer,
sowie spannende Fragen
aus Kombinatorik und
Zahlentheorie
207 Seiten. Geb.

›Zahlen haben ein magisches Eigenleben‹, vertraute Dr. Matrix, der von vielen als der größte Numerologe aller Zeiten angesehen wird, Martin Gardner an. Seine neuen, äußerst intelligenten, mit mathematischen Besonderheiten und faszinierenden Trivialitäten angefüllten Rätselgeschichten schlagen den Leser alsbald in Bann.

WOLFGANG KRÜGER VERLAG

fi 1103/1

Physik aus dem Birkhäuser Verlag

Lewis C. Epstein
Relativitätstheorie anschaulich dargestellt
Gedankenexperimente, Zeichnungen, Bilder
Aus dem Englischen von Udo Rennert
2. erw. Auflage 1988.
236 S., 232 sw-Abb.,
Gebunden
sFr. 40.— / DM 48.—
ISBN 3-7643-1684-5
«Die Probleme und Sachverhalte werden anhand einer Fülle einfacher Strichzeichnungen dargestellt; durch Zwischenfragen wird der Leser immer wieder zum Mitdenken gezwungen.»
NEUE ZÜRCHER ZEITUNG

P. C. W. Davies
J. R. Brown (Hrsg.)
Der Geist im Atom
Eine Diskussion der Geheimnisse der Quantenphysik
Aus dem Englischen von Jürgen Koch
1988. 188 S., 10 sw-Abb.,
Gebunden
sFr. 42.— / DM 48.—
ISBN 3-7643-1944-5
«Eine Einführung in die Quantentheorie, ihre Rätsel und Paradoxa sowie die verschiedenen Intepretationen ihrer seltsamen philosophischen Implikationen.» FRÄNKISCHER TAG

Lewis C. Epstein
Epsteins Physikstunde
450 Aufgaben und Lösungen
Aus dem Englischen von Peter Schönau und Jörgen Danielsen
1988. 616 S., illustriert
Gebunden
sFr. 58.— / DM 68.—
ISBN 3-7643-1952-6
«Ein Buch, das Schüler, Studenten und selbst Fachleute fasziniert.»
FRANKFURTER ALLGEMEINE ZEITUNG

Nick Herbert
Quantenrealität
Jenseits der neuen Physik
Aus dem Englischen von Traude Wess
1987. 336 S., 40 sw-Abb.,
Gebunden
sFr. 44.— / DM 53.—
ISBN 3-7643-1871-6
«In klarer Sprache geschrieben und mit zahlreichen Abbildungen versehen, erschließt uns dieses Buch die subatomare Quantenwelt wie bisher noch kein anderes populär-wissenschaftliches Werk.»

Erhältlich in Ihrer Buchhandlung

Birkhäuser Verlag
Basel · Boston · Berlin